CB135075

Viver é perigoso?

Michael Blastland e David Spiegelhalter

Viver é perigoso?

O que as estatísticas dizem – e as pessoas pensam – sobre os riscos do dia a dia

TRADUÇÃO Claudio Carina

TRÊS ESTRELAS

Título original *The Norm Chronicles: Stories and Numbers About Danger*

EDITOR Alcino Leite Neto
EDITORA-ASSISTENTE Rita Palmeira
COORDENAÇÃO DE PRODUÇÃO GRÁFICA Mariana Metidieri
PRODUÇÃO GRÁFICA Iris Polachini
CAPA Mateus Valadares
PROJETO GRÁFICO DO MIOLO Mayumi Okuyama
EDITORAÇÃO ELETRÔNICA Jussara Fino
PREPARAÇÃO Alexandre Caroli Rocha
REVISÃO Cacilda Guerra e Guilherme Magalhães

Dados Internacionais de Catalogação na Publicação (CIP)
(Câmara Brasileira do Livro, SP, Brasil)

Blastland, Michael
Viver é perigoso?: o que as estatísticas dizem e as pessoas pensam sobre os riscos do dia a dia / Michael Blastland e David Spiegelhalter; tradução Claudio Carina. – São Paulo: Três Estrelas, 2015.
Título original: *The norm chronicles: stories and numbers about danger.*

ISBN 978-85-68493-13-7

1. Acidentes – Estatísticas 2. Desastres – Estatísticas
3. Mortes violentas – Estatísticas 4. Riscos – Aspectos sociológicos
I. Spiegelhalter, David. II. Título.

14-00773 CDD-363.1

Índices para catálogo sistemático:
1. Riscos: Aspectos sociológicos: Problemas sociais 363.1

Este livro segue as regras do Acordo Ortográfico da Língua Portuguesa (1990), em vigor desde 1º de janeiro de 2009.

TRÊS ESTRELAS

Al. Barão de Limeira, 401, 6º andar
CEP 01202-900, São Paulo, SP
Tel.: (11) 3224-2186/2187/2197
editora3estrelas@editora3estrelas.com.br
www.editora3estrelas.com.br

Sumário

Para Ron e Shirley
– Michael Blastland (MB)

Para Kate, Kate e Rosie, por me aguentarem
– David Spiegelhalter (DS)

Introdução

Uma historinha sobre perigo:

Um dia, por uma tremenda coincidência, três pessoas que viajavam separadamente no metrô – Norm, Prudence e Kelvin – avistaram três sacolas abandonadas.

Para Norm, era uma sacola de lona azul empoeirada no chão, junto do banco ao seu lado. Em um primeiro momento, ele não pensou nada a respeito. Depois olhou outra vez e passou os olhos pelo vagão. Quase vazio.

— Calma, Norm — disse a si mesmo, abaixando-se para puxar as meias (as meias térmicas verdes), olhando de relance em busca dos fios. Tornou a ficar ereto e se esforçou para se concentrar nas probabilidades; coçou o nariz e concluiu diversas vezes que a sacola tinha sido esquecida, só isso; levantou-se e andou devagar até uma porta mais distante para descer na estação seguinte e curtir uma caminhada extra.

Quando ergueu os olhos de *Cinquenta tons de cinza* e viu uma mochila limpinha no assento em frente, Prudence logo sentiu uma espécie de vertigem. Se tiver uma etiqueta de viagem, é porque alguém está levando a bagagem para algum lugar. Se não tiver...

Não tinha. Pensou nos filhos, órfãos de mãe, chorando, mas não teve forças para se mexer. Seus pensamentos foram acometidos por imagens infernais de si mesma despedaçada em uma explosão, os cabelos desgrenhados.

Contando os últimos segundos de sua vida antes da explosão, ela gesticulou e moveu os lábios para um passageiro ao seu lado, lançando um alerta:

— Uma... mala — murmurou, portando-se como o fantasma em que estava se transformando.

— Ah, sim — observou o passageiro, pegando a mochila. — Valeu.

E Kelvin? Ao avistar uma valise preta quando as portas se abriram, avançou sem hesitar – por que não? Pegou-a do chão, sentou-se, abriu a parte interna, tirou um exemplar do *Daily Telegraph* dobrado e o guardou no bolso lateral do casaco de couro. Depois remexeu em um monte de papéis, notou um envelope de papel-alumínio ao lado, abriu, levou ao nariz, fungou – de olho na garota que, um pouco mais afastada, pintava os cílios –, guardou o pacote na mala, recostou-se no banco e fechou os olhos.

Três pessoas, três pontos de vista sobre o perigo, aos quais podemos acrescentar muitos outros. Qual é o seu? O perigo, como nos relatam experiências individuais e um milhão de histórias, está nos nervos de quem o vê.

Mas não inteiramente. Também existem os números.

Aqui vão dois. O primeiro é terrível e bem conhecido: no dia 7 de julho de 2005, 52 pessoas morreram em ataques terroristas a bomba em vagões do metrô e em uma estação de ônibus no centro de Londres. O segundo: em 2011, foram abandonadas cerca de 30 mil malas no sistema de transportes de Londres. Veja bem: 30 mil.

Então, será que uma mala abandonada no metrô pode ser vista como um perigo? Como podemos relacionar esses números com as histórias acima: especificamente, as histórias dos 52 mortos e as de Norm, Kelvin e Prudence?

Vamos manter essa pergunta acesa por algum tempo e contar outra história, verídica e famosa.

Um dia, Anna saiu para esquiar com alguns amigos. Ela era boa esquiadora, e na verdade a chance de alguém morrer esquiando é muito pequena. Anna, no entanto, perdeu o controle. Caiu de costas num riacho congelado perto de uma queda-d'água. Abriu-se um buraco no gelo. A água gelada encharcou suas roupas e ela afundou, de cabeça para baixo.

Anna teria morrido em minutos se não tivesse encontrado um bolsão de ar sob o gelo. Ela conseguiu respirar, por algum tempo. Primeiro foram os seus amigos que tentaram tirá-la de lá, depois uma equipe de resgate. Ninguém teve sucesso. Tentaram desencavá-la. O gelo estava duro demais.

Anna continuou consciente por 40 minutos, mas sua respiração foi diminuindo, até parar. Assim como seu pulso. Passaram-se mais 40 minutos até conseguirem resgatá-la. A temperatura normal do corpo é de 37° Celsius. A hipotermia começa a se estabelecer por volta dos 35° C. Quando Anna chegou ao hospital, sua temperatura era de 13,7° C. Ninguém jamais sobreviveu a um frio como esse.

Os médicos não desistiram. Devagar, com muita paciência, eles aqueceram o sangue de Anna fora do corpo e o injetaram de novo nas suas veias. Mais de três horas depois de ter parado de respirar, mais de duas horas após ter chegado ao hospital, o coração de Anna voltou a bater.

Porém, quando ela acordou, dez dias mais tarde, descobriu que estava paralisada do pescoço para baixo, e um de seus primeiros sentimentos foi de raiva, por ter sido reanimada para isso. Anna, no entanto, acabou conseguindo se recuperar quase totalmente. Alguns anos depois ela trabalhava como radiologista no hospital onde sua vida foi salva. E continua esquiando até hoje.[1]

A vida de Anna virou um símbolo – pela maravilhosa história de sobrevivência e pelo feito inédito da equipe médica. Para nós, porém, estabelece um ponto de vista que tem pouco a ver com a resistência humana ou o entendimento científico dos efeitos do frio extremo e que é simplesmente o seguinte: Anna teve a maior sorte do mundo. A cada volta de uma história cheia de curvas, todas as vezes que ela jogou os dados, para o bem ou para o mal, eles caíram no seis.[2] Ela teve uma sorte imensa.

Qualquer um pode tomar um tombo, mesmo os que esquiam bem. Cair como e onde Anna caiu – naquela junção de água, buraco e gelo duro –, porém, era absurdamente improvável. A localização do bolsão de ar foi um milagre divino, ou quase, já que aumentou de forma desesperadora a dificuldade de retirá-la de lá. Chegar tão perto da morte por causa de um frio tão extremo e continuar viva era quase impossível, mas ela conseguiu; sobreviver, acordar paralisada e afinal se recuperar quase totalmente: foi uma surpresa atrás da outra. E, espreitando em cada curva, o mais incrível de tudo: foi a quase morte de Anna que a salvou – o frio fatal acabou preservando uma centelha de vida, ao desacelerar seu metabolismo até quase parar no momento certo, exatamente quando parou de respirar. Às vezes a vida é imprevisível.

O que nossa pequena amostra de histórias e números nos diz é que o risco tem duas faces. De um lado encontram-se os cálculos aparentemente pragmáticos de probabilidades – como os 20% de aumento no risco de câncer para quem come linguiça, alardeado pelas manchetes dos jornais; a infinitesimal porcentagem de sacolas, abandonadas ou não, que explodem em Londres; a chance de sobreviver com o corpo congelado e sem respirar quando o coração para de bater. De outro lado estão as pessoas e suas histórias, como Anna ou as 52 vítimas fatais do metrô.

Números e probabilidades tendem a mostrar a conta final, os riscos para os humanos, as possibilidades em conjunto resumidas para populações inteiras. Esses números revelam padrões hipnóticos e são ricos em informação. São, porém, indiferentes ao destino e seus dramas. Os números não estão nem aí; vida e morte são porcentagens para as quais inexiste o medo do perigo, são indiferentes à sobrevivência, indicam apenas o que é arriscado, o que não é, ou até que ponto, na média. Não dizem nada sobre o quanto disto – viver um amor, ter medo de comer linguiças ou de esquiar – de fato importa.

Nós – e você –, porém, não somos a média. Somos também subjetividade, nos envolvemos e podemos até argumentar sobre esqui, terrorismo e linguiças. Temos nossos instintos, sentimentos, esperanças, medos e confusões. Nossa intuição pode não concordar com as estatísticas e sempre podemos dizer: "E daí, não aconteceu comigo". Ou podemos perceber o perigo e nos arriscar assim mesmo, saltando de *base jump* de um penhasco porque adoramos o zumbido (ver esportes radicais, Capítulo 16); ou podemos, aos gritos, fugir de aranhas (as fobias aparecem no Capítulo 25). Perguntamos: "Será seguro? Será que meus filhos vão estar em segurança?". Mas também perguntamos: "Eu estou no controle?" (Capítulo 15), "Vou ser feliz?", "Estou a fim de tanta emoção?", "Essa escolha vale a pena?" (as drogas estão no Capítulo 9). "Será que devo correr esse risco?" e "Como vou me sentir, e será que vale a pena?" (ver parto, Capítulo 11).

Uma ilustração radical dessa diferença é que, até onde alcançam as estatísticas de mortalidade – utilizadas para calcular o risco de esquiar, assim como muitos outros acasos da vida –, não aconteceu nada com Anna. Ela sobreviveu, não morreu, e isso é tudo o que o registro de mortalidade tem a dizer.

Perigo é tubarão em águas rasas, comprimidos no armário do banheiro ou piano de cauda balançando no beiral de uma janela sob a qual crianças brincam. É a alimentação rica demais em gorduras, o *base jump*, a bebida, os pedestres e os ônibus, dirigir um carro em alta velocidade ou os riscos de uma condição climática excepcional. São os tombos e as emoções. Em outras palavras, o perigo está em toda parte e sempre. E em todos os casos encontramos estas mesmas duas faces: uma impassível, formal, calculista, e a outra cheia de esperanças e temores humanos.

O incomum objetivo deste livro é enxergar os dois lados ao mesmo tempo. Queremos apresentar as pessoas, suas histórias *e* os números, tudo junto. Começamos a empreitada tentando analisar como essas duas perspectivas se relacionam, mas durante o percurso descobrimos que isso gerava uma questão complicada: será que essas duas faces do risco são compatíveis? Será que a questão do risco pode se aplicar aos números e a um indivíduo ao mesmo tempo? Vamos tentar responder apresentando os dois lados, mas podemos revelar a nossa conclusão agora mesmo.

Não, não é possível. Para as pessoas, as probabilidades não existem.

Trata-se de uma afirmação extraordinária de escritores excêntricos. Com um pouco de sorte, no entanto, a prova dessa afirmação – e exatamente o que ela significa – surgirá do choque de perspectivas neste livro.

Os números e as probabilidades estão todos aqui. Com eles vamos mostrar as chances de ocorrência de uma variedade de truques e armadilhas da vida: riscos para crianças; riscos de violência, crimes e acidentes; perigos do sexo, das drogas, de viagens, dietas e estilo de vida; riscos de desastres naturais e muito mais. Lançando mão dos melhores métodos que encontramos ou inventamos para facilitar sua compreensão, explicamos como é possível saber desses riscos, quais são as razões de às vezes não conseguirmos saber e como eles vêm mudando. Em especial, vamos usar um pequeno e astucioso dispositivo chamado de MicroMorte (MM) e outro chamado de MicroVida (MV), duas amistosas unidades de risco de morte que, acreditamos, podem facilitar o entendimento. Você conhecerá essas duas unidades daqui a pouco. Este livro é um novo guia para as probabilidades da vida.

O fator humano também está presente. Nem sempre as pessoas fazem o que os números sugerem. Tem gente que se sente em segurança quando está em perigo e em perigo quando está em segurança, e os números podem ser menos eloquentes para nós do que a sensação de poder ou de liberdade, do que nossos valores, gostos e desgostos e emoções.

Uma das reações a essa contradição é dizer que as pessoas são burras, que viveriam mais e dormiriam melhor se ouvissem os especialistas. Outra é dizer que os especialistas podem estar certos a respeito da média, mas que nitidamente nunca tiveram filhos nem uma dor no peito não diagnosticada, ou que se precipitaram em suas conclusões.

De um jeito ou de outro, o fator humano não pode ser ignorado. Para demonstrar isso, utilizamos uma técnica que, a bem dizer, é arriscada: combinamos fatos com ficção, números com relatos. Por que escrever um livro composto em parte por números e em parte por histórias? Porque é assim que as pessoas percebem o risco – a partir tanto de histórias como de números.

As duas leituras têm suas virtudes e desvantagens. Os números nos informam as probabilidades. As histórias servem para transmitir os sentimentos e valores que os números não mostram e que podem por sua vez distorcer a nossa percepção das probabilidades. As histórias impõem uma ordem, mas geralmente de forma artificial – começo, meio e fim, tudo claramente (até demais?) relacionado a causas e efeitos. Os números nos apresentam probabilidades, que nem sempre consideram causas e efeitos precisos de como uma coisa leva a outra; eles apenas expõem como tudo se soma em um registro de contas de vida e morte. Para entender como essas perspectivas se manifestam, não será melhor considerá-las conjuntamente? Para sermos honestos, não é melhor deixar que cada uma se manifeste em seus próprios termos?[3]

Steven Pinker escreveu em *Tábula rasa*:

> Narrativas ficcionais nos apresentam um catálogo mental dos enigmas fatais que podemos enfrentar algum dia e os resultados das estratégias que podemos utilizar. Quais seriam minhas opções se eu desconfiasse que meu tio matou meu pai, assumiu o lugar dele e casou com a minha mãe? Se meu infeliz irmão mais velho não consegue o respeito da família, será que, levado por alguma circunstância, poderá me trair? [...] O que poderia me acontecer de pior se eu tivesse um caso para apimentar minha tediosa vida de mulher de um médico do interior? [...] As respostas podem ser encontradas em qualquer livraria ou loja de vídeo.

Foi por essa razão que criamos alguns personagens. Primeiro, Norm, o que viu a sacola azul no metrô e tentou calcular uma reação adequada e proporcional: o nosso herói. Alguém (ou alguma coisa) está pronto para atingir Norm, apesar de ele não ter feito nada de errado. Ele é apenas um sujeito mediano (bastante normal, como seu nome indica) que procura um caminho seguro na vida. É tão mediano que até suas tentativas de se destacar são medianas, o tipo de cara que não se entusiasma nem mesmo com iogurte grego.

A vida, porém, tem seus próprios planos para Norm: talvez um acidente automobilístico, um caso fatal de gripe aviária, a faca de um assaltante, um meteorito, um desastre nuclear, ou o aumento de sua cintura. Em algum lugar, um assassino está à espreita.

Norm, no entanto, continua tentando. O risco é calculável, afirma, e tendo a razão e o bom senso como guia, ele pode traçar uma rota segura. Seus hábitos são comuns: ele gosta de uma boa xícara de chá, mas sem exageros, usa roupas da Marks & Spencer e não se arrisca muito em atitudes ousadas ou paixões ardentes. Mesmo assim, algo ou alguém quer vê-lo morto. A imaculada vida de Norm é uma história de perigos mortais, assim como a sua, leitor, e a nossa, até certo ponto.

Prudence (outra dica no nome), aquela que entrou em pânico no metrô, age com cautela, um perene olhar de soslaio. Qualquer estranho pode estar seguindo seus passos. Os números pouco lhe importam, basta uma história assustadora para que o medo incendeie sua imaginação.[4]

Finalmente, temos os irmãos Kevlin, Kelvin, Kevin e Kieran, tipos atrevidos, viciados em perigo e dispostos a correr riscos, que não vão hesitar em dizer exatamente onde você deve enfiar todas essas razões e probabilidades.

Lado a lado, capítulo por capítulo, aparecem números e histórias. Nosso plano original era deixar que o conflito de pontos de vista se confirmasse por si mesmo, sem a necessidade de comentários. No fim demos um passo a mais e resolvemos mostrar as diferenças. Assim, dentro dos limites da não ficção, exploramos também a psicologia da percepção do risco. É onde os números e as histórias se encontram, e onde frequentemente discordam.

Tudo isso nos deixa com duas visões de mundo em confronto. O que acontece quando elas colidem? Uma luta, em geral, na qual um lado acusa o outro de ser irracional, enquanto os opositores replicam que a primeira turma não tem sensibilidade.

Trata-se de um conflito elementar. As maiores tensões da vida se manifestam nas atitudes de cada um diante do risco. Escolha o seu lado: arte *versus* ciência, sentimento *versus* razão, palavras *versus* números, percepção *versus* objetividade, histórias *versus* estatísticas, instinto *versus* análise, particular *versus* abstrato, Romantismo *versus* Classicismo, tênis de corrida *versus* chinelos de bichinho: em resumo, a perene sequência de versões radicalmente diferentes em relação à verdade e à experiência. É fácil montar acampamento em um desses lados e nunca olhar para o outro.

Mesmo se você achar que não se encontra em nenhum desses lados, pelo menos não tão radicalmente, terá sua própria opinião sobre o perigo. Ele pega pesado na nossa atitude com relação à vida; ajuda a definir que tipo de pessoa nós somos. Às vezes incorporamos os dois lados, divididos por impulsos contraditórios, e as batalhas entre os diferentes pontos de vista – às vezes os números, às vezes as histórias e as emoções – continuam indo e voltando enquanto tentamos descobrir como devemos viver. Diante dessa barra pesada, o fato de o perigo também poder nos estrangular com um fio de persiana, nos envenenar com salmonela ou nos explodir em pedaços parece quase casual.

Aqui vai uma rápida ilustração:

É um dia de verão. Você está andando pela rua tomando um sorvete de baunilha quando o ônibus 42 sobe na calçada, derruba o sorvete da sua mão e colide com a estação de metrô provocando um estardalhaço de vidro quebrado e metal retorcido, o que o deixa em choque... mas incólume. Quais são as probabilidades?

Não há caso em que se possam prever com certeza os fatos precisos que provoquem um acidente. É verdade que podemos saber, para usar outro exemplo, que se você se pendurar em uma escada para pintar aquele irritante cantinho da parede mais afastado estará pedindo que aconteça um acidente. Dava para perceber que ia ocorrer, costumamos dizer. Mas será mesmo? Com toda a certeza? Claro que não. Às vezes acontece, às vezes não. O acaso sempre desempenha seu papel.

Do mesmo modo, um acidente de ônibus pode resultar tanto de uma falha mecânica como de um erro do motorista; pode depender do horário, da rua, do trânsito, do clima, de você, do tamanho da fila para comprar sorvete, que, por sua vez, depende de todos que estiverem na fila, e pode depender de cada uma dessas coisas – no todo, um intrincado e improvável emaranhado de causas, eventos e pessoas. Ao ler esta *palavra* neste livro, em qualquer momento ou local em que estiver, você passou por uma sequência absurda de causas e efeitos – que começam no início de tudo, se preferir. O que é outra forma de dizer que ninguém pode saber o dia de amanhã. A vida é complicada demais.

Você, porém, não ficaria muito surpreso se um acidente como esse acontecesse de fato – se não com você, com outra pessoa. Sabemos muito bem que muitas coisas – improváveis ou não – vão acontecer em algum lugar com alguém, é o esperado. Mais do que isso, sabemos que elas costumam acontecer em padrões estranhos e previsíveis. Os números de fatalidades por quedas de escada entre os cerca de 21 milhões de homens na Inglaterra e País de Gales nos cinco anos anteriores a 2010 são incrivelmente coerentes: 42, 54, 56, 53 e 47. A despeito das particularidades de cada um dos 21 milhões de indivíduos, os números são incrível e ameaçadoramente estáveis – ao contrário das escadas.[5] Algum deus do cálculo, pintando o destino com números lá em cima nas nuvens, ordena que escorra mais uma gota de sangue: "Ei, você aí de macacão, ainda falta um este mês".

Sabemos que sempre haverá acidentes e incidentes, e às vezes até sabemos quantos e de que tipo – a ponto de conseguirmos prever com razoável certeza quantas pessoas serão assassinadas em Londres até o dia 28 de julho do ano que vem e até quantos assassinatos podem acontecer em um dia específico (o que fizemos – ver o Capítulo 22, sobre crime). Examinada de perto, a vida parece caótica. Cada assassinato é único e imprevisível, qualquer queda ou colisão é resultado de probabilidades infinitas. Vistas do alto, as pessoas costumam se movimentar conforme padrões de regularidade assustadora.

Este é o grande enigma do perigo: milhões de histórias o definem, os sentimentos o denunciam, um milhão de ocasiões conspiram contra cada incidente ou a favor dele – e ainda assim os números se mantêm coerentes. Cada câncer começa com uma mutação celular aberrante, mas sempre só um terço das pessoas vai ter a doença.[6] É um dos fatos mais estranhos da vida essa ordem em meio à desordem, o surgimento natural e espontâneo da forma – persistente e previsível –, mesmo com cada um fazendo as coisas do seu jeito.

Assim, vistos de cima, os caminhos do destino humano costumam ser claros. Para os indivíduos aqui embaixo, são um labirinto de histórias. É como se existissem duas forças simultâneas: uma em grande escala, puxando para a certeza; outra que empurra os indivíduos para a incerteza. Há uma palavra para definir esse equilíbrio entre o padrão estipulado por uma população e o tropeço de uma alma individual, uma palavra usada pela primeira vez em seu sentido moderno algumas centenas de anos atrás: probabilidade.

A probabilidade – pelo menos uma das suas versões – começa com a contagem de eventos passados, como "20% dos homens que morreram nos últimos anos foram vítimas de doenças cardíacas". O passo seguinte é usar essa informação para prever um padrão:

"Cerca de 20% dos homens vão morrer de doenças cardíacas no futuro". Depois, porém, dá um passo adiante: a partir dessa previsão genérica, chega-se às probabilidades do que vai acontecer com os indivíduos. "Portanto, o risco ou a chance de que uma pessoa acabe morrendo de doença cardíaca também é, na média, de 20%, ou seja, um em cada cinco homens, e de aproximadamente 14% para as mulheres, isto é, uma a cada sete mulheres." E assim passamos do passado para o futuro, da massa para o indivíduo.

A probabilidade é um conceito mágico e inteligente. Sintetiza nossas duas visões de mundo, as duas faces do risco: aquela ordenada de populações inteiras vistas de cima, como números, e a de baixo, de cada pessoa no emaranhado de histórias. Abrange todos nós, individualmente, em dados agrupados. Hoje as pessoas usam as probabilidades para tomar decisões sobre tudo – do clima às finanças, da possibilidade de ser assaltado aos riscos dos telefones celulares, de linguiças a *tsunamis*. Isso estimula, a cada esquina que cruzamos, nossas esperanças e nossos temores. As notícias estão cheias de probabilidades, e não é de admirar, pois elas dão a impressão de ser uma garantia quanto ao futuro. Elas são a razão de ser um tanto inconveniente de que garantias quanto ao futuro não existam.

O trajeto da vida de Norm dá forma à ordenação dos riscos neste livro, na medida em que descobrimos o quanto os números podem orientá-lo, do começo ao fim. Incluímos aqui tudo o que pareceu interessante e pessoal. Pouco será dito sobre riscos nos negócios – ou Gestão de Riscos de Empreendimento, como são conhecidos –, tema sobre o qual muito já se falou.

Para aumentar ainda mais nossas ambições, esperamos que as diferentes perspectivas aqui apresentadas criem um livro que qualquer um, não importa a sua posição, possa ler e desfrutar para chegar a uma compreensão abrangente. Embora tenha nos ocorrido que, ao tentarmos nos dirigir a todo mundo, talvez não conseguíssemos falar com ninguém. Também é um risco que corremos.

Finalmente, dois alertas. Primeiro, as pessoas aprendem sobre riscos o tempo todo, por isso novas informações surgem sem parar. Isso não é somente um fato complicado, é relevante para a argumentação. Que espécie de confiança se pode depositar em números que não param de se alterar?

Segundo, em alguns trechos este livro vai quase se tornar uma pequena enciclopédia de acasos. Muitos números serão apresentados, e é mais divertido lê-los aos poucos do que de uma vez só. Os dados estatísticos, porém, podem ser levados cada vez mais longe, e agradecemos pelas contribuições dos leitores com todas as estatísticas que deixamos de fora. Nós tínhamos de parar em algum momento.

Bem, o cenário está montado. Histórias serão confrontadas com estatísticas, a razão vai se emaranhar com sentimentos e impulsos, as convicções vão discutir com as evidências. Nós analisamos a fundo todas as informações e as projetamos em uma vida imaginária na qual a objetividade nem sempre é considerada, e muito menos prevalece, às vezes apesar de todos os esforços de Norm. Em resumo, juntamos o maior número possível de posições contraditórias sobre o risco capaz de ser reunido em livro e esperamos começar – ou recomeçar – uma reflexão sobre esse poderoso conflito entre diferentes visões de mundo. Com direito a tramas paralelas envolvendo asteroides e o fim do mundo.

Nós já chegamos a uma conclusão sobre como tudo isso termina. Caberá a você, porém, julgar o significado dela, a validade dos argumentos e se – e como – esses dois lados podem ser conciliados. Se tiver coragem, aproveite para refletir sobre o que você pensa ante esses dois lados do perigo.

1. O começo

Se não tivesse derramado gim no aquário em uma desastrada reação ao gosto da bebida – pois na verdade ele detestava gim –, a história toda nem teria começado.

Tampouco teria acontecido se os peixes não tivessem morrido. Ou se ele não estivesse se sentindo constrangido por ter ido à festa sem ter sido convidado ou por ter avistado uma garota que o conhecia e poderia dar informações a seu respeito. Não fosse por tudo isso, é provável que não estivesse ali no dia seguinte pedindo desculpas.

— Hã... os peixes — falou.

— É, os peixes — ela concordou.

— Morreram?

— Morreram.

— Certo. Eu meio que já sabia. Acho que fui eu.

— Aham.

— Então, hã... Quanto custa um peixe?

— Um peixe...? Um jantar.

— Como...? Um jantar...? Ah, tudo bem! Claro, um jantar. Mas... e os outros peixes?

— Vamos com calma, seu molestador de peixes!

— Tudo bem, tudo bem...

— Mas, para ser sincera... os peixes nem eram meus. Mas, se você não jantar comigo, eu conto ao meu irmão, e ele é um tipo psicótico, que mata pessoas a machadadas. Você não vai gostar.

— Certo. Claro. Mas... quantos peixes foram ao todo?

— Quarenta e dois.

— Quarenta e...?!

Bem, se os dois não tivessem descoberto que gostavam de sudoku, de velejar e que adoravam a trilha sonora original do filme *A carga da brigada ligeira*, baseado no poema de Alfred Tennyson... E se ele não tivesse gostado tanto do sorriso dela, e ela das mãos dele, e não se sentisse fascinada pela estranha marca de nascença na sua orelha direita...

— Incrível — os dois costumavam dizer depois, com certa frequência.

— Qual é a probabilidade de se conhecer alguém desse jeito?

— "Quarenta e dois"! E nem era verdade.

— Exatamente!

Então, foi por causa de um monte de coincidências, de toda uma série de eventos acidentais que poderiam ter resultado em muitas situações diferentes, que os dois voltaram a se encontrar, conversaram, se apaixonaram e tiveram um filho – depois que ele se esqueceu de levar o preservativo certa vez em que foram acampar, mas disse: "Que se dane". A sequência de casualidades confere a essa saga a probabilidade de um em um zilhão de acontecer.

Mas, se pararmos para pensar, todos nós somos improváveis, cada um de nós é fruto do acaso. Existem tantas razões para que qualquer um de nós não tivesse acontecido. Qualquer indivíduo é por si só improvável. Sempre vai existir gente, mas por que você?

Aliás, porque ele voltou para se desculpar pelos peixes, esteve ausente quando seu apartamento pegou fogo e se encheu de uma fumaça sufocante.

Mais tarde, enquanto ela pedia, aos gritos, uma anestesia raquidiana, jurando que ele ia pagar caro por aquilo, que dessa vez ia dormir com os peixes, ele pensava sobre o futuro do bebê, nos estranhos caminhos da sorte e do azar, nos riscos e nas coincidências da vida e no quanto o destino podia ser tumultuado e imprevisível. O que *são* as probabilidades?

E no exato momento em que o bebê nasceu, uma espetacular bola de fogo bem longe dali iluminou o céu antes do amanhecer. Era uma radiante explosão decorrente da entrada de um pequeno asteroide com poucos metros de diâmetro na atmosfera da Terra. Pesando 80 toneladas e a uma estonteante velocidade de 12 quilômetros por segundo, o pequeno corpo celeste se despedaçou com a potência de mil toneladas de dinamite, brilhou como uma lua cheia e seus fragmentos se espalharam pelo deserto da Núbia.[1] O asteroide recebeu o nome de Almahata Sitta. O bebê pesava exatamente 3,4 quilos.[2] E recebeu o nome de... Norm.

Será que os números podem ajudar o bebê Norm a se esquivar das pedras e flechadas da vida? Este livro vai tentar orientá-lo com o melhor que pudermos encontrar. Vamos também usar esses números com a maior clareza possível.

Esse último ponto – a clareza – é muito importante. Com certeza há muito de mentira e enganação em estatísticas de risco, mas existe também informação real, e boa parte do problema é separar o que interessa e tornar tudo isso inteligível.

Digamos que o pai de Norm está preparando umas linguiças para o desjejum do garoto quando, de repente, ouve uma notícia na TV que diz que comer uma linguiça a mais – ou será que é uma linguiça por dia?, ou alguma outra coisa sobre linguiça – aumenta o risco de câncer em 20%. Pausa momentânea. Norm continua brincando. A linguiça continua sendo frita.[3]

O que essa porcentagem significa – 20% do quê? Depois ele ouve a mesma história no rádio, mas agora como uma probabilidade (será que é o mesmo que porcentagem?), e talvez mais tarde, quando ler no jornal sobre "risco absoluto" e "risco relativo", ele fique totalmente confuso, e quem poderia culpá-lo? Ainda há outra coisa que eles mencionam, a "taxa de risco", tudo parecendo matemático e talvez até rigoroso – quem sabe? Aí alguém diz: "Quer dizer que 20% das pessoas morrem porque comem linguiça?"; outro pergunta: "Quer dizer que o excesso de linguiça é responsável por 20% dos cânceres?". Ou talvez: "Quer dizer que 20% das pessoas têm 100% de chance de ter câncer se comerem... hã... 20% a mais de linguiça?". Os que adoram linguiça vão dizer que é tudo mentira e não passa de estatística, mas talvez uns poucos digam: "Oh, meu Deus, nunca mais vou comer linguiça!". Ninguém vai acreditar muito, mas talvez devessem acreditar, e outras pessoas vão achar que elas estão sendo enganadas, mas não se sentem enganadas quando se empanturram, e continuam sem saber bem o que é aquilo tudo, e no final acabam dizendo: "Ah, dane-se, vamos comer outra linguiça".

Pode esquecer tudo isso. Nós vamos esclarecer as coisas. Norm está diante de uma vida cheia de medos desse tipo, em geral transmitidos com essa mesma clareza. Será possível calcular seu destino com exatidão? Não. Claro que não. Ninguém conhece o futuro, mas, à medida que Norm crescer, poderá aprender sobre o passado recente – como a contagem de mortos por doenças cardíacas – e extrapolar o risco médio para o futuro e tirar lições para a própria vida. Pode parecer uma coisa imperfeita, mas é razoável. Na prática, a noção de risco costuma ser uma bagunça. Pode, porém, se tornar mais fácil se considerarmos a contagem de mortos e o que ela representa para a nossa vida cotidiana. Ao menos é uma das esperanças deste livro, e para Norm também – mesmo que o perigo não seja algo que todo mundo tema e evite, pois talvez uma linguiça possa até ficar mais gostosa se você pensar que está vivendo perigosamente. De qualquer forma nós vamos tentar tornar esses números mais simples, seja você do tipo que evita o perigo, seja do tipo que gosta dele.

Nosso principal artifício será um pequeno e astucioso recurso chamado – por alguém com um tenebroso senso de humor[4] – de MicroMorte, que é o equivalente a uma chance em 1 milhão de morrer. As MicroMortes funcionam como pequenas unidades que nos ajudam a ver o perigo na vida cotidiana. São riscos reduzidos a uma taxa muito pequena ou diária em uma escala consistente. A ideia parte exatamente dessa situação: um dia comum na vida de qualquer pessoa mediana, como Norm.

Que riscos corre Norm, ou você, desde o momento em que acorda para uma rotina diária, sem fazer nada especialmente perigoso – sem praticar *base jump* ou lutar em alguma batalha no Afeganistão, mas apenas tendo uma vida normal –, até o momento em que volta para casa para dormir? Não muitos riscos, como se pode esperar.

É verdade que podia ser você debaixo do ônibus e não o sorvete; é possível escorregar no boxe e morrer durante o banho ou ser morto por engano com algum instrumento letal em uma briga de gangues, mas isso não é provável. É um risco mínimo. Nós sabemos disso. Aliás, podemos contar os mortos e atribuir um número a essas ocorrências. Na Inglaterra e no País de Gales, aproximadamente cinquenta pessoas morrem por dia por acidentes ou de forma violenta, em razão do que chamamos de causas externas.[5] Como existem mais ou menos 50 milhões de habitantes na Inglaterra e no País de Gales, significa que isso acontece com cerca de 1 em 1 milhão, todos os dias. Não é muito, como dissemos. E mesmo que você não saiba ao certo se será uma das cinquenta pessoas a morrer hoje por causas externas, o mais provável é que não perca o sono se preocupando muito com isso.

Então, podemos dizer que esse risco diário é de mais ou menos 1 MicroMorte, 1 chance em 1 milhão de algo horrível, fatal ou dramático acontecer com a Sra. ou o Sr. Mediano em um dia normal, fazendo as coisas normais do cotidiano. Uma MicroMorte, em outras palavras, serve como referência para uma vida normal. Todo mundo vive com isso. E sobrevive. Parabéns. Lá vai você, uma MicroMorte hoje, outra amanhã, dia após dia.

Claro que isso é apenas uma média, e será que existe alguém tão mediano quanto Norm? Algumas pessoas são tão tímidas que quase não saem de casa, enquanto seu vizinho sai acelerando a motocicleta para fazer um salto de *base jump*. O *seu* risco (você, leitor) é uma questão bem mais complicada, que vamos abordar mais adiante. Por enquanto, por favor, imagine a si mesmo como mediano.

Teremos também de pressupor que os dados recentes nos propiciam uma razoável noção do futuro. Em outras palavras, vamos nos equilibrar tenuemente entre *taxas* históricas – quantas pessoas morreram de cada 1 milhão? – e *riscos* médios futuros – qual será a taxa média de MicroMortes por pessoa? Mas, para nós, o "futuro" se refere a uns poucos anos à frente – quem sabe o que pode acontecer depois?

Com as MicroMortes de prontidão, o resto fica relativamente fácil. Como você vai usar a sua MicroMorte diária? Se você rodar 40 quilômetros de motocicleta, lá se vai sua porção diária. Ou pode atingir a mesma marca dirigindo um carro por 460 quilômetros, também igual a 1 MM (lembre-se de que é uma média – 1 MM pode durar mais em uma estrada). Ou pode assumir mais riscos e aumentar sua dose diária de MicroMorte.

O mais encantador da MicroMorte – se é que encantador é a palavra certa – é poder comparar todos os tipos de riscos em uma mesma escala simples. E existe um bocado de riscos. Por exemplo, há quanto tempo você nasceu? Está pretendendo dar à luz? Sabe dirigir ou pretende aprender a pilotar? Usa drogas, incluindo álcool ou analgésicos? Anda de moto ou de bicicleta? Escala o Everest? Trabalha em uma mina? Sobe escadas? Passa uma noite em hospital? Você ou seus filhos já tomaram uma injeção? Seus filhos pequenos costumam pôr brinquedinhos de plástico na boca, em flagrante violação dos alertas em destaque nas embalagens? Qual é o risco de um asteroide cair exatamente em cima de você?

Todos esses riscos, e outros ainda maiores, podem ser medidos em MicroMortes (MMs). Por exemplo, o risco de morte de uma anestesia geral em uma cirurgia programada no Reino Unido é de aproximadamente 1 em 100 mil,[6] o que significa que a cada 100 mil cirurgias alguém morre só por causa da anestesia. Não é um risco tão fácil de entender ou se comparar intuitivamente, mas podemos convertê-lo em 10 MMs, ou dez vezes mais alto que o risco médio de chegar ao fim do dia sem ter morrido de forma violenta ou acidental, ou o equivalente a rodar 110 quilômetros em uma motocicleta. Podemos demonstrar, por exemplo, que até pouco tempo atrás o risco médio a cada dois turnos de trabalho em uma mina no Reino Unido equivalia a um salto livre de paraquedas nos dias de hoje: cerca de 10 MMs. Um dia esquiando? Uma MM extra, mais ou menos o mesmo que um dia normal sem fazer nada. Anna se sentiria mais tranquila.

Porém, em situações extremas, 1 MicroMorte representa o risco médio implícito em cada meia hora a serviço das Forças Armadas no Afeganistão em um período turbulento, ou 48 vezes mais perigoso do que a vida durante um dia normal. Ou o equivalente ao risco que corriam em cerca de um segundo os aviadores de um esquadrão de bombardeiros da RAF [sigla da Royal Air Force,

Quadro 1: **Exemplos em MicroMortes**

MicroMortes na média (1 chance em 1 milhão de morrer)

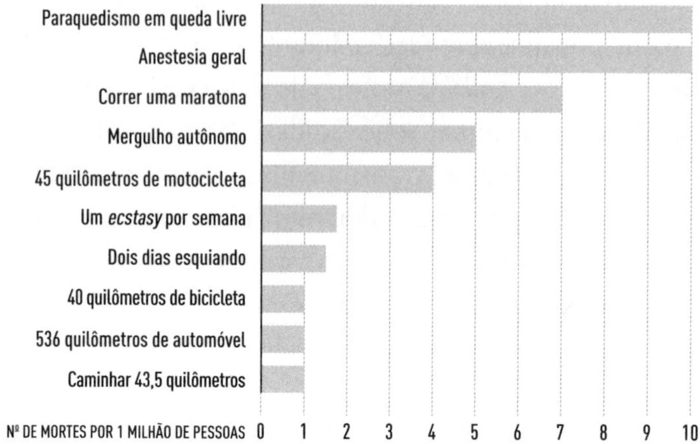

Ver Quadro 35 no Capítulo 27 (pp. 367-8) para mais detalhes de como se chegou a esses cálculos e de onde se originam.

a força aérea britânica] em uma missão na Alemanha durante a Segunda Guerra Mundial.[7]

Uma MicroMorte também pode ser comparada a uma roleta-russa imaginária em que vinte moedas são lançadas ao ar: se todas derem coroa, o sujeito é executado.[8] É mais ou menos o equivalente à chance de 1 em 1 milhão que definimos como dose cotidiana de um risco grave e fatal.

Já que estamos falando do assunto, pense um momento antes de decidir se você estaria disposto a fazer esse jogo e correr o risco de ser executado caso vinte moedas dessem coroa e nós pagássemos, digamos, 2 libras por lance.

Você não toparia? Duas libras são muito pouco, você acha. Então, quanto você quer receber para aceitar correr um risco de vida de 1 em 1 milhão? Em outras palavras, quanto vale a sua vida em uma aposta de 1 chance contra 1 milhão?

Podemos ter uma ideia de quanto os governos estão dispostos a pagar para salvá-lo de 1 MicroMorte analisando o Valor de uma Vida Estatística. Trata-se de um conceito do mundo real utilizado por governos para determinar, por exemplo, quais melhorias fazer nas estradas. Se um novo entroncamento salvar uma vida, aqui no Reino Unido nós pagaremos 1,6 milhão de libras por ele.[9] Portanto, o governo avalia 1 MicroMorte em 1 milionésimo disso, ou 1,60 libra. Está disposto a participar da roleta-russa por 2 libras? Não? O governo acha que você está superestimando o seu valor.

Nós vamos falar sobre diversas formas de riscos, mas usaremos MicroMortes com frequência. A MicroMorte define riscos agudos, daqueles que acertam a cabeça da gente com um "obrigado e boa noite". Depois, vamos introduzir outra medida, a MicroVida, para falar dos acasos de longo prazo: riscos crônicos, do tipo que penetram lentamente a sua corrente sanguínea e se acumulam ao longo da vida, como cigarro, dietas e bebidas.

As duas medidas tomam algumas liberdades, sacrificando um pouco de precisão em troca do uso fácil de uma medida cotidiana para os acasos da vida: um número, facilmente comparável com qualquer outro, e não uma barafunda de porcentagens. Algumas vezes mostraremos os cálculos envolvidos, mas a tendência será deixar esses cálculos nas notas para os que estiverem interessados.

Em parte, será a proporção de MicroMortes e MicroVidas que balizará as esperanças de Norm em uma vida realizada, orientada pelo conhecimento e pela comparação, que o ajudarão a realizar seu potencial pleno para se tornar próspero e articulado como sempre desejou ser. Até agora, tudo parece muito razoável – se a razão contar alguma coisa. Confirmaremos no devido tempo. Antes, gostaríamos de apresentar outro personagem.

2. Infância

Desde o dia em que Prudence nasceu, sua mãe nunca mais deixou de ter medo.[1] Transformou-se em uma mãe protetora, em um refúgio, em uma loba farejando o perigo como um animal selvagem. Outras crianças são cheias de germes, ranhentas, desajeitadas – as outras. São fungos e arames farpados ambulantes.

Veja como a mãe usa o banheiro, pairando acima do vaso com coxas de aço, a saia estampada presa nas axilas. Veja como lava as mãos depois com todo o vigor. Enquanto isso, em seu carrinho, Prudence estende a mão com curiosidade infantil para pegar...

— Não, não, não! Prudence sujinha. Não... nunca... Vem cá...

— Mamãe.

— Mostre suas mãos...

— Hã...

— Não lavou? Ah, lavou. Tudo bem. Pernas para cima. Fralda... não toque em nada. Ops. Cadê aqueles lenços de papel?

Lenços de papel. Amigos confiáveis. A linha de frente na guerra contra a sujeira. Desde a mais tenra idade Prudence aprendeu a *nunca* levar um sanduíche de pasta de amendoim para a escola, *nunca* misturar com outras facas as usadas para cortar frango cru. Assim como a mãe, ela se preocupava com os incautos, tinha pena de sua falta de discernimento e dos riscos que corriam. Convidada a participar de um clube de leitura, captou instantaneamente o perigo que os outros não percebiam – que, se ficasse acordada para ler à noite, o marido poderia pensar que ela tinha energia para fazer sexo.

A manchete do jornal dizia: “Vinte sintomas físicos de que você tem uma doença grave”. Então Prudence só comeria seus cereais depois de ter lido duas vezes a notícia e fazer um autodiagnóstico. Aquela mancha em sua perna era uma nova verruga? Não, só um respingo de lama. Cadê os lenços de papel?

Vamos seguir mãe e filha saindo do toalete e voltando à cafeteria, onde uma velha amiga dá um espirro. Veja como a mãe se afasta da mesa, lábios cerrados, respirando como se o ar queimasse, tentando disfarçar o gesto de cobrir a boca e o nariz de Prudence com a mão. Ela está pensando em lenços de papel desinfetantes.

— Você precisa colocar as coisas em perspectiva — disse um amigo uma vez, oferecendo-se para mostrar algumas probabilidades.

— Muito obrigada — ela respondeu —, mas os números não vêm ao caso.

— O quê?

Coisas ruins aconteciam no mundo, coisas indizíveis. O pensamento “e se?” – e se o pior acontecesse? – sempre vencia o jogo dos números. “E se” aumentava qualquer risco, por menor que fosse, fazendo Prudence... gritar.

— E se eu mostrar que é 1 chance em 1 milhão? — perguntou o amigo.

— Não adianta.

— Como?

— O problema é o *um*.

— Um em 1 milhão está bom.

— Não para o um. Não para o um.

Principalmente se esse um fosse Prudence. Sua infância foi vivida em uma casa adaptada para crianças? Foi. E os laguinhos e fontes de água no jardim? Foi tudo tapado. A mãe dela sabia como agir em uma emergência? Sim, ela aprendeu. Só tinha comprado equipamentos e móveis de segurança? Sim. A alimentação era saudável, as férias eram passadas em segurança, havia hora certa de dormir, de tomar banho, também havia segurança nas escadas e nos sofás, nada de pequenos objetos e ossinhos (facilmente quebráveis), nada que pudesse provocar escaldaduras e queimaduras, afogamento e sufoco. As revistas de orientação para os pais a mantinham alerta. "Negligência" era a pior palavra que ela conhecia.

Mesmo assim, ela sabia que algum terrível desvio da natureza, uma doença não diagnosticada, digamos, poderia atingir Prudence. Afora isso, e com o devido cuidado, ela cresceria saudável, viveria mais que os imprudentes e mal-orientados que dirigiam depressa demais, comiam mal, não cuidavam do colesterol e da acrilamida, que engordavam e, descuidados dos poluentes antinaturais do ambiente, deixavam dispositivos eletromagnéticos ligados no quarto e até vacinavam os filhos. Ou era por não vacinarem os filhos? Qual era mesmo a recomendação mais recente? E já estava quase no prazo de Prudence tomar outra injeção. Às vezes a ameaça parecia vir dos dois lados de uma só vez, como em uma rua de mão dupla.

Nos dias de inverno as crianças podiam escorregar; o verão significava vespas e queimaduras de sol, muita atenção nas águas-vivas na praia e em *tsunamis* no horizonte, quando até mesmo momentos de descanso lendo o *Daily Mail* e tomando um chá de hortelã exigiam um olho atento nas brincadeiras de Pru, que por certo não podia ir além da linha das espreguiçadeiras. Um anúncio no trem – "Não se arrisque a ter mau hálito!" – vinha seguido de um alerta contra terroristas: "Nestes tempos de maiores cuidados em segurança, por favor, mantenha todos os seus pertences ao seu lado. Se avistar uma mala ou pacote suspeitos...".

Esse era o mundo que Prudence iria herdar, um lugar de perigos, ameaças, riscos e sintomas, em que os números quase não tinham valor, mas sim as histórias de terror; em que o medo era o preço que ela pagava pelo amor; onde Prudence, quando ferida, tornava-se uma infinidade de dor e culpa para a mãe – como ela se sentiu uma vez a caminho de casa depois de, sem querer, bater a cabeça da filha na porta do carro.

A mãe de Prudence tem razão até certo ponto: ser criança é muito arriscado – relativamente. Os perigos no primeiro ano de vida equivalem mais ou menos a rodar 48 mil quilômetros em uma motocicleta, uma volta no planeta.[2] Imagine a sua filhinha em uma Harley. Você se sente segura?

Os que sobrevivem só vão voltar a enfrentar o mesmo nível de perigo anual quando tiverem mais de cinquenta anos. O primeiro ano de vida é uma idade perigosa, comparativamente.

Mas provavelmente você já sabia disso. A vulnerabilidade de uma criança é óbvia. Primeiro ela é indefesa; depois é uma mistura incerta de ingenuidade e curiosidade; parece que está pedindo para que aconteça algo, não é? É fácil ver como todas as crianças vivem numa corda bamba até ficarem maiores.

Elementar, porém ilusório. Esse perigo ostensivo ocorre em estado bruto. Mascara riscos específicos que se alteram de modo radical em poucos anos. O primeiro ano de Prudence é de fato relativamente arriscado, mas a maior parte dos riscos fica concentrada nas primeiras semanas, e se ela chegar ao primeiro aniversário, o que acontece com a vasta maioria, o risco anual despenca – de

4.300 MMs no primeiro ano para menos de 100 MMs ao ano até os sete anos, ou 25% de 1 MicroMorte por dia, levando-se em conta todas as causas possíveis. Acredite ou não, isso faz dos sete anos a idade mais segura da vida – muito mais segura do que a vida da mamãe e do papai.[3]

Assim, a infância percorre um curto trajeto que vai de um máximo de perigo de vida até o outro extremo. Bebês não fazem muita coisa, mas vivem perigosamente, por pouco tempo, em relação às outras pessoas. Assim que crescem um pouco, superam tudo isso e passam a correr menos perigo de vida que qualquer um.

Esses são somente os riscos fatais, não os outros muitos perigos não tão radicais a que podem se expor. Mesmo assim, a mudança da situação é gritante. Pais ansiosos têm com que se preocupar no primeiro ano, principalmente nas primeiras semanas, mas depois...

Será, porém, que essa ansiedade cai com a diminuição do risco? Ou esses pais continuam preocupados assim mesmo, como a mãe de Prudence? Dependendo do caso, poderíamos dizer que esse estado de alerta mantém as crianças em segurança, e a preocupação teria uma função. Com certeza é o que acha a mãe de Prudence. É melhor prevenir do que remediar, diz um velho provérbio. Ou talvez os pais que começam a se preocupar não consigam mais parar, e em cerca de quinze dias a paranoia se estabelece.

Há outra razão além do amor para a mãe de Prudence temer que algo aconteça à filha: o medo da culpa. O perigo pode ser pior se você pensar que alguém tem culpa de as coisas terem dado errado, se alguém "foi responsável". Nesse caso existe uma vítima inocente, e um acidente torna-se mais que um azar, pode se transformar em um trauma. Quando é você quem está tomando conta, a proteção é o seu dever e sua preocupação, e não adianta apenas dar amor, pois será culpada caso aconteça alguma coisa. Nesse caso, o perigo fica ainda mais sombrio – e sujeito a culpa. "E onde estava a mãe?", alguém vai perguntar.

Então, se algo acontecesse com Prudence, como a mãe se sentiria? Entre muitas outras coisas, certa ou errada, ela vai achar que não estava lá para ajudar. Podem dizer o quanto quiserem que foi um azar. Ela não vai aceitar. As probabilidades não fazem menção a isso – ao sofrimento humano.

Não as julgue, porém, severamente. Essa indiferença pode ser uma virtude. A probabilidade é indiferente, é verdade, mas por isso mesmo quase nunca tem culpa de nada. Nem todos os sentimentos são nobres nessas histórias – e por essa razão as probabilidades podem ser mais bondosas que as histórias, mais magnânimas, menos ansiosas por encontrar um agente humano (uma pessoa específica que tenha sido "responsável"), e têm mais leveza para admitir as incertezas sobre como exatamente aconteceu o acidente.

Em parte, isso é o que a probabilidade é – uma declaração de incerteza sobre causa e efeito, incapaz de nomear um culpado. Assim, um número emocionalmente frio pode ter também seu lado humano, ainda que apenas por omissão.

O que os números dizem basicamente é que o período de maior risco de morte na infância é breve, como dizemos, e que vem diminuindo. A mortalidade infantil é um bom indicador de mudança nas condições sociais, e muito influenciada por epidemias e períodos de fome. É o registro de uma história de rápidos progressos.

Ao longo da história, algo como 30% a 40% dos bebês morriam no primeiro ano de vida, o que poderíamos chamar de taxa natural de mortalidade infantil. Por volta de 1600 esse número já estava reduzido à metade na Inglaterra, permanecendo em cerca de 15% até meados dos anos 1800.[4] Se essa fosse a taxa atual, corresponderia a mais de 100 mil crianças mortas por ano no Reino Unido.

Felizmente, a taxa continuou melhorando, radicalmente. Em 1921 tinha sido reduzida à metade de novo, e dessa vez o salto ocorreu em apenas uma geração. Logo após a Segunda Guerra Mundial, reduziu-se mais uma vez à metade. Em 1983 a taxa voltou a cair pela metade, em seguida se reduziu à metade de novo, para cair para menos da metade em 2012 e chegar atualmente a cerca de 4 a cada 1.000 crianças.[5] A mudança não foi nada menos do que surpreendente, com várias vitórias sobre a morte. Na maior parte do mundo, as principais causas históricas de mortes prematuras foram tão reduzidas que o que antes era normal agora se tornou excepcional. Será que houve alguma outra redução de risco tão radical na história da humanidade quanto na situação da mortalidade infantil nos países desenvolvidos?

Como esses números fazem você se sentir? Privilegiado pelo progresso e mais tranquilo com os seus filhos? Ou a ansiedade continua?

Embora muito reduzidos, os perigos continuam no ar. Em 2010, houve 723.165 nascimentos na Inglaterra e no País de Gales, mais de 1 por minuto, ou quase 2 mil por dia, o suficiente para lotar de crianças um cinema bem grande e barulhento.[6] Pense em Prudence como uma delas. Por enquanto, tudo bem, mas ela teve de sobreviver a vários momentos terríveis no percurso.

O primeiro ocorreu antes da primeira respiração. Se você der uma olhada nesse cinema, vai notar dez cadeiras vazias. Representam o pedágio pago pela teimosia dos natimortos, por volta de 1 a cada 200 nascimentos normais, uma taxa inalterada desde o início dos anos 1980. Enquanto outros países continuaram fazendo progressos, isso não aconteceu no Reino Unido. É um enigma, e muito perturbador.

Depois vem a sobrevivência em vida. Dos 2 mil bebês nascidos a cada dia, cinco morrem na primeira semana, um antes de um mês e três antes de completar um ano.[7] O risco total durante esse primeiro ano, em razão de causas variadas, é de, vamos dizer, 4.300 MMS. É assim que chegamos ao equivalente aos 48 mil quilômetros de motocicleta. Se 1 MM equivale a rodar em uma motocicleta por uns 11,25 quilômetros, então 4.300 MMS × 11,25 quilômetros = 48.375 quilômetros.

Vamos considerar os perigos de Prudence que fazem parte desse total, um de cada vez. Primeiro, a maior categoria isolada: doenças congênitas ou prematuridade. Os bebezinhos batalham. Dos 4 mil bebês nascidos em 2010 com menos de 1 kg (um pacote de açúcar), 1.200, ou 30% deles, não completaram um ano de vida.

Como Prudence não foi prematura nem tinha doenças congênitas, o risco equivalente aos 48 mil quilômetros de motocicleta cai bruscamente para 26 mil quilômetros, de 4.300 MMS para 2.300 MMS.

Em seguida vem o segundo perigo: 202 bebês, 4 por semana, morrem por complicações no parto. É uma controvérsia perene – o que é mais seguro: ter o filho em casa ou em um hospital? (Pelo menos os hospitais já aprenderam as lições de higiene; ver Capítulo 11, sobre parto.) Mães que dão à luz em casa em geral estão em melhor situação financeira, o que tende a ser associado a taxas mais altas de sobrevivência. É normal também que não seja o primeiro filho, o que também deve aumentar a segurança. De qualquer forma, na Inglaterra e no País de Gales a taxa de mortalidade infantil é a mesma para nascimentos em casa ou em hospitais.

Um estudo recente com 65 mil nascimentos de "baixo risco" mostrou que mulheres que deram à luz em unidades administradas por parteiras desfrutaram da mesma segurança que as internadas em hospitais, com muito menos cesarianas e mais "nascimentos normais". Se não for o seu primeiro filho, dar à luz em casa é tão

Quadro 2: **Causas de morte na infância**[8]

Na Inglaterra e no País de Gales, em 2010

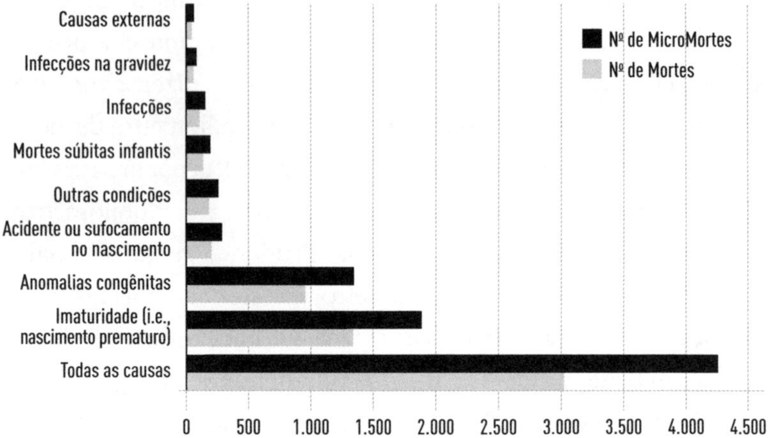

seguro como no hospital, mas para mães de primeira viagem existe mais ou menos o dobro de risco de ocorrer algum problema grave, e quase metade destas teve de ser transferida para hospitais.[9]

O grande perigo final para Prudence – e para todo mundo – são os 136 casos de morte súbita infantil (192 MMs) acrescidos aos casos "indeterminados", formando uma angustiante categoria denominada oficialmente de "Mortes Inexplicáveis na Infância". Desde o lançamento de uma campanha de redução de risco em 1991, que contrariou a sabedoria popular de deixar os bebês dormirem de bruços, o número caiu 70%. Ainda houve, porém, 279 casos em 2009, na Inglaterra e País de Gales (400 MMs no primeiro ano), cerca de 1 entre 2 mil bebês nascidos a cada ano.[10]

Essas mortes misteriosas são cerca de 50% mais comuns entre meninos e durante o inverno, e o risco é cinco vezes mais alto para filhos de mães com menos de vinte anos (1.230 MMs no primeiro ano) do que de mães com mais de trinta anos (250 MMs). Considerando todas as variáveis, sendo menina, não prematura e com uma mãe com mais de trinta anos, Prudence estava entre as mais seguras nessa perigosa idade – em termos relativos. Sua mãe, no entanto, não se sentiu mais tranquila por isso.

Estamos falando de um país desenvolvido. E se ela tivesse nascido em outro lugar? As comparações internacionais de mortalidade infantil são complicadas. Alguns países não incluem em seus dados de mortalidade infantil os minúsculos bebês prematuros, que correm alto risco, como vimos. A falta de registros confiáveis também inclui algumas taxas estimadas com base em pesquisas que perguntam nos domicílios se os pais tiveram algum filho morto com menos de cinco anos e que são usadas em modelos estatísticos para calcular a mortalidade infantil.

O admirável Inter-Agency Group for Child Mortality da ONU[11] junta todos esses dados e estima que, em todo o mundo, o risco médio enfrentado por um bebê no primeiro ano de vida fica ao redor de 40 para cada 1.000 (arrepiantes 40 mil MMs), mais ou menos o mesmo da Inglaterra e País de Gales em 1947.

Como qualquer cálculo médio, porém, esses dados disfarçam grandes variações. Os que estão na posição mais baixa na tabela são Serra Leoa e a República Democrática do Congo, com taxas ao redor de 119 e 112 por 1.000, respectivamente, a mesma taxa da Inglaterra por volta de 1919. A Etiópia vem com 52 (taxa da Inglaterra em 1938), a Índia com 47 (1945), o Vietnã com 17 (1973) e os EUA com 6 (1997). Com 5 por 1.000, Cuba está uma fração abaixo da Inglaterra, enquanto a Finlândia e Cingapura chegam a menos de 2 por 1.000,[12] aproximadamente a metade do Reino Unido. Isso sugere que não podemos separar o mundo entre "nós" e "eles" – "eles" estão no máximo uma geração atrás de "nós", e nos alcançando rapidamente.[13]

A linha no Quadro 3 mostra a melhoria radical na taxa de mortalidade infantil do Reino Unido desde 1921, medida em mortes por

Quadro 3: **Taxa de mortalidade infantil no Reino Unido, de 1921 a 2009**
Número de mortes por cada 1.000 habitantes; e posição atual de outros países[14]

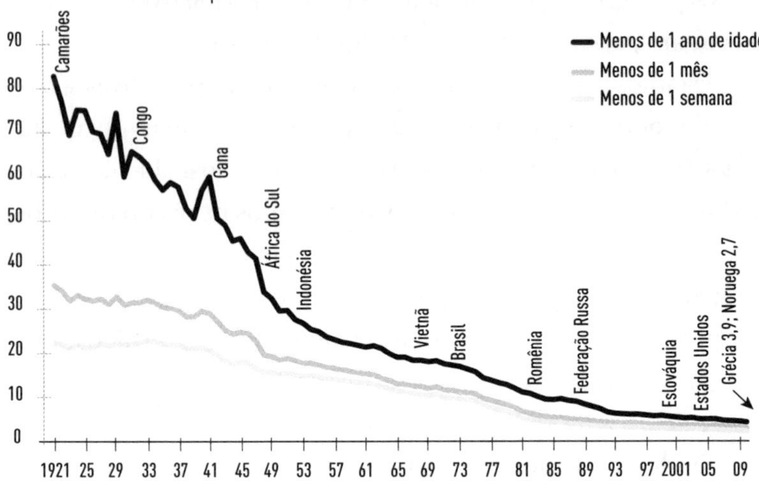

1.000 nascimentos antes de um ano de idade. Mostramos também a posição atual de uma seleção de outros países. Em 2010, Camarões encontrava-se onde o Reino Unido estava no início dos anos 1920.

Em 2000, a Organização das Nações Unidas estabeleceu as Metas do Desenvolvimento do Milênio, e seu quarto objetivo era a redução da mortalidade infantil em dois terços entre 1990 e 2015, de 61 a cada 1.000 nascimentos para 20. O nível atual, de 40 por 1.000, mostra um grande progresso nos últimos vinte anos, mas sugere que a meta global não deverá ser alcançada, embora alguns países tenham dado passos gigantescos. O Malawi, por exemplo, passou de 131 para 58 por 1.000, e Madagascar caiu de 97 para 43, ambos mostrando uma redução de 56% em vinte anos.[15] Se você acha que os países em desenvolvimento estão fazendo poucos progressos em termos de bem-estar humano, pense outra vez. Estima-se que o número de bebês mortos antes de completar um ano caiu de 8,4 milhões em 1990 para 5,4 milhões em 2010 – uma melhora impressionante, mas que ainda representa 15 mil mortes por dia, 600 por hora, 10 por minuto, 1 a cada seis segundos.

Surge agora uma pergunta curiosa: será que a morte de um bebê faz parte da natureza, como tanto teme a mãe de Prudence, ou não é uma coisa natural? A diferença é importante. Muitas pessoas acham que riscos não naturais – riscos associados à vida moderna, como viagens, tecnologia ou obesidade – são os piores. Os humanos os criaram porque muitos apreciam os benefícios dos automóveis, do poder nuclear ou os doces na geladeira. Se o que criamos, porém, interfere na natureza, bem, será que não deveríamos esperar alguma forma de revide? É melhor morrer atingido por um relâmpago do que pela queda de um fio de alta-tensão, como aponta certa pesquisa.[16] Talvez esses riscos não naturais pareçam piores porque são os que acontecem quando os humanos tentam se superar, ou talvez pareçam piores porque nos foram impostos – ao contrário da morte de uma criança, que podemos definir como uma suprema má sorte, um ato de Deus ou da natureza, principalmente quando a causa é alguma doença.

Riscos "naturais" costumam ser considerados mais toleráveis, o que é uma atitude estranha – e este capítulo testa isso até o limite. Qual medo pode ser maior do que ver a morte de um filho? É um evento tão perturbador que até a TV o aborda com cautela, embora exiba em escala industrial a morte de adultos.

Doenças são naturais e matam milhões de pessoas. Será que devemos tolerá-las só porque sempre estiveram entre nós? "Antinatural", porém, continua sendo uma palavra estigmatizada, embora os humanos tenham conseguido uma queda radical na taxa natural de mortalidade infantil, às vezes com recursos bastante antinaturais, como a teoria dos germes e o sabonete. Poucas pessoas acreditam que não deveríamos ter mexido com isso.

Mas a defesa do antinatural pode ser levada longe demais: será que a tecnologia é sempre boa? Claro que não, nem mesmo para a saúde das crianças. Nenhum lado vence todas as vezes. A discussão sobre o risco natural/antinatural se reflete na questão dos partos em casa (e da vacinação – ver o Capítulo 6).

Será irracional essa estranha preferência pelos riscos naturais, quando eles podem ser os mais devastadores? Estranhamente, talvez não. "Antinatural" pode ser uma maneira de dizer que não gostamos de um risco por outras razões. Talvez o que se queira dizer é que um risco antinatural acontece quando pessoas ou grandes negócios fazem coisas nocivas. Talvez consideremos que alguém está ganhando muito dinheiro ou buscando muito poder. Os conceitos de "natural" e "antinatural" podem estar ligados a uma ética enviesada ou sentimentos morais quanto à forma como toda uma sociedade se comporta, sem ter nada a ver com considerações sobre essas diferenças na natureza. Isso não torna esses sentimentos irracionais, mas os deixa mais complicados. Em geral os riscos são assim: ostensivos quanto ao perigo, mas encobrindo atitudes a respeito de muitas outras coisas.

Pensar na morte de uma criança, de um filho nosso, depois imaginar essa morte multiplicada mais de 5 milhões de vezes todos os anos, e pensar nas outras 3 milhões que sobrevivem atualmente graças ao desenvolvimento econômico, ao progresso tecnológico e ao controle medicinal de doenças, parece deixar pouco espaço para considerações sobre riscos e natureza. O sentimento, porém, persiste. O que isso diz sobre nós?

Esse risco, ou um risco desse tipo, é uma pequena parte de um vasto cálculo humano sobre o que é certo e sobre como devemos fazer progressos, um cálculo às vezes político, às vezes moral e às vezes, possivelmente, que é resultado de simples vaidade.

3. Violência

Os penetrantes olhos do gavião Harry patrulhavam as emaranhadas ruas da cidade em uma missão para a divisão de controle de pragas – "Brigada do Rato" – do departamento municipal de saúde ambiental. Pairando bem alto, batendo as asas, observando.

Lá embaixo, pessoas cuidavam da vida. Veículos se moviam e paravam. Árvores ao vento. Crianças em perigo.

Perto do parque, por exemplo, caminhava o desajeitado Phil, agora com calças compridas, não muito longe dos garotos mais velhos que andavam pelo local. Ele parou para observar uma poça decorrente de um vazamento. A água crepitava. Embaixo de uma velha tampa de ferro, meio afundada e vandalizada, onde mal se lia a inscrição quase apagada "Painel Central de Eletricidade", estalidos soavam e lampejos reluziam.

— Idiotas — disse Phil, um pouco alto demais, ao se desviar da poça d'água. — Eles conseguiram eletrificar a calçada! — Harry observava os garotos andando lá embaixo. Houve um grito, um tumulto, uma faca. Phil caiu... com um baque na água.

Do outro lado da rua, Harry viu Mikey apoiado no parapeito. Mikey estava lá havia uns bons 15 minutos, já tinha feito uma ligação de seu BlackBerry para notificar a existência do vazamento, pouco antes de um misterioso passante furtar a mochilinha que tinha deixado ao lado da caixa de correio com o laptop, os manuais da companhia elétrica e algumas anotações.

— Por que aquele garoto está se debatendo em uma poça d'água? — perguntou Norm, que tinha pouco mais de três anos, ao parar ao lado de Mikey, agora agachado, escondido atrás da caixa de correio e tentando mais uma vez fazer uma ligação do celular. Mikey não respondeu, resmungando uma palavra que Norm considerou que não poderia ser de muito bom gosto.

— Você está se escondendo? — perguntou a criança.

Norm estava um pouco amedrontado, pois seu pai se afastara e ainda não voltara, tendo recomendado que ficasse esperando ali, mas ele não sabia mais onde era ali. Agora começava a fazer frio. E o homem com o telefone olhava para ele de um jeito engraçado. Norm se perguntou se era um estranho.

— Nós não queremos que ele pegue um resfriado — disse a sra. Assabian, bem ao lado da poça, na casa número 38, vestindo Artêmis com uma roupinha de lã da Dolce & Gabbana, afivelando as tirinhas na barriga do cachorrinho. — Agora vá, saia daqui antes que você leve outra — disse à filha Jemina, de nove anos, com alguns hematomas quase curados, empurrando os dois pela escada, entrando e fechando a porta.

Harry registrou em detalhes os movimentos daquelas duas pequenas figuras, uma de pé, outra na horizontal. A horizontal tinha quatro pernas. Isso era importante. Gingava da esquerda para a direita, dando saltos intermitentes para a frente, um padrão que Harry reconheceu por instinto, já estimulado pela recompensa futura. Continuou observando mais um tempo. E afinal mergulhou.

Puxa, que roedor grandão, pensou Harry, cravando as garras na roupinha vermelha com um estampado esquisito, e começou a içar o bicharoco. Este, porém, estava preso. Harry bateu as asas com mais força.

A filha da sra. Assabian, agora na High Street, ao lado da vitrine de uma sapataria, sentiu o braço direito ser puxado para a esquerda e levantado no ar. Ao se virar, viu Artêmis no nível de seus olhos, as patas balançando, arrebatada pelas garras de um predador alado.

— Nããão! — gritou, lutando, como fazia ao se defender de outros golpes. Harry também gritou, mais alto, batendo as asas com mais força. Um transeunte passando por perto viu naquilo a grande chance de um cabo de guerra com um chihuahua aéreo e entrou na confusão, segurou na guia da coleira sem muita eficácia e também começou a gritar.

Passantes se viraram para olhar – e gritaram. Artêmis começou a ganir, com a estridência de um cachorrinho de um quilo e meio, e caiu por terra com a roupinha rasgada. Harry saiu voando em direção ao rio.

O crescendo de gritos transpõe uma curta distância pela cidade e encontra Prudence, com quatro anos de idade, voltando para casa depois de uma viagem à metrópole no carro da mãe. O barulho do trânsito as envolve. A mãe buzina. Em algum lugar atrás delas soa outra buzina, longa e estridente.

— O que é isso, mamãe?

— Um imbecil.

As engrenagens de uma pequena caminhonete atrás do automóvel emitem um gemido. Ela está inclinada, ziguezagueando como louca pelas faixas de trânsito. Para na frente das duas com um rugido. O carro freia bruscamente, a centímetros de uma colisão, e a buzina soa de novo.

Ignorando o trânsito ao redor da caminhonete, Van abre a porta e sai, o motor ainda ligado. A mãe de Prudence tenta sair dali, mas o trânsito não permite. Cabeça baixa, ela gira a chave, puxa o volante para a esquerda, arranca, para de novo, gira, recomeça, acelera em pânico.

Tarde demais. Van já contornou o capô do carro em movimento e se agarrou à coluna, segurando na capota com uma das mãos, os pés apoiados em algum lugar não visível.

Língua de fora e olhando de esguelha, mas em silêncio, o rosto de Van encosta na janela da motorista, batendo com o punho fechado no vidro, na porta, no para-brisa. A mãe de Prudence acelera. Van continua lá, um molusco, um alienígena, um punho brandindo. É preciso descer. É preciso. Segura firme. Continua segurando firme, depois solta o corpo... e sai rolando na rodovia.

Foi questão de segundos. Sem uma palavra, sem um grito, bafejando vapor no ar frio, Van cambaleia até a caminhonete, equilibrando-se enquanto anda, chega até a porta que se abrira na guinada feita pelo veículo, entra e sai dirigindo.

Prudence está em silêncio. Assim como a mãe, que olha para a frente, agarrada ao volante. Nunca reclamar, nunca olhar, nunca falar nada, manter distância, estranhos, destruição, acidente, perigo, loucura, ódio, morte.

Lá em cima, Harry continua circulando.

As duas chegam em casa. Na coluna que pergunta se os pais autorizam um dia de viagem com a turma da escola, a mãe de Prudence faz um círculo em "Não".

Por um preço, os pais de Norm podem mandar isolar e quantificar o seu DNA genético – a fim de obter um kit caseiro de estocagem de DNA –, utilizando eletroforese com um gel de agarose, de modo que "uma região do gDNA seja amplificada seletivamente por uma reação de cadeia de polimerase (PCR)".

Por quê? No caso de ele se perder – e ele vive se perdendo. Você poderia fazer isso com seus filhos. Ao menos esse é um motivo mais inocente. Em uma aplicação mais preocupante, a utilização desse kit DNA serve para detectar um crime. E isso significa um sequestro, ou pior. Quanto antes a polícia tiver esses detalhes do DNA, melhor – dizem as instruções na lata. Também é possível imprimir os dentes do seu filho em uma bolacha redonda de termoplástico. Não vamos falar do momento em que isso pode ser útil. Impressões digitais, braceletes de identificação e fotos recentes também costumam ser recomendados.

Pensar em sequestro é assustador. Será que esse kit torna as coisas melhores? Você se sentiria melhor por Norm se soubesse que tem o DNA dele em uma latinha? Esse é o problema do medo, uma sensação cruel e insidiosa: é preciso pensar nele para encontrar coisas que o atenuem.

Será que é melhor ignorar? A probabilidade de um estranho tentar raptar Norm ou qualquer criança mais nova é extremamente pequena, na média; a probabilidade de um estranho conseguir fazer isso é ainda 80% mais baixa. A probabilidade de alguém matar o seu filho é ainda menor; no caso de ser morto por um estranho, o risco é reduzido em outros três quartos. O maior risco de violência contra um filho, na média, vem dos próprios pais.

Mesmo incluindo o perigo representado pelos pais, o risco de morte de crianças da idade de Norm, por qualquer causa, é o mais baixo de todos os tempos, além de ser, como vimos no capítulo anterior, o período de risco médio mais baixo ao longo da vida. Ou seja, baseado nos dados mais recentes, o início da infância é a idade mais segura da vida, em uma época que podemos considerar a mais segura da história.

E daí? Coisas ruins acontecem, como diz a mãe de Pru – e ela está certa. A história fictícia narrada acima é um amontoado de perigos absurdos e calamidades chocantes – intencionalmente –, ainda mais no período de uns poucos minutos e num raio de 800 metros. Mas tudo é mais ou menos baseado em eventos reais. A calçada eletrificada e o curioso incidente com o gavião e a cadelinha aconteceram de fato, a poucas centenas de metros um do outro. De vez em quando uma criança morre ao ser atacada por um animal, mas em geral por cães, não por aves de rapina. O episódio da estrada também aconteceu, embora todos os personagens tenham sido mudados e alguns eventos, alterados. Alguns podem se lembrar de um episódio mais sombrio, a história de Ryan James, em 2007, um garoto de onze anos morto a tiros no estacionamento de um bar em Liverpool, um inocente no meio de uma batalha de gangues. Ou a de Baby P, como ficou conhecido um menino de um ano e cinco meses morto depois de sofrer mais de cinquenta ferimentos durante oito meses nas mãos da mãe, do namorado dela e do irmão.

Esses foram casos horrendos. Nosso problema é que ocorrências desse tipo distorcem o nosso senso das probabilidades. Exatamente por serem raros, esses eventos se destacam. A palavra "saliente" define os riscos que chamam a atenção. Nesse contexto, saliência significa que, dependendo do fundo, uma luz pode parecer mais difusa ou brilhante. Assim, de vez em quando, um exemplo chocante se destaca mais em um fundo de baixa probabilidade do que um perigo mais corriqueiro. É uma troca incômoda: assim como o preço para evitar o pior é admitir sua existência, pagamos por esses acontecimentos raros com nossa sensibilidade.

Então, será apesar ou justamente pelo fato de a probabilidade de violência contra crianças ser tão remota que os pais vêm se sentindo – segundo alguns autores – mais ansiosos quanto à segurança dos filhos?[1] O paradoxo da saliência é uma suposta explicação para essa divisão entre baixa probabilidade e alta ansiedade.

Quadro 4: **Probabilidade de ser assassinado, por idade**
Em MicroMortes, na Inglaterra e no País de Gales (extraída da média de três anos, de 2008 a 2011)

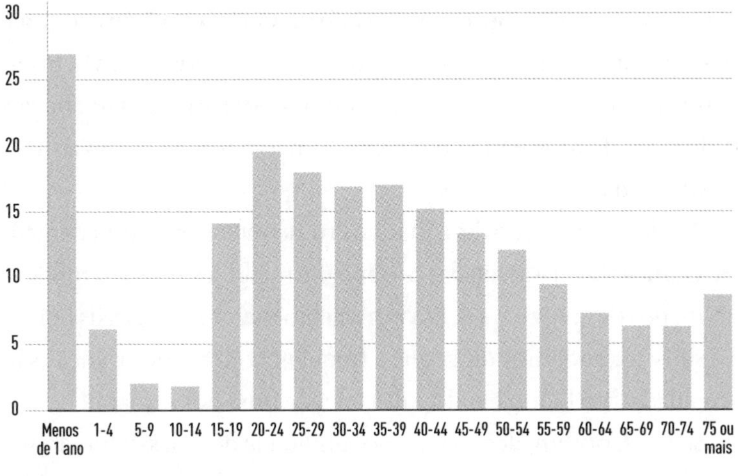

Quanto mais segura se torna a vida, mais terríveis parecem as exceções extremas.[2]

Um tema de reflexão para todos é se essa desproporção entre as probabilidades de um desastre e o quanto somos ansiosos é uma prova de que somos paranoicos e irracionais, se as informações deixam a desejar, ou as duas alternativas. Para o racionalista que diz "Mas você não vê que essas coisas só acontecem muito raramente?", outros terão uma resposta paradoxal: "Sim, e é por isso que são tão alarmantes".

Aqui vão alguns números. O risco de homicídio é mais baixo para crianças com menos de quinze anos do que para qualquer outro grupo etário, ficando entre 2 e 5 MMs ao dia. Assim, demora um ano para uma criança se expor ao risco de assassinato equivalente ao perigo normal de morte súbita de causas não naturais a que um adulto médio está exposto em poucos dias.[3]

Isso para crianças. Para bebês, a história é um pouco diferente. Com menos de um ano, a probabilidade de ser assassinado é maior do que em qualquer outro grupo etário. O risco, porém, ainda é baixo se comparado aos acasos diários de uma vida normal. Equivalente a cerca de 26 MMs por ano, ou 0,07 MM ao dia, não chega a 1/15 do risco de morte médio por causas não naturais de um adulto, de 1 MM ao dia.

Ainda assim, como diz a mãe de Pru, acontece: aproximadamente 46 crianças são assassinadas por ano (na média) em cada 10 milhões com menos de quinze anos. Em um cálculo mais caseiro, mais humano e sinistro, podemos dizer que a frequência com que crianças são assassinadas no Reino Unido é de cerca de uma por semana.

Se você, porém, descartar a possibilidade de assassinato do seu filho, estará cortando mais ou menos três quartos do risco médio de qualquer um com menos de quinze anos, o que praticamente elimina a maioria das crianças desse gráfico, reduzindo o risco de assassinato a 26 MMs para menores de quinze anos, mais baixo do que para a maioria dos adultos. E mesmo assim não chega a ser zero.

É difícil definir uma tendência. Desconsidere o que você leu a respeito,[4] os números são tão baixos e propensos à flutuação que não se pode dizer com certeza que as décadas recentes mostrem, de um jeito ou de outro, uma tendência ao homicídio infantil.[5]

Para casos de sequestro, as chances são maiores. Um estudo de 2004, no entanto, detectou que, assim como no caso de homicídios, as crianças têm mais probabilidade de serem sequestradas pelos próprios pais (141 casos, cerca de 90% bem-sucedidos).[6] Em muitos casos foram os próprios parceiros, às vezes de diferentes origens étnicas ou raciais, em disputa pela custódia dos filhos.

Segundo o estudo, pessoas estranhas tentaram muito mais sequestros, mas tiveram muito menos sucesso (364 tentativas, 67 bem-sucedidas). Geralmente se atribuem motivos sexuais a estranhos. Para esses casos, excluindo os assassinatos, o mesmo estudo diz que, "em todas as ações de que se dispôs de informação, as crianças foram resgatadas em até 24 horas após o sequestro".

Homicídio e sequestro contam apenas o pior do que aconteceu. A diferença entre o que acontece e o que poderia acontecer, porém, é um dos aspectos em que os cálculos de risco parecem deixar a desejar para algumas pessoas.

Os números relacionam sequestros efetivados ou tentativas óbvias, não más intenções ou vulnerabilidades. Então, vamos tentar considerar o risco potencial, e não apenas os incidentes reais, e contar todos os casos de crianças desaparecidas – como uma entre muitas formas possíveis de mensurar a vulnerabilidade.

Agora os números explodem. Em 2009/10, segundo o Child Exploitation and Online Protection Centre, estima-se um número de 230 mil "incidentes de pessoas desaparecidas" com crianças com menos de dezoito anos.[7] Também nesses casos, no entanto, a maioria reaparece em 24 ou 48 horas, mais de dois terços talvez tenham desaparecido por decisão própria, e a lista de incidentes pode incluir uma mesma pessoa que desapareceu mais de uma vez.

Ainda assim, como diz o relatório:

> Quando uma criança desaparece, algo está errado na vida dessa criança, em geral algo grave [...]. Abusos, exploração e risco de vida são os perigos mais preocupantes de todos aqueles enfrentados por crianças. Outros riscos incluem violência, criminalidade e perda de potencial devido à abstenção escolar ou outras formas de educação, falta de recursos econômicos, má acomodação, fome, sede, medo e solidão.

Por que, porém, contar apenas crianças desaparecidas? Alguém poderia contar todas as crianças, em toda parte, levando em consideração as vítimas *em potencial*.

Parte de nossa ansiedade vem de imaginar quem pode estar à espreita com alguma motivação vil. Até essas pessoas cometerem algum delito, porém, é difícil identificá-las. Depois as autoridades tentam rastrear todos os agressores que não estão na prisão. Como alguns vêm sendo monitorados por muitos anos, até mesmo por toda a vida, o número total vem subindo sem parar desde o início desses rastreamentos alguns anos atrás. Isso não implica uma ameaça crescente; simplesmente revela que estamos apenas começando a contar os números que vamos somando. Nem todos esses transgressores são uma ameaça para crianças, mas os que continuam sendo considerados um risco são incluídos com outros na tabela reproduzida na página 375, em uma compilação realizada pela Multi-Agency Public Protection Arrangements (MAPPA).[8]

Em 2010, mais de 50 mil transgressores foram rastreados e controlados pela MAPPA, o que parece realmente alarmante. No nível mais grave, de risco sexual, o número foi 93. (São conhecidos como transgressores de nível 3 os mais difíceis de tratar e controlar, inclusive os que chegam aos noticiários.)

E supervisão nem sempre significa prevenção. Mais de mil transgressores de todos os tipos voltaram à prisão por desobedecer a ordens preventivas por agressões sexuais, e 134 relacionados pela MAPPA foram acusados por reincidência de um crime grave. Mais uma vez, para muita gente, a simples possibilidade de haver alguém por aí, em algum lugar, com um histórico de agressão a crianças é suficientemente alarmante, e o aspecto incerto da ameaça – não se sabe quem são nem o que poderão fazer – torna a situação ainda pior.

Alguns pais não se preocupam tanto. Outros se preocupam somente no meio de multidões. Alguns não conseguem deixar os filhos brincar fora de casa. Outros só se preocupam quando um crime chega ao noticiário.

Alguns afirmam que tudo isso não passa de um "pânico moral". A expressão foi popularizada nos anos 1970, em um estudo do sociólogo Stanley Cohen sobre os *mods* e os *rockers* dos anos 1960.[9] Em resumo, o argumento é que a mídia reage emocionalmente a comportamentos que confrontam as normas sociais, e essa reação exagerada acaba gerando o problema, ao criar um modelo para outros copiarem. É uma análise de peso. A palavra "pânico" sugere irracionalidade, mas não será natural que pais e mães aflitos por verem outros pais perderem um filho para um estranho violento queiram manter os filhos em casa? Não é razoável? Ou será o caso em que nada pode nos esclarecer em que ponto termina uma reação proporcional e começa uma reação exagerada? Não é possível medir – em MicroMortes ou de qualquer outra maneira – o choque causado por uma criança morta violentamente. Será que o choque foi desproporcional em dezembro de 2012, quando vinte crianças foram mortas por um atirador na Escola Elementar Sandy Hook, de Newtown, em Connecticut? Será que esse choque se altera quando você leva em consideração os cerca de 15 mil homicídios por ano que acontecem nos Estados Unidos?

4. Nada

O borbulhar da água na grande panela em cima do fogão fazia ruídos engraçados. O vapor silvava. Os ovos estremeciam lá dentro. O fogo azul estava oscilante. Prudence foi olhar.

Normalmente, sua mãe não deixava – virava o cabo para mais longe. Estava sempre por perto quando ela fazia alguma coisa errada para dizer que era perigoso.

— Prudence, você está aí?

Ela dizia:

— Não — (antes das queimaduras, dos gritos, da dor inconsolável).

— Prudence? Não saia de perto, querida.

Hoje a garotinha quis pegar a panela como sua mãe fazia e andou até o fogão e a água borbulhante; chegando cada vez mais perto, estendeu o braço para pegar o cabo, quando sua mãe entrou, afastou-a e desligou o fogo.

— Pronto! Já está pronto.

Enquanto isso, Norm, de seis anos, estava amuado.

— Eu não consigo encontrar!

O pai se virou no banco do motorista. O sinal abriu. O carro atrás buzinou. O pai voltou a se ajeitar ao volante e olhou pelo retrovisor, pensando se devia mostrar um dedo em riste pela janela, como parecia em voga hoje em dia, mas pensou melhor e pisou no acelerador. Norm, porém, estava convencido de que eles tinham esquecido o sudoku.

— Não está aqui!

O pai virou para trás outra vez, remexeu em uma pilha de coisas em cima do banco, mudou de marcha, virou de novo, deu uma olhada e acelerou.

Não se pode culpar o motorista do caminhão da Waitrose que vinha na direção contrária. Ele não pôde fazer nada. Mal chegou a pisar no freio quando Norm e o pai entraram na sua frente. Num momento terrível, a cabine do caminhão atingiu o carro, invadindo o para-brisa. O pai de Norm esterçou o volante para sair do caminho e estacionou em um ponto de ônibus para procurar melhor o sudoku do filho.

— Tenha cuidado, Prudence, você pode cair.

— Mas também posso não cair.

Em casa, Kelvin jogou um fósforo aceso no cinzeiro da bancada da cozinha. Viu quando a chama malvada pegou no guardanapo, logo se espalhando para o rolo de papel-toalha que estava ao lado, chegando à toalha de mesa. As labaredas aumentaram. Kelvin deu um passo para trás. Foi sem querer. O que ele tinha aprontado? Antes que os pais, na sala de estar, diferenciassem o cheiro de queimado da fumaça do cigarro que fumavam, o fogo já se alastrava pela cortina e Kelvin estava olhando para uma parede em chamas. Quando o pai entrou na cozinha, percebeu que quase tudo que era inflamável tinha sido queimado – não era muita coisa –, mas que o fogo já estava apagado.

À noite, a mãe de Prudence estava na soleira da porta, braços cruzados, observando o marido deitado no sofá assistindo ao telejornal *Newsnight*. Era um inútil, um encostado. A melhor faca da casa estava na mesa de centro, arruinada, abandonada depois de ter sido usada para trocar um fusível, só para ele não ter de ir até a garagem pegar uma chave de fenda. Que coisa.

Um inútil, sempre atrapalhando, sem nada interessante a dizer. O que ela tinha visto naquele homem? Foi assolada por dez anos de ressentimentos. Mais um futuro de trinta anos pela frente naquele casamento solitário e medonho. Olhou para a faca e sentiu um desespero se transformando numa explosão de fúria tão súbita que, num movimento ligeiro, ela pegou a faca, sentindo a vingança por todas as suas esperanças despedaçadas ao alcance de sua mão. Viu o terror estampado no olhar suplicante do marido, ergueu a mão e cravou a faca em seu peito, numa dessas fantasias triviais de ressentimento que iam e voltavam. Depois, soltou um suspiro, abriu um sorriso e foi afagar a cabeça dele.

— Não está na hora de ir pra cama, amor? — perguntou.

Em um quadro humorístico de David Mitchell e Robert Webb, um cineasta (Mitchell) é entrevistado sobre seu trabalho depois de um trecho de seu último filme: *Às vezes os incêndios se apagam*. Na cena mostrada, um casal assiste à TV na sala enquanto um pequeno incêndio se apaga sozinho na cozinha – sim, você já entendeu. É isso aí.

O entrevistador (Webb) diz que o filme foi definido como "de um realismo implacável", "uma representação terrivelmente fiel de como a vida é", e "chato, chato, insuportavelmente chato" – todos esses comentários, estranhamente, na mesma avaliação.

Depois é apresentado um trecho de outro filme: *O homem que tinha uma tosse que era só uma tosse e está tudo bem*.

No período eduardiano, dois namorados têm uma série de encontros na plataforma de uma estação de trem. O homem, gaguejando, parece mais pálido e combalido a cada encontro.

— É apenas uma tosse — diz, estoicamente.

Só que é verdade. É só uma tosse. Na última cena ele está ótimo. É um dos melhores quadros cômicos sobre probabilidades já realizados. Também pela falta de concorrentes. A ideia é carinhosamente roubada da nossa ficção, com alguns exemplos de acréscimo.

Explicar uma piada é sempre uma má ideia, e nesse caso a anedota é muito simples: as histórias que contamos são sobre o que acontece; raramente são sobre o que não acontece. Quando não acontece nada em uma história, é porque não é uma história, é uma piada. E isso, por mais engraçado que seja, é um problema.

Histórias de ficção, ou seus autores, usam componentes que chamam a nossa atenção e sempre por uma razão: para preparar o leitor para o que vem a seguir. Anton Tchekhov disse: "Se houver uma pistola pendurada na parede no Ato I, no último ato ela tem de ser disparada". Imagine um episódio do drama hospitalar *Casualty*, com a família reunida no café da manhã e um velho tossindo...

Você já sabe o que vem a seguir. Uma tosse na vida cotidiana não é o que se pode chamar de um evento estatístico significativo. Você, no entanto, está assistindo a *Casualty*. E por isso sabe que vai presenciar um terrível ataque cardíaco.

E vai mesmo. Da mesma forma, uma criança e uma panela de água fervendo só podem significar uma coisa na ficção, sempre envolvendo gritos. Será que os incêndios se apagam sozinhos nessas histórias?

O perigo é sempre o mesmo. Quase sempre estruturado em torno de eventos, não de não eventos, mostrando coisas que acontecem, não coisas que não acontecem. Assim que falamos sobre o risco de doenças cardíacas, pensamos logo nos que vão morrer do coração, não naqueles que estão do outro lado das probabilidades, que vão ficar bem. Toda discussão sobre riscos é marcada pelo pensamento de que coisas ruins acontecem. Como Tchekhov poderia ter dito, tudo o que você sabe sobre riscos começa com um revólver pendurado na parede.

Tudo isso pode ser verdade, você concorda, mas de que outra forma podemos falar sobre riscos? Qual é a alternativa? A alternativa é abordar o assunto com foco no que não acontece, nos não eventos, nas tosses que são só tosses e em incêndios que se apagam sozinhos. Dessa forma, as histórias de risco não seriam sobre finais fatais e infelizes, mas sobre a chance de dar tudo certo se o perigo não incendiar sua casa.

Trata-se de uma abordagem heterodoxa do tema, vamos admitir. Não adianta procurar uma manchete dizendo: "Nenhuma criança morreu a caminho da escola hoje". Os não eventos são sistematicamente negligenciados pela cobertura da mídia. Imagine uma reunião de pauta que comece assim: "Que coisa interessante *não* aconteceu hoje?".

Será, porém, que esse conceito é tão absurdo? Como dissemos antes, uma probabilidade de 30% implica uma não probabilidade de 70%. Na verdade existem dois números, não um: são os dois lados das probabilidades. Isso nos remete à maneira como o perigo costuma ser apresentado, com um número na frente do outro, sem uma palavra equivalente para se pensar neles no outro sentido. Qual é o contrário da ênfase no perigo de um evento? Não é exatamente segurança. Isso não descreve o "nada" que estamos buscando. Os dicionários não ajudam muito, oferecem uma parca lista de sinônimos para não eventos, como "uma decepção", o que indica quão estranho é o conceito. Nós mal temos uma palavra que o defina. Mas isso porque é pouco conhecido, não por ser absurdo. Como um jornal noticiaria uma coisa que não aconteceu, se chegasse a fazer isso? Será que veria uma razão para dar essa notícia?

Vamos pegar um exemplo real. "Uma fritura diária aumenta o risco de câncer em 20%", disse o *Daily Express* no início de 2012,[1] sobre os efeitos da carne processada no risco de câncer pancreático. O jornal não só pendurou o revólver do câncer na parede; ao dizer que "aumenta" o risco, está acariciando o gatilho.

Esses "20%" são baseados apenas nas coisas que acontecem. Começam com pessoas que têm ou terão câncer e ignoram os que não têm e nunca terão. Cinco em quatrocentas pessoas desenvolvem esse tipo de câncer (muito agressivo) ao longo da vida. Se considerarmos os números absolutos, se todos – *todas essas quatrocentas pessoas* – comerem uma fritura a mais todos os dias (boa sorte aos que tentarem), um aumento de 20% do risco eleva essa taxa de cinco casos para seis. É assim que calculamos um aumento de 20%. Vinte por cento dos cinco originais são só um caso a mais. Saímos de um "risco relativo", os 20%, para um "risco absoluto", de cinco em quatrocentos para seis em quatrocentos, ou 0,25%. Riscos relativos fazem as coisas parecerem muito mais importantes.

Note que estamos ignorando – a não ser por implicação – o que acontece com as muitas centenas de pessoas da nossa amostra que não foram afetadas antes e continuam a não ser afetadas, como fez o *Daily Express*, assim como fazem todas as notícias sobre câncer.

Vamos mudar isso. Comecemos focando os que não têm nem nunca terão esse câncer, pessoas para quem o revólver fica pendurado na parede sem ser disparado, aqueles em cujas casas os incêndios não se alastram. Agora estamos olhando num conjunto de 400 pessoas para as 395 que normalmente não teriam câncer no pâncreas. Se todas as 400 pessoas comerem uma fritura a mais por dia pelo resto da vida, uma pessoa a mais terá um câncer pancreático, mas as outras 394 continuarão bem.

Agora o risco não parece tão alto, não é? Mas podemos tornar os números ainda mais surpreendentes, se chamarmos a atenção para o fato de que 399 dos 400 não são afetados por uma extravagante alteração da dieta. Lembre-se de que só haverá um caso a mais desse câncer, pois os outros 399 poderiam ter esse câncer de qualquer jeito ou não tê-lo e continuar passando bem. De todo modo, dos 400 casos, 399 são eventos não relacionados às frituras a mais. E é exatamente esse o risco representado pelos 20% de aumento de risco se nos concentrarmos somente nos eventos e ignorarmos os não eventos.

Podemos dizer que a forma como falamos de risco deixa o copo que simbolizaria o perigo mais pessimista, meio vazio de morte, não meio cheio de vida ou sobrevivência. E, nesse caso, o copo está 399/400 cheio de vida ou, na pior hipótese, 394/400 – mas os jornais só veem quão vazio está o copo.

Talvez seja isso que as pessoas desejam quando falam sobre o perigo. Queremos falar sobre o 1, não sobre os 399. Trata-se, porém, de uma escolha, mesmo se não estivermos conscientes dela.

Como dissemos antes, nós poderíamos falar dos sobreviventes. E se observarmos os que não são afetados, o perigo nesse caso diminui. Mas, mesmo deixando de lado nosso foco – o dos não eventos –, a excelente perspectiva de sobrevivência continua inalterada. Poderíamos também relacionar o efeito de uma fritura a mais por dia no câncer pancreático a uma probabilidade de 99,75% de tudo continuar bem.

No Quadro 5, o risco de câncer pancreático está mais bem mensurado pelas pessoas em cinza, que o desenvolvem, ou por aquelas em branco, que estão bem? O aumento da probabilidade

Quadro 5: **Se todas as 400 pessoas comerem uma fritura a mais todos os dias, com uma associação de 20% de aumento no risco de câncer pancreático, uma pessoa a mais (0,25%) terá esse câncer durante a vida**

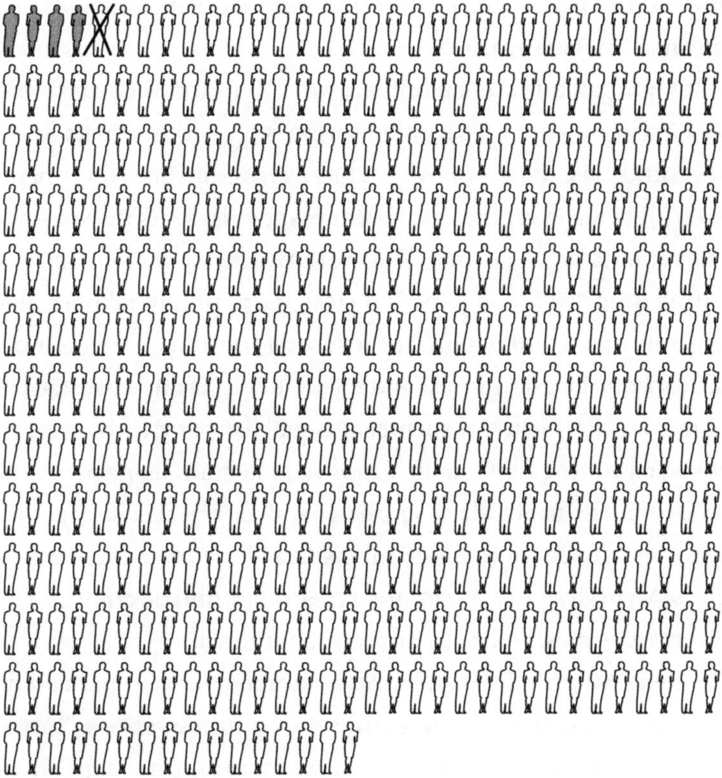

de desenvolver um câncer no pâncreas, se todas as 400 comerem uma fritura por dia, é indicado pela pessoa riscada: isso está mais bem expresso como um aumento de 20% de risco para aqueles em cinza, de 0,25% a menos de chance de estar bem para aqueles em branco, ou como 99,75% de chance de continuar bem para esse mesmo grupo? É uma questão de enfoque.

Segundo o psicólogo Gerd Gigerenzer, há uma maneira de se evitar totalmente as porcentagens e tratar apenas dos números absolutos de pessoas afetadas. Nesse caso, se se quiser falar do aumento de risco, ou da chance de continuar bem, a medida será a mesma: 1 pessoa em 400.

O homem que comeu uma fritura a mais todos os dias e não teve câncer no pâncreas é uma representação muito mais fiel da vida como ela é. Isso, porém, é "chato, chato, insuportavelmente chato". Jornalistas nunca escrevem essas coisas. As pessoas não costumam falar desse jeito. É aí, porém, que o conceito de risco assume uma "visão negativa": o risco é um potencial para algo ruim, raramente um potencial para a vida continuar, a não ser por dedução, que fica sempre escondida no fundo. O que se destaca na frente é a morte. Será que surpreende qual das perspectivas chama mais a nossa atenção? Quando é mostrado pendurado na parede no Ato I, o câncer atrai todas as nossas expectativas. Pensar em algo que faz esse risco "aumentar" intensifica ainda mais essas expectativas. Mentalmente, já estamos a meio caminho de contrair esse câncer, antes mesmo de chegarmos ao último ato.

Até as MicroMortes fazem isso. Também servem para medir as coisas ruins que acontecem, não os não eventos. Talvez careçam de uma perspectiva complementar, uma espécie de reenquadramento. Talvez precisemos de outra unidade, uma anti-MicroMorte, para descrever nossa chance diária de estar bem. Que tal uma MicroNão (MN) – 1 probabilidade em 1 milhão de que nada fatal aconteça?

Então, se considerarmos a dose média diária de risco agudo fatal – 1 MM –, podemos mudar o enfoque para MicroNão e dizer que a dose média diária de um não evento agudo fatal – de continuar bem – é de 999.999 MicroNãos.

Agora digamos que você faça uma coisa, hipoteticamente, para dobrar o seu risco médio diário em MicroMorte, de 1 MM para 2 MMs – 100%. Se aferirmos esse risco em MicroNãos, para falar de não eventos, a dose de MicroNãos vai cair de 999.999 para 999.998, uma queda de 0,0001% na sua chance de estar bem. É uma questão de perspectiva, ou de enquadramento, só isso.

Outro fato real ilustra um truque semelhante. Pesquisadores descobriram que uma variante genética – vamos chamá-la de "X" –, presente em 10% da população, *protegia* os portadores dos riscos de pressão alta. Apesar de ter sido publicado em uma importante revista científica, o artigo foi ignorado pela mídia, até que um experiente assessor de imprensa reescreveu o *release* e anunciou a descoberta de uma variante genética – vamos chamá-la de "não ter X" – que *aumentava* o risco de alta pressão sanguínea em 90% da população.[2] Essa informação foi amplamente divulgada. Ou seja, falar de pessoas que não teriam problemas de pressão não foi considerado notícia.

Qualquer risco menor do que 100% implica tanto finais felizes como infelizes; caso contrário, não haveria risco e o futuro estaria sempre assegurado para todos, de um jeito ou de outro. Todo o enfoque do risco, porém, é feito pelo lado ruim e pelo que pode ficar pior, mesmo quando as coisas nem são tão ruins assim, ou quando os aspectos favoráveis são muito mais prováveis e não são afetados por mudanças radicais de comportamento.

Às vezes, ainda que raramente, o ruim é alterado para bom. Uma campanha publicitária no metrô de Londres declarava orgulhosamente: "Noventa e nove por cento dos jovens londrinos não cometem crimes graves". Parece uma maravilha, mas, considerado literalmente, significa que 1% dos jovens londrinos comete crimes graves. Como existe 1 milhão de jovens londrinos, isso implica

10 mil valentões pelas ruas. Não tão maravilhoso assim. A alternância entre eventos e não eventos, entre incêndios que acontecem e os que se apagam, pode ter grande efeito nas decisões das pessoas. O Departamento de Saúde percebeu que, quando se diz que, para quem tem mais de cinquenta anos, as estatinas reduzem em 30% o risco de ataques cardíacos, as pessoas se interessam muito por esses fármacos. Essa reação, porém, não ocorre quando são informadas de que 96 pessoas em 100 não serão afetadas se tomarem estatina durante dez anos – pois terão ou não um ataque cardíaco do mesmo jeito –, e que estão sujeitas a alguns efeitos colaterais. O risco não mudou, só a forma como é representado; mas isso já muda a percepção das pessoas.

Será que isso significa que são todas irracionais? Para alguns, isso é uma prova da maluquice humana. Por que as pessoas não são coerentes quando o risco é o mesmo?

Achamos que isso é injusto. Uma mudança de abordagem altera o contexto – o enfoque diz respeito a isso. Não é surpresa que as pessoas achem difícil considerar um risco levando em conta tudo que é relevante na vida. Se o risco for mostrado de forma a enfatizar o perigo, elas reagirão dizendo que é perigoso. Se apresentado de forma a enfatizar o bem-estar, elas vão dizer: "Ah, isso muda as coisas". Nossa experiência é a de que, se prestarem atenção aos dois lados, elas serão mais coerentes. Alguns experimentos que pretendem demonstrar a irracionalidade com uma mudança de enfoque parecem mais um truque do que um teste. Será que as pessoas que mudam de ideia se o enfoque é alterado voltam atrás quando ele é revertido, e continuam sempre mudando desse jeito? Claro que não.

Em relação às histórias correntes, pense nos números da seguinte maneira: imagine cinco coisas ruins em quatrocentas possibilidades. Essa probabilidade consiste em um numerador e um denominador: cinco é o numerador, quatrocentos é o denominador. Histórias ou narrativas costumam se concentrar apenas nos numeradores. Contamos histórias sobre pessoas que fazem coisas ou pessoas com as quais as coisas acontecem – as cinco –, não sobre as pessoas que não fazem nada e para as quais nada acontece. Isso é quase uma definição do que é uma história. Quando você quer saber sobre uma história, você pergunta: "O que aconteceu?". E por isso sofremos do que é conhecido como negligência do denominador. Ignoramos a massa de pessoas das quais os nossos cinco exemplos de acontecimentos foram destacados.

É verdade que nem todas as histórias são tão simples. A boa ficção é provocante, mexe com as nossas expectativas e às vezes as frustra. Fixa um revólver na parede e o deixa ali mesmo. Pode ser cheia de ambiguidades. Em 1925, Virginia Woolf diferenciou sua ficção das do passado quando escreveu:

> Se um escritor fosse um homem livre, e não um escravo, se pudesse escrever o que quisesse, não o que deve, se conseguisse basear seu trabalho nos próprios sentimentos, e não nas convenções, não haveria um enredo, nem comédia, nem tragédia, nem interesse amoroso ou catástrofes em um estilo aceitável [...], a vida não é um desfile de carruagens iluminando o caminho com faroletes a óleo simétricos.[3]

Esse argumento contra as expectativas normais foi usado de forma exagerada pela proposta modernista, pois também é verdade que a agonia de Hamlet diante da decisão de matar o tio vem estimulando críticos e plateias há quatrocentos anos, apesar da falta de clareza, de simetria ou de faroletes bem arranjados, assim como todos os relacionamentos de Hamlet. Não há tossidelas indicativas em

Hamlet e os lampiões não iluminam muito bem, e por isso mesmo a peça é ainda mais brilhante. Há séculos a boa ficção vem jogando com a causalidade e com os limites do nosso conhecimento.

Será, porém, que as histórias relatadas nas notícias da mídia ou sobre nossas vidas têm a mesma sofisticação? A vida é no mínimo tão enigmática e caótica quanto a ficção. Nós, no entanto, ou muitos de nós, agimos como se estivéssemos em um romance ruim e tentamos imprimir mais sentido e coerência do que ousaria a maioria dos escritores? O risco não é um romance ruim, ou não deveria ser. Na vida real a arma na parede quase sempre enferruja. Por isso os não eventos deveriam ser notícias de maior destaque. O *auteur* no quadro humorístico de Mitchell e Webb é uma coisa rara e pouco celebrada: um artista do denominador. Merecia um Oscar.

Tudo isso faz parte de um problema geral envolvido na percepção de risco, conhecido como viés de disponibilidade, ainda que, como costumamos dizer, "viés" seja uma palavra cruel para o que costuma ser apenas o resultado de certo enfoque. Viés de disponibilidade se refere ao fato de que algumas coisas vêm à mente ou chamam a atenção mais prontamente que outras: o efeito da arma na parede. E claro que é mais fácil pensar em eventos do que em não eventos. Não é fácil nem intuitivo pensar em um evento que não acontece.

Pesquisadores dos anos 1970, entre eles os psicólogos Daniel Kahneman, Amos Tversky e Paul Slovic, conduziram dezenas de experimentos em humanos para entender o que influenciava a estimativa de risco nas pessoas.[4] Eles perceberam que, depois de um desastre natural, as pessoas contratavam mais seguros, e que voltavam ao ritmo normal depois de certo tempo. Não, obviamente, porque o risco aumente logo depois de um desastre e em seguida diminua, mas porque o risco se torna mais notável logo após um desastre.

Slovic também descobriu que tornados eram considerados mais mortais do que a asma, embora a asma provoque vinte vezes mais mortes. Como ainda veremos no capítulo sobre crimes, eventos vívidos não são apenas lembrados com mais vivacidade, mas também parecem mais numerosos. Colocado mais cruamente, nós nos preocupamos mais com coisas que possam nos acontecer não porque sejam prováveis mas por aparecerem na televisão.

Trata-se de um viés que pode acontecer em massa, em especial se o enfoque for adequado. A mídia cumpre uma parte, e Kahneman usa o termo "cascata de disponibilidade" para definir a onda de interesse, pânico e atenção a casos semelhantes que vem em seguida de um evento raro, porém assustador. Em contraposição, problemas mais comuns não chegam a ser surpreendentes, por isso nem sempre se apresentam como grandes "notícias". Mais um fumante morreu? E daí? É por isso que coisas que realmente têm mais probabilidade de nos atingir não são relatadas com a mesma frequência que outras mais raras. Pela própria natureza da notícia, o incomum é relatado de forma desproporcional, e por isso pensamos que é mais comum.

Embora seja um viés do noticiário, a mídia não tem problema em justificar essa prática, alegando que as pessoas querem saber sobre o novo e o incomum, não sobre o que é velho. Não haveria como relatar os riscos de forma proporcional e continuar no negócio. Resultaria em milhares de vezes mais reportagens sobre cigarro do que sobre morte por sarampo. Ainda assim é um viés, e mesmo se essa tendência de o noticiário afetar a estimativa das pessoas quanto ao tamanho de diferentes riscos seja apenas uma especulação, parece um prognóstico razoável. A dimensão desse viés já foi até quantificada (ver Quadro 6).[5] A doença da vaca louca, o sarampo

Quadro 6: **Número de mortes decorrente de cada causa, em um ano, para cada reportagem da BBC, i.e., mortes por reportagem**

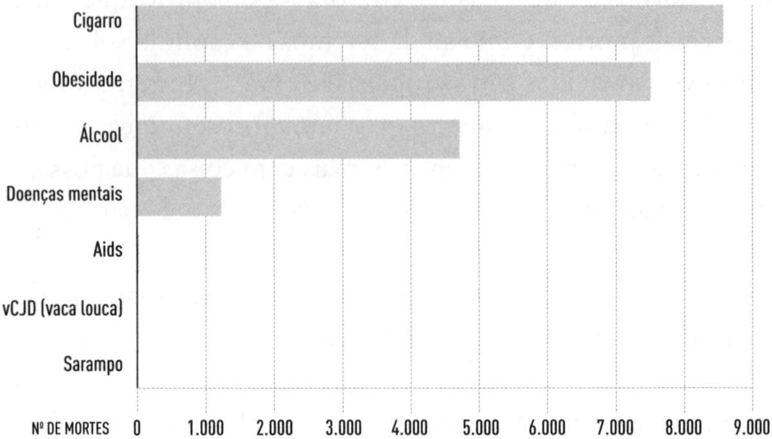

e a Aids receberam uma extensa cobertura em relação ao número de pessoas mortas por essas causas, ao contrário do tabagismo, da obesidade e do álcool. Os números exatos de mortes atribuíveis a esses fatores são discutíveis, e as preferências em relação a certas reportagens têm mudado desde a publicação da pesquisa, mais de uma década atrás, mas o argumento continua válido.

Por isso, são inúmeras as razões para o risco depender de onde depositamos nossa atenção. Em parte porque nossa atenção é fragmentada, mas também porque não se sabe quais os números que devem ser observados: aqueles sobre o que acontece ou aqueles a respeito do que não acontece.

5. Acidentes

Um dia, aos onze anos, Norm e Kelvin foram nadar na represa. Foram de bicicleta, pedalando pelas alamedas debaixo do sol quente, e a água parecia bem fresca quando chegaram. Encostaram as bicicletas perto da touceira de juncos, tiraram os tênis, ficaram só de calção – o de Norm, azul, o de Kelvin, branco – e tomaram posição na margem gramada não muito longe de dois pescadores. O desafio era para ser moleza, para ser sincero, mas Norm não tinha pensado nos desdobramentos.

— Não, é verdade, é isso mesmo! — disse Kelvin. — São enormes, ficam deslizando no fundo com os dentes pra fora — bate os próprios dentes — e nhac!

— É, mas não na bunda da gente — replicou Norm.

Kelvin mexeu os lábios como um coelho, mordiscando o lábio inferior e deixando marcas brancas e breves na pele rosada.

— De jeito nenhum! — disse Norm, olhando para outro lado.

— Dentes grandes. E pontudos.

Kelvin deu uma parada. Norm sentiu o vento.

— Arrancando o seu bilau.

— Cala a boca.

— Nhac, nhac, lá se vai o bilau do Norm!

— *Cala a boca!*

Por um momento, os únicos sons eram os da água batendo nas paredes da represa e o vento nos juncos.

— Qual é o problema? Está com frio?

— Não. Você?

— Não.

Norm fez menção de cruzar os braços, mas desistiu.

— Então... você tá com medo?

— Eu? Com medo?

— Então vai.

A água se agitou, ondas se encrespavam.

— É pra mergulhar, é isso?

— Claro, mergulhar.

— Então vai.

Nessa idade o perigo não é uma escolha; é um jogo com regras próprias. Kelvin ficou na beirada, olhando para Norm por cima das mãos em concha. Os braços foram para trás, o corpo vergou e se esticou, as pernas brancas se flexionaram e ele pulou.

Kelvin submergiu, impactado pelo frio, depois aflorou, ajeitando o calção, cabeça erguida, boiando nas marolas erráticas da represa. Norm também se preparou, mas seu corpo não obedeceu. Os pés continuaram firmes no chão.

Norm recolheu as roupas e ficou segurando-as na altura do peito, olhando o movimento das ondas, o pensamento fixo nos preciosos centímetros de carne gelada dentro do calção e na bocarra imaginária cheia de dentes rasgando a carne.

Kelvin parecia forte e destemido. Na margem, Norm estava paralisado, imaginando um monstro gelatinoso e cheio de dentes, como um que tinha visto em um aquário, bem de perto. Kelvin saiu da água escura e subiu em uma plataforma molhada a pouca distância, enquanto Norm levava uma das mãos em concha ao meio das pernas.

A água pareceu mais fria quando Kelvin nadou até a plataforma. Quando subiu na prancha, sua façanha pareceu uma coisa boba; mas ele tinha conseguido, e Norm não. E daí? Voltar nadando. Mais frio ainda.

Enquanto Kelvin dava suas lentas braçadas finais, Norm olhou para baixo, uma das mãos segurando a roupa, a outra ainda dentro do calção. Com o canto dos olhos, notou os pescadores de novo. Um grito – Ei! – se transformou em um sapateado de botinas. Uma correria.

Norm ergueu os olhos: botas de borracha chapinhando na água, gritos e corre-corre. Virou-se para ver Kelvin saindo de onde quer que ele estivesse. Olhou para a esquerda e para a direita, para cima e para baixo, em busca do corpo branco e dos cabelos escuros do amigo.

— Kelvin?

Virou para o outro lado de novo. Olhou para trás, para o lugar de onde ele tinha mergulhado. Só viu água, ondas batendo, a plataforma, a margem, as roupas de Kelvin.

— Meu Deus! — murmurou, olhando de novo. — Kelvin!

Não viu nada, porém, nem cabelo nem pele. Só conseguia pensar em olhos gelatinosos e dentes afiados, o olho, a mordida, o sangue. Os pescadores passaram por ele e entraram na água; os juncos sussurrando na brisa.

Kelvin estava pálido quando foi retirado, mas não estava sangrando. Nem nas nádegas. Foi só um susto, talvez o frio. Ele não estava muito longe, nem muito no fundo. Só mais umas três braçadas, disseram. Ele deveria ter gritado, mas os pescadores já tinham avistado Kelvin. Não foi culpa de Norm, disseram os adultos.

Mais tarde, Norm se sentiu levemente desapontado por não ter acontecido algo mais grave e o amigo não ter morrido. Nem mesmo um dano cerebral, disseram. Depois Norm se sentiu levemente culpado por ter se sentido levemente desapontado. Na segunda-feira, na escola, foi legal para Kelvin. Norm também gostaria de estar sendo paparicado, mas não conseguia deixar de pensar naqueles dentes e nos olhos gelatinosos.

Existem duas maneiras de avaliar o risco de ser mordido por um lúcio. Um é "Deixa de ser bobo, que lúcio?". Mesmo se houver algum lúcio, o mais provável é que seu apetite pelo bilau de Norm seja zero. Por outro lado, podemos dizer que o risco é estratosférico – afinal, é o bilau que está em jogo. Depois disso, o que mais precisa ser dito? O risco está além da imaginação.

A diferença entre essas duas avaliações do mesmo risco está entre a probabilidade e a consequência. Probabilidade descreve a chance de ser mordido; a consequência é a resposta à pergunta "e se...?". Era provável que ele fosse mordido? Quem sabe? Provavelmente não. Mas *e se...?* Mesmo risco, diferente perspectiva, uma mudança na maré da emoção e da ansiedade. A batalha de Norm na margem é entre uma probabilidade mínima e uma agonia imaginária. Sem prêmios para quem adivinhar o que chama mais a atenção. É só seguir a mão esquerda.

Assim costumam ser os acidentes fatais: raros, mas terríveis quando pensamos a respeito. É raro crianças na idade de Norm se afogarem: 1 ou 2 em cada 1 milhão de crianças no Reino Unido com idades entre cinco e catorze morrem de "submersão e afogamento acidentais" a cada ano, e 3 ou 4 em 1 milhão para crianças com menos de cinco anos. Os números são mais altos para os homens do que para as mulheres, em qualquer idade.[1] Não há números oficiais para afogamentos causados por lúcios.

Mesmo nas estradas – onde o risco de um acidente talvez assombre mais os pais (como nós) que protegem em demasia os filhos – é cada vez mais rara a morte de uma criança. Tudo isso, no entanto, serve de pouco consolo se pensamos nas consequências, não nas probabilidades. Um em um milhão, como disse a mãe de Prudence no Capítulo 2, não adianta nada para quem for o um.

Vamos considerar a história real de Mark McCullough, pai de uma garota de sete anos, que deixava a filha percorrer desacompanhada os vinte metros entre sua casa e o ônibus escolar todos os dias. Naturalmente, relatou o *Daily Telegraph* em setembro de 2010, ele foi interpelado por um conselho por "questões de proteção à criança".[2]

O percurso implicava a travessia de uma "rua movimentada" (disse o conselho) ou de uma "alameda tranquila" (disse McCullough). O conselho estava apenas "fazendo o seu trabalho". McCullough ficou "muito bravo".

— É uma piada absurda — declarou. — Não vou deixar minha filha desprotegida.

Um fato confirmado em uma manhã fria em que a filha dele foi vista "sem casaco", afirmou o chocado chefe do Serviço de Transportes.

Assim como no caso de afogamento, os números desse tipo de acidente, tão temido pelo conselho, são baixos. Em 2008, na Inglaterra e País de Gales, havia 1.471.100 meninas com idades entre cinco e nove anos. O Office for National Statistics [Departamento Nacional de Estatística – ONS, na sigla em inglês] diz que, desse total, 137 morreram por causas diversas. Sete morreram em acidentes de transportes. Uma delas era pedestre.[3]

Trata-se de um risco médio menor que 1 MM por ano. Isto é, 1/365 do risco médio diário de morte súbita de um adulto no Reino Unido. Como mostraremos adiante, morrem mais crianças por ano estranguladas por cordões de persianas.

Deixe de lado argumentos sobre responsabilidade parental ou liberdade. Concentre-se no risco – e responda a uma pergunta

Quadro 7: **Crianças mortas e gravemente feridas nas estradas**
Por idade e por ano, de 1979 a 2009, no Reino Unido[4]

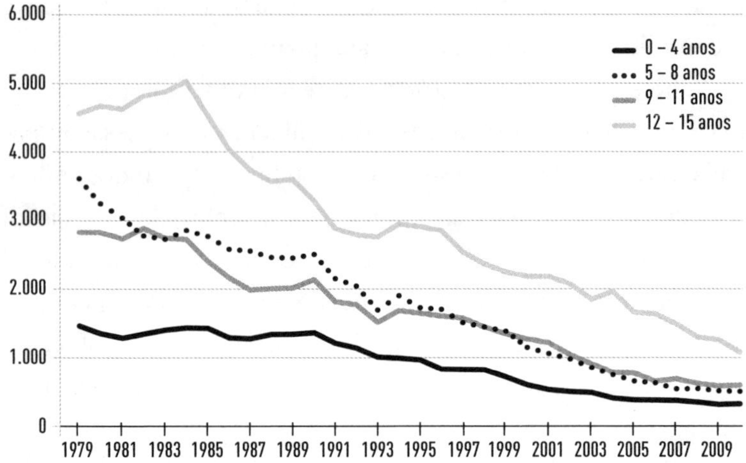

incômoda: o que é mais eloquente – a estatística de mortalidade muito baixa ou o temor exagerado do Conselho do Condado de Lincolnshire?

Se você apoiar o conselho, talvez seja por sentir o peso do que é chamado de "assimetria do arrependimento", mais conhecida como "Como você se sentiria se...?". Como você se sentiria perdendo seu tempo levando seu filho a um ônibus escolar e o buscando todos os dias para evitar um acidente que provavelmente jamais aconteceria? Não muito feliz, talvez. No esquema geral das coisas, porém, o tempo e o trabalho envolvidos não chegam a ser um grande desperdício. Agora, como você se sentiria se não tivesse aberto mão desses poucos minutos e, de repente, em uma manhã ensolarada, comendo uma torrada com geleia, ouvisse uma freada e um baque?

A escolha do que fazer para minimizar o que pode se tornar o maior arrependimento da vida é conhecida, na teoria da decisão,[5] como critério minimax. A maioria das decisões é tomada aqui e

Quadro 8: **MicroMortes por ano causadas por ferimento em acidente**

Por idade, em 2010, na Inglaterra e no País de Gales; inclui transporte

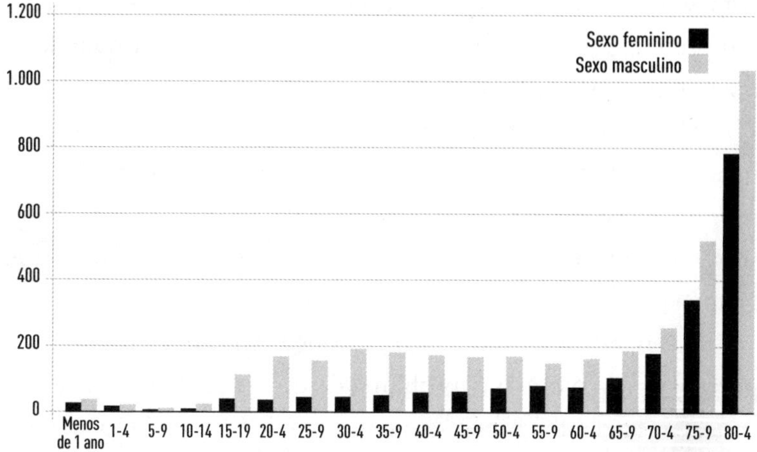

Igual à taxa bruta de mortes por 1 milhão na população.
Não inclui "complicações hospitalares", assunto do Capítulo 23.

agora. Um arrependimento que se cogita ter no futuro é uma complicação torturante – mais que a diferença entre interesses de curto e longo prazo. Tal arrependimento fere fundo com sua carga potencial de censura e culpa, projeta sobre a experiência um sentimento retrospectivo e faz dele então o principal agente motivador. É uma forma distorcida de decidir o que fazer, que as pessoas calculam em um átimo. Na sua manifestação mais tirânica, o efeito minimax nos torna escravos de pesadelos. Um final infeliz previsto ou imaginado serve como justificativa para as omissões mais radicais. Isso também salva vidas? Thomas Hardy diz que o medo é a mãe da precaução. No desenho animado *Os Simpsons*, a piada "pense nas crianças" poderia ser uma alusão ao efeito minimax. Para alguns, é uma compulsão.

Pessoas que se sentem assim farão qualquer coisa para minimizar esse potencial "e se?" – o máximo de "e se?" que possam imaginar –, que para elas pesa muito mais do que as probabilidades. Por isso não surpreende que às vezes estas últimas não sirvam para muita coisa, por mais baixas que sejam, principalmente quando os riscos emocionais envolvem crianças.

Ainda assim, vamos lembrar – mais uma vez – que as probabilidades são as mais baixas possíveis. A exemplo do risco de mortalidade geral e de assassinato, a probabilidade de uma criança sofrer uma morte acidental é muito menor que para qualquer outro grupo etário.[6]

A velhice, não a infância, é de longe uma época muito mais perigosa para o que o ONS chama de morte acidental evitável.[7] A taxa de acidentes para quem tem mais de 85 anos é tão alta que elevaria em duas vezes o pico desse gráfico. Só caberia na imagem se o risco de outras faixas etárias desaparecesse nos eixos. Para mulheres, existe uma tendência clara de aumento da probabilidade de morte por lesões acidentais com a idade. Para os homens essa tendência é mais suave, compensada por um gosto por fortes emoções no início da idade adulta e na meia-idade, que pode resultar em algumas baixas.

Se destacarmos apenas as mortes acidentais causadas por transporte nesses números genéricos, a história fica um pouco diferente para os jovens. Os mais velhos ainda estão entre os mais vulneráveis, mas a faixa de quinze a dezenove anos está agora entre as de mais alto risco.

De qualquer forma, crianças com menos de quinze anos correm um risco bem menor de morrer em um acidente de trânsito – inclusive por atropelamento – do que qualquer outro grupo etário.

As crianças vêm correndo cada vez menos riscos nos últimos cinquenta anos. Você já deve ter conhecido um desses adolescentes cheios de si com sua ladainha comum: "Eu andava por aí o dia

Quadro 9: **MicroMortes por ano em acidentes de trânsito**
Por idade, em 2010, na Inglaterra e no País de Gales

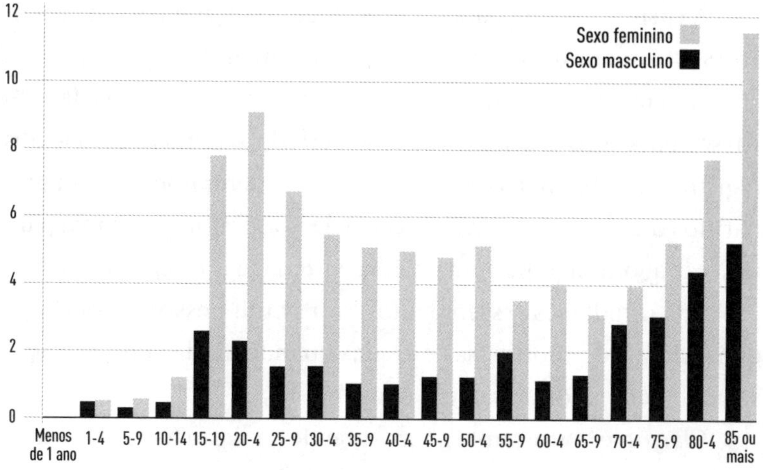

Observe a diferença de escala em relação ao Quadro 8.

inteiro, a gente entrava em todas, costurava no trânsito, se metia com valentões e nunca me aconteceu nada". Lembranças cor-de-rosa da infância são uma constante. Dois dos dois autores deste livro podem até ter sido flagrados falando essas palavras, mas são lembranças enganosas. Muitas coisas estão mudando, e acidentes nas estradas são um bom exemplo.

Assistir a um filme dos anos pós-guerra do Central Office of Information, com homens de chapéu e mulheres de casaco com ombreiras, nos mostra como as estradas mudaram. Em 1951, havia menos de 4 milhões de veículos registrados nas estradas da Grã-Bretanha. As rodovias não tinham marcas nas pistas, sinais de tráfego, certificados de pavimentação ou amortecedores de baixo impacto. As crianças brincavam na rua e iam a pé para a escola. O resultado foram 907 crianças com menos de quinze anos mortas nas ruas em

1951, incluindo 707 pedestres e 130 ciclistas.[8] Mesmo esse número já era menor do que as 1.400 mortas por ano antes da guerra.[9]

A carnificina caiu para 533 mortes de crianças em 1995; 124 em 2008; 81 em 2009 e 55 em 2010 – acontecimentos trágicos para as famílias envolvidas, mas registrando uma espantosa queda de 90% em sessenta anos. Durante o mesmo período, o número de veículos registrados subiu mais de oito vezes, para 34 milhões.[10] Se imaginarmos um declínio estável de cerca de 1.000 mortes em 1951 para as 50 de agora, significa uma média de 450 vidas de crianças salvas em cada um desses sessenta anos: são 27 mil pessoas vivas hoje, que teriam sido mortas nas estradas quando ainda eram crianças se os acidentes continuassem como em 1951.

Claro que houve também uma grande evolução nos tratamentos médicos de emergência às crianças acidentadas, que no passado teriam morrido e que agora continuam por aí prontas para outra. Isso é mostrado pela queda do número de feridos, mas em um ritmo menor que as mortes: em 1951, 7.743 crianças com menos de quinze anos sofreram ferimentos graves nas estradas, número reduzido a 2.502 em 2010, uma queda de 56%, embora exista muita discussão sobre a precisão do número de ferimentos. Um dos números não mudou: mais ou menos duas de cada três crianças são do sexo masculino.

As estradas, no entanto, não são o único perigo enfrentado pelas crianças. O ONS[11] informa que em 2010, de um total de 9,5 milhões de crianças com menos de catorze anos na Inglaterra e País de Gales, 246 morreram de causas não naturais, das quais 172 por acidente. Isso incluiu 21 pedestres, 12 ciclistas, 17 passageiros de veículos, 22 afogamentos, 27 estrangulamentos acidentais e 10 incêndios.

Dá uma média de 18 MMs para cada criança por ano em acidentes.

É notável que o número de crianças afogadas seja mais ou menos igual ao de atropeladas. Estrangulamentos acidentais são mais comuns do que afogamentos ou atropelamentos: cordões de persianas já foram identificados como um perigo específico para crianças com cerca de dois anos de idade: em 2010, a IKEA retirou do mercado mais de 3 milhões de persianas por essa razão.[12] Como pai ou mãe, porém, de qual dos perigos você tem mais medo?

Essa grande redução em mortes acidentais por ferimentos deve ser positiva. Quem quer que os filhos corram mais perigo? Nem sempre é fácil, no entanto, saber por que crianças estão morrendo e se ferindo menos nas ruas. Talvez a maior razão seja a de saírem menos para brincar ou ir a pé para a escola. As melhorias têm um preço. Podemos enunciar os números; mas não podemos explicar exatamente a razão ou as consequências. Em 1971, cerca de 80% das crianças de sete e oito anos de idade iam para a escola sem a companhia de um adulto. Em 2006 esse número caiu para 12%, entre as que têm sete e dez anos, o que resulta em crianças chegando de carro à metade de todas as escolas primárias. Em 1971 a idade média com que crianças podiam sair para visitar amigos ou frequentar lojas era de sete anos. Em 1990, essa liberdade só era concedida aos dez anos de idade, na média.

Essas estatísticas refletem uma crescente aversão a que as crianças se arrisquem, tendência detalhada por Tim Gill em seu livro *No Fear: Growing Up in a Risk Averse Society*, de 2007.[13] Gill sugere inúmeras outras razões possíveis para isso: mais carros, menos espaços abertos, jogos de computador, pais que trabalham e maior publicidade dada a acidentes e tragédias. Clichês como "Estado babá" e "cultura da compensação" logo vêm à mente, mas a questão é complicada.

Vamos considerar a segurança nos *playgrounds*. Alguns aparatos dos *playgrounds* do pós-guerra parecem agora ter sido projetados para machucar: até as crianças dos anos 1950 sabiam que tinham de tomar cuidado nos balanços e carrosséis. Nos anos 1970, antes mesmo do surgimento do Estado-providência e da cultura da compensação, o populista e popular programa de TV *That's Life* lançou uma campanha por *playgrounds* mais seguros, exigindo novas aparelhagens e recapeamento. Como indica Gill, essas custosas mudanças levaram a uma redução dos locais de diversão, de início estimulando as crianças a brincar na rua, mas com poucos benefícios em termos de redução de ferimentos. Isso deve ter alguma relação com o fenômeno de compensação de risco: David Spiegelhalter viu isso na escola que seus filhos frequentavam quando um bom e velho equipamento de madeira do *playground* foi substituído por um trepa-trepa novinho em folha e bastante austero: na primeira semana uma menina achou que poderia se emocionar mais se balançando nas barras mais altas, caiu e quebrou um braço.

Outros países não ficaram tão obcecados com a segurança dos *playgrounds*, e atualmente os padrões estão mais relaxados do que reforçados. O problema é que é fácil quantificar o perigo que existe em permitir ou mesmo encorajar crianças a se aventurarem em brincadeiras, mas não é tão fácil mensurar os benefícios, difíceis de serem demonstrados.

Gill argumenta que o perigo pode ser bom para as crianças; elas têm apetite pelo risco e vão buscá-lo de um jeito ou de outro, por isso é melhor ensiná-las a administrar situações de risco no futuro, como as que envolvem a água e o trânsito, sem se meter em encrencas. Isso beneficia um desenvolvimento saudável ou, para usar outro clichê, ajuda na formação do caráter, além de estimular o espírito aventureiro, empreendedorismo, independência, resistência e todas essas características sobre as quais a Grã-Bretanha construiu seu império.

É comum ouvir histórias de pessoas que puseram um ponto final em qualquer atividade que pareça remotamente divertida alegando questões de "saúde e segurança", para não serem acusadas de negligência nos cuidados com os filhos. Até mesmo o Health and Safety Executive (HSE) considera que algumas dessas medidas vão longe demais.

Se você disser que não esperava isso do HSE, talvez só tenha ouvido seus críticos. As declarações públicas da entidade, no entanto, poderiam ter sido escritas por Tim Gill. Por exemplo: "Nenhuma criança vai aprender sobre riscos se estiver protegida por uma redoma de vidro". Parece coisa do sr. McCullough. O HSE diz ainda que não espera que todos os riscos possam ser eliminados ou ser cada vez mais reduzidos, nem que todos os aspectos de ambientes de diversão "devem ser estabelecidos em copiosa papelada como parte de uma mal orientada cobertura de segurança".[14]

Vamos examinar mais de perto aspectos de saúde e segurança de risco no Capítulo 18. A questão aqui é que alguns números baixos relativos a acidentes com crianças podem indicar um excesso de proteção, que pode ser cobrado quando as crianças estiverem mais velhas, porém não mais experientes, um argumento que o HSE parece aceitar.

A presidente do HSE, Judith Hackitt, declarou: "Não adianta usar as leis de segurança e saúde como um conveniente bode expiatório, pois esses argumentos serão refutados. A crescente cultura de aversão a riscos e medo de litígios [...] põe em perigo a educação de nossas crianças e sua preparação para a vida adulta".

A Countryside Alliance apurou que, no período de dez anos, houve 364 processos legais em 138 jurisdições regionais da Inglaterra envolvendo transporte escolar, dos quais 156 foram favoráveis aos queixosos, resultando em uma média anual de pagamentos no valor de 293 libras por jurisdição entre 1998 e 2008.[15] Será que deu a louca na cultura da compensação? No período de cinco anos, entre 2006 e 2010, o HSE apurou somente dois processos envolvendo transporte escolar.[16]

Em algumas ocasiões, o lado negativo do excesso de ansiedade se torna claro. O uso obsessivo de filtro solar nas crianças, ou a falta de atividade ao ar livre sob o sol, podem causar deficiência de vitamina D, com o resultado de que o raquitismo, o qual parecia estar quase eliminado no Reino Unido, está se tornando uma doença comum nas regiões centrais da Inglaterra. A Kellogg's chegou a propor reforçar o desjejum das crianças com cereais com vitamina D, citando pesquisa que mostrava um aumento de 140%, entre 2001 e 2009, no número de crianças britânicas com menos de dez anos admitidas em hospitais com raquitismo.[17]

Tim Gill evoca uma mudança da filosofia de proteção, em que qualquer acidente é visto como descuido de alguém, para uma filosofia de resiliência, representada pela capacidade de lidar com um mundo onde coisas ruins acontecem.

Como ele diz: "A infância inclui alguns ingredientes simples: frequentes contatos não controlados com pessoas e locais além da esfera imediata da família e da escola e a chance de aprender com os próprios erros".

Embora as crianças do Reino Unido estejam mais protegidas de acidentes do que no passado, isso não pode ser dito de todas as crianças em outras partes do mundo. Acidentes em estradas são a segunda causa mais comum de morte de crianças entre 5 e 14 anos no mundo, e também a causa mais comum de morte de pessoas entre 15 e 29 anos. Estima-se que 240 mil crianças morrem por ano nas estradas de países em desenvolvimento. Quando nos aventuramos além de nossas fronteiras, até os maiores defensores de que crianças devem ir a pé para a escola vão tremer de medo ao ver criancinhas em uniformes imaculados caminhando até a escola por acostamentos de rodovias com tráfego intenso sem nenhuma proteção.

6. Vacinação

Ela viu Prudence se virar outra vez na escuridão. Uma água preta, repugnante e tingida por ácido escorria no caminho da garota. Vindas do nada, feras batendo os dentes começaram a se arrastar, enquanto insetos enxameavam na vegetação, famintos. Urtigas subiam pela pele dela. Prudence escondeu o rosto e recuou – tropeçando em espinhos que rasgaram e envenenaram seus braços quando ela caiu na relva, onde insetos rastejantes sentiram o cheiro de sangue e subiram por suas pernas para perfurá-la com seus ferrões. E enquanto Prudence gritava e se contorcia, picada, mordida e queimada, sua mãe, que a tudo assistia, levantou o pé dela e enfiou um estilete nas costas da filha para mantê-la no chão.

As mães fazem tudo errado, pensou ao acordar, perturbada, antes de ler que os perigos da vida são infinitos e entre eles está a segurança, segundo Goethe, ao que parecia.

— Obrigada — falou.

— É só uma coceira — disse a Prudence depois do café da manhã. — Acontece com todo mundo. Vamos aplicar um emplastro.

Se a segurança podia ser perigosa, e as coisas perigosas estão sempre aliadas a outros perigos, o que era realmente seguro, e quão arriscada era a segurança? Ou qualquer coisa assim. Maldito Goethe. Maldito conselho.

— É para a sua proteção — falou, quando Prudence sentou em sua cadeirinha de bracinhos coloridos.

Na mesa da cozinha estava o folheto do Student Vaccine Liberation Army [Exército Estudantil de Liberação das Vacinas], "armado com o mais poderoso conhecimento" para estimular uma reflexão sobre "os riscos e perigos das vacinas",[1] que explicava:

> Na Inglaterra de antigamente os chapeleiros usavam mercúrio para enrijecer o feltro dos chapéus. O mercúrio era absorvido pelas pontas dos dedos e eles acabavam ficando "malucos" [...] como O CHAPELEIRO MALUCO. Estamos injetando mercúrio diretamente nos braços dos nossos filhos, causando uma epidemia de loucura aparente [...]. ADHD, ADD, autismo, OCD, bipolaridade [...] são sequelas das vacinas, mal definidas como doenças mentais.

Um folheto do médico dizia:

> Todos os remédios (inclusive as vacinas) são testados para avaliar sua segurança e eficácia. Mesmo depois de licenciadas as vacinas, sua segurança continua sendo monitorada. Quaisquer raros efeitos colaterais descobertos podem ser mais estudados. Qualquer remédio pode provocar efeitos colaterais, mas as vacinas estão entre os mais seguros.[2]

Ruim se fizer, ruim se não fizer, ruim para Pru, ruim para os outros. Histórias de horror envolvendo vacinação pululavam na sua cabeça, de crianças que morriam ou sofriam por *não* estar protegidas de doenças comuns. "Se nós tivéssemos vacinado", diziam. Se tivessem vacinado os filhos, o bebê do casal de amigos não teria sido exposto ao vírus antes de ser vacinado e ainda estaria vivo.

Havia uma história de outra mãe no laptop dela: depois de vacinado contra hepatite, o filho começou a chorar sem parar, mal dormia, não comia, acordou numa manhã vomitando, foi levado de helicóptero para o hospital, sobreviveu com "convulsões disfuncionais, cegueira cortical, um grave refluxo e alto risco de pneumonia aspirativa, [...] grave retardamento no desenvolvimento [...], sintomas de hipotonia [...], certa espasticidade", necessitando cuidados de duas pessoas 24 horas por dia.[3]

No noticiário do dia seguinte havia relatos de um alerta enviado às escolas sobre sarampo no exterior, sobre o risco e as potenciais complicações de viajar sem estar imunizado: infecções nos olhos e no ouvido, pneumonia, convulsões e, mais raramente, encefalite – inchaço no cérebro, danos cerebrais e até morte.[4] Em cima de toda essa papelada, havia na mesa um cartão de consulta.

Ela acabou indo, dizendo a si mesma para se acalmar, mas arrasada pelo sentimento de culpa, e ficou com o coração pesado durante três dias, a consciência aflita, enquanto observava e esperava.

E se Prudence tivesse tomado a vacina e em seguida começasse a mostrar sinais de autismo? Teria sido por causa da catastrófica decisão da mãe de vacinar a filha? A verdade é que não sabemos exatamente o que causa o autismo – apesar da existência de um bocado de teorias. Quando, porém, uma coisa vem depois da outra, é mais fácil contar a história de que uma causou a outra. Então, faça o que fizer, a mãe de Prudence sente que estará na berlinda pelo que acontecer, com a narrativa em retrospecto ligando os pontos com qualquer cola emocional, medo, política, preconceito ou pressuposição que estejam à mão para provar que ela errou. Coitada da mãe, que não tem como se sair bem quando as histórias são contadas depois do ocorrido.

Coitado do garotinho também. Quando Spiegelhalter era garoto, não existia vacina contra sarampo, caxumba e catapora.

Por isso, quando algum vizinho contraía a doença, ele era encaminhado para se contagiar. A regra de ouro era que, se você ia mesmo ter a doença, era melhor resolver isso de uma vez. A vacinação é uma série de trocas desconfortáveis, pois David Spiegelhalter (DS) agora sabe que o sarampo o expôs a mais ou menos 200 MMs.[5] Na época, no entanto, não havia muita escolha, e sem dúvida isso ajudou na formação do seu caráter.

O sarampo era uma doença comum nos anos 1950; os efeitos eram bem conhecidos e não raro havia complicações. Pode causar cegueira e até ser mortal. Se você visse a doença em uma criança da vizinhança, era hora de gritar pedindo socorro, mas era uma coisa comum. As pessoas viam em toda parte um perigo claro e presente de que todos queriam se livrar. Agora que quase não se vê mais isso, tem gente esbravejando para se proteger das vacinas. A visibilidade tem um papel importante no risco.

Se tiver de escolher entre um perigo que você consegue enxergar e um que não consegue, qual você escolheria? Alguns evitam o perigo que pode ser visto – mais ameaçador que o perigo que não está presente aqui e agora. Alguns sentem mais temor de riscos invisíveis, como a radiação, que parecem mais sinistros. Outros arriscam um cálculo de cabeça fria sobre os prós e contras. E outros simplesmente fazem o que o médico mandar.

A questão aqui é simplesmente que "risco" quase sempre envolve "riscos", no plural, e estes em geral apontam para diferentes direções: algumas imediatas, outras mais distantes, algumas visíveis, outras latentes. Como se pode tomar uma decisão sobre qual risco aceitar quando costumamos ser julgados não por tentar fazer o melhor e com toda a boa-fé em nossa incerteza, mas sim quanto ao que vai acontecer? A mãe de Pru está nessa situação, sitiada por desfechos trágicos.

Se ela digitar "segurança na vacinação" no seu buscador, vai ver a maioria dos sites oficiais cheios de certeza de segurança. Se digitar "riscos na vacinação", vai encontrar relações de crianças prejudicadas, declarações de que a ciência é uma enganação e que os cientistas não merecem confiança.

Vacinação mexe com temores que provocam fortes emoções (ver também o Capítulo 19, sobre radiação). As crianças nem sequer estão doentes quando são vacinadas. Espetar intencionalmente uma agulha no braço do filho é um pecado autoritário que incomoda mais do que não fazer nada – pelo menos na hora.

A vacinação também é algo imposto, seja por pressão ou compulsão legal: se o seu filho quiser frequentar um jardim da infância na Flórida, por exemplo, terá de estar vacinado contra dTpa (difteria, tétano e coqueluche, ou tosse comprida), hepatite B, tríplice viral (sarampo, caxumba e rubéola, ou sarampo alemão), pólio e varicela (catapora).[6] Pode haver efeitos colaterais. Por fim, as corporações multinacionais ganham um monte de dinheiro com essa medicação em massa.

Tudo isso pode provocar uma feroz oposição. E por isso afirmações como a de que vacinação pode causar terríveis resultados, como o autismo, encontram logo uma plateia atenta, principalmente nos EUA (onde, talvez, seja compensada por sua falta de atenção aos alimentos geneticamente modificados).

Pelo menos as crianças não precisam mais ser vacinadas contra varíola, erradicada depois do último caso natural na Somália em 1977 (apesar de um funcionário do laboratório no Reino Unido ter morrido em 1978). A varíola matou incontáveis pessoas ao longo da história, com 2 milhões de mortes por ano até a década de 1950. Ajudou os europeus a conquistarem as Américas ao eliminar quase toda a população nativa. Há muito, porém, foi observado que os sobreviventes ficavam imunes à doença, o que resultou na prática da *inoculação*, na qual extratos de escabiose eram esfregados na pele para provocar uma infecção proposital que se esperava benigna.

Então, em 1796, Edward Jenner usou outra doença, muito mais amena, a varíola bovina, quando foi observado que vacas leiteiras tendiam a não contrair varíola. Donde *vacinação*, do latim *vacca*. Ser esfregado com pus extraído de alguém que foi exposto a um úbere bovino infeccionado não é exatamente uma ideia atraente, por isso era natural que experimentassem isso em um garotinho – James Phipps, de oito anos, filho do jardineiro de Jenner. Não há registro de que ele tenha consentido.

O transporte de vacinas nos primeiros tempos era difícil, por falta de refrigeração. A resposta, como sempre: garotinhos. Para transportar varíola bovina pelo mar até as Américas hispânicas, em 1803 – uma viagem tão longa que daria tempo para a recuperação de uma pessoa infectada –, onze pares de órfãos foram recrutados, com o primeiro par sendo infectado antes da partida. Depois transmitiram ao segundo par, e assim por diante no decorrer da viagem, até o pus da varíola bovina chegar fresquinho ao Novo Mundo. Levou algum tempo para engrenar, mas a imunização (que cobre a inoculação e a vacinação) acabou salvando milhões de vidas.

A história do sarampo dá uma pista sobre os riscos da falta de imunização. Em 1940, houve 409 mil casos de sarampo na Inglaterra e no País de Gales, resultando em 857 mortes,[7] uma "taxa de casos fatais" de 0,2%, ou 2.000 MMS, a mesma apurada pelos Centros de Controle de Doenças e Prevenção (CDC, na sigla em inglês) nos EUA.[8] A vacinação começou nos anos 1960, e em 1990 o número de casos tinha caído para 13.300, com uma morte. Desde 1992, nenhuma criança morreu de sarampo, a não ser de sequelas na idade adulta de infecção anterior.

A vacinação também pode ser usada para danos de longo prazo: estima-se que um tipo de câncer em cada seis seja causado por alguma infecção,[9] mas o longo período entre a infecção e a doença torna a associação difícil de ser identificada. Mesmo assim, a vacina contra HPV é agora ministrada a garotas de doze anos para a prevenção de infecções que podem levar ao câncer cervical.

Por isso, parece uma coisa boa ser vacinado. Assim como parar de fumar, é bom também para as pessoas ao redor. Por causa da imunização em massa, uma infecção não se transforma em uma epidemia quando um número suficiente de pessoas se torna imune. Esse "número suficiente" depende, de uma forma muito simples, do quanto a doença for contagiosa. Por exemplo, uma única pessoa com varíola contagiaria uma média de outras 5 em uma comunidade suscetível, como a do povo inca.[10] Se cada um contagiar mais 5, e assim por diante, serão apenas seis passos para contagiar uma comunidade de 50 mil pessoas.

No caso da taxa de contágio por sarampo, é preciso vacinar 92% da população para evitar o alastramento de uma epidemia.[11] Em três anos de meados dos anos 2000, a taxa foi de 82%, 80% e 81%. Em 2011 tinha voltado a 89%. O Quadro 10 mostra o que aconteceu com os casos de sarampo na Inglaterra e País de Gales.

O fato de qualquer um poder se beneficiar da vacinação sem ser vacinado é conhecido como o problema do "carona". Você pode confiar em que outros mantenham o risco baixo – enquanto eles também não deixarem de ser vacinados.

Então, é arriscado não se vacinar? É e não é. O risco pode ser zero e pode ser enorme. Isso porque depende do que os outros fizerem, além do que você faz. Se você deixar de se vacinar e os outros continuarem se vacinando, provavelmente vai ficar tudo bem. Se eles também pararem, você pode estar encrencado. O risco

Quadro 10: **Número de casos confirmados de sarampo**
Na Inglaterra e no País de Gales, por ano, entre 1996 e 2011

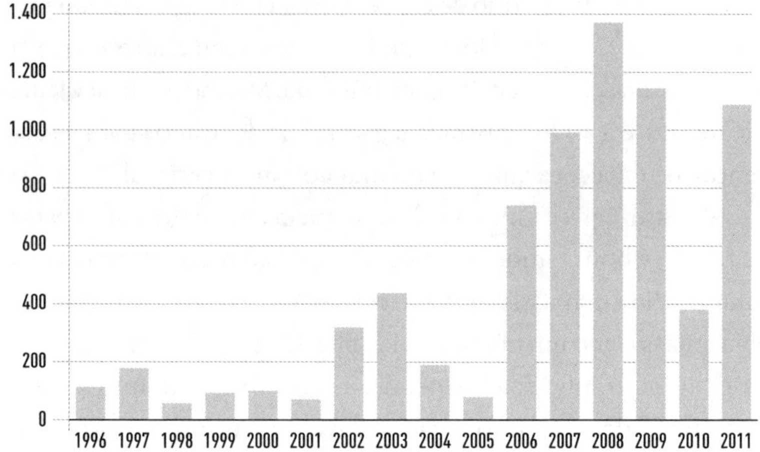

é dinâmico e contingente. Estamos ao mesmo tempo sujeitos ao risco – dos outros – e também somos o risco, porque podemos nos tornar contagiosos. Por isso, o mesmo comportamento da sua parte pode representar extremas diferenças de risco, dependendo do que os outros fizerem. Isso impossibilita um cálculo confiável dos riscos enfrentados individualmente. Existe um grande risco para todos se houver alguma pane na imunização de massa, mas é impossível dizer o que isso significa para cada um. Você pode estar bem, mas e se estiver contribuindo para uma redução da imunidade de massa? Você pode morrer. Então, qual é o risco?

Não há como negar, porém, que vacinas têm seus efeitos colaterais. Por exemplo, a Medicines and Healthcare Products Regulatory Agency (MHRA) do Reino Unido publica relatórios de resultados adversos que se seguiram a pelo menos 4 milhões de doses de vacina contra HPV Cervarix.[12] Houve 4.445 relatórios mencionando 9.673 reações, embora esses informes sejam voluntários e a taxa bruta de 1 relato por 1.000 injeções seja muito subestimada. O CDC dos EUA alerta para reações de amenas a moderadas em 1 em cada 2 casos.[13] A maioria dos relatos da MHRA refere-se a consequências menores da aplicação, como dor e irritação, e mais de 2 mil são consideradas "psicogênicas", causadas pelo processo de injeção e não pela própria vacina, incluindo tonturas, visão embaçada e suores frios.

O problema aparece em raros porém graves eventos que ocorrem mais tarde, e é discutível se foram devidos à vacina ou se teriam acontecido de qualquer jeito. A MHRA relaciona mais de 1.000 reações registradas que não reconhece como associadas à vacina contra HPV, inclusive quatro casos de síndrome de fadiga crônica. Devido ao número de garotas de doze a treze anos no programa, a MHRA estimava que de qualquer forma fossem esperados 100 novos casos de síndrome de fadiga crônica nesse período, independentemente da vacinação, por isso é notável que tão *poucos* casos tenham sido registrados. Essas famílias, no entanto, podem muito bem estar convencidas de que a vacinação tenha causado a condição de suas filhas. É a coisa "disponível" a culpar.

O verdadeiro problema é que em qualquer intervenção em massa sempre haverá más ocorrências na época da aplicação – essencialmente, coincidências. Por exemplo, em setembro de 2009 a manchete do *Daily Mail* dizia "Estudante de catorze anos morre após tomar vacina contra câncer cervical"[14] e citava uma declaração do diretor da escola: "Durante a sessão ocorreu um infeliz incidente e uma das garotas sofreu uma rara porém extrema reação à vacina". Três dias depois foi revelado que a garota tinha câncer e a morte foi uma coincidência:[15] mas isso não foi manchete, e esse evento trágico é usado repetidas vezes em sites da internet como prova dos perigos da vacina contra HPV.

Às vezes, porém, os relatos são verdadeiros. Houve um exemplo clássico em 1976, quando uma nova cepa de gripe suína foi identificada em Fort Dix, Nova Jersey. Com medo da repetição da epidemia de 1918, que matou milhões no mundo todo, as autoridades ordenaram uma vacinação em massa e 45 milhões de pessoas foram imunizadas.

Em um ano o programa foi abandonado, por duas razões. Primeira, foram relatados cerca de 50 casos de síndrome de Guillain-Barré – uma paralisia gradual que agora se considera ter sido a doença de Franklin D. Roosevelt[16] – e 500 foram identificados entre os vacinados. Isso sugeria que, entre cada milhão de pessoas vacinadas, 10 a mais contrairiam a síndrome de Guillain-Barré.[17] Ao todo, 25 morreram.

A segunda razão do cancelamento do programa foi que a epidemia nunca saiu de Fort Dix: ninguém mais contraiu a gripe, e não pareceu vantajoso equilibrar os danos possíveis. O diretor do CDC foi destituído por isso, mas ainda acreditando que o programa estava correto.[18]

Nem todas as vacinas antigripais implicam o mesmo risco. Na esteira do surto de gripe suína de 2009 no Reino Unido, foram diagnosticados nove casos de síndrome de Guillain-Barré em seis semanas de vacinação, mas a conclusão foi de que esse número estava dentro da margem do acaso.[19] A Finlândia e a Suécia, porém, relataram um aumento da taxa de narcolepsia – sonolência e paralisia súbita – em crianças depois da vacinação contra a gripe suína, e isso ainda está sendo investigado.

Como demonstrou a saga da tríplice viral, é difícil descartar uma associação possível. O timerosal é um conservante usado em algumas vacinas e contém mercúrio. Há muito tempo vem sendo acusado de prejudicar crianças. O CDC diz que "não existe prova convincente de efeitos nocivos", mas em 1999 chegou-se a um acordo de que o timerosal deveria ser "reduzido ou eliminado das vacinas como medida de precaução".[20]

A linha oficial de que os benefícios da vacinação como um todo superam quaisquer riscos ignora a forma como efeitos nocivos altamente visíveis, mesmo que raros, são dissociados dos benefícios potenciais em algum momento do futuro, que nunca podem ser confirmados e parecem "virtuais" em sociedades em que os riscos de doenças infecciosas são tão baixos.

A história é diferente em sociedades menos desenvolvidas: a OMS informa que ainda acontecem 140 mil mortes por sarampo ao ano, uma a cada quatro minutos.[21] E, como vimos na Inglaterra, são mortes que poderiam ser evitadas. A vacinação já percorreu um longo caminho: o número de mortes já foi de 2,6 milhões por ano. A erradicação do sarampo é considerada viável, assim como a da varíola, principalmente agora que a vacina é guardada na geladeira, não mais em garotinhos.

7. Coincidências

Neblina em toda parte. Neblina acomodada pelas ruas da cidade como víboras adormecidas. Neblina, fantasmagórica e velada. A neblina dos romances, densa, sinistra e sigilosa. A neblina dos espiões, de mistérios e ladrões.

Norm, aos dezoito anos, andando. Hesitante na escuridão. Perdido em pensamentos sobre o pai, que zarpou dois anos atrás nessa data em seu adorado veleiro Bill, para uma viagem costeira entre Lymington e Cowes – como era seu *hábito* – e desapareceu no mais perfeito zéfiro inglês, com barco e tudo, para nunca mais ser visto. Agora Norm ansiava por ouvir mais uma vez o velho contar histórias sobre o mar. Até a neblina parecia murmurar lembranças do mar.

Enquanto perambulava pelo ar úmido e cinzento, o pé esquerdo de Norm por acaso esbarrou numa coisa mole. Pensou em continuar andando, mas achou que tinha ouvido um gemido e resolveu investigar, divisando em meio à neblina uma figura humana, deitada de bruços em um banco do parque, as pernas estendidas no caminho. Ajoelhou e percebeu que se tratava de um velho. Para espanto de Norm, era a figura silenciosa porém inequívoca e gratificante de seu pai – e ainda respirando.

Enquanto tomava uma restauradora xícara de chocolate quente em uma cafeteria próxima – a neblina continuava rastejando lá fora –, o homem barbado contou sua incrível história, a súbita perda de memória, a navegação ao léu até uma costa que depois descobriu ser a França, onde acordou só de calção e sandália, sem identidade; passou meses vagando, fazendo trabalhos casuais que conseguia arranjar, evitando as autoridades por medo de que o acusassem de algum segredo sombrio sobre peixe envenenado, o envolvimento com uma quadrilha de batedores de carteira que agia em Paris e que só no dia anterior resolvera tentar a sorte em uma carreira criminosa, por acaso, em Basingstoke, e como suas enevoadas lembranças começaram a voltar ali em sua terra natal, uma série de mentiras e traições o deixara abandonado na noite, dormindo no banco de um parque.

— Acho que foi o choque de termos ganhado na loteria — começou a dizer na vagarosa volta de ônibus para casa, tentando entender seu súbito estado de desorientação naqueles dois anos —, as 100 mil libras, e depois minha tola desconfiança dos bancos, que me fez levar o dinheiro em espécie em uma sacola da Tesco e esquecer tudo no número 63. Depois de tantos anos batalhando para levantar dinheiro para o meu antigo orfanato em Clacton, das ameaças daquele empreiteiro, a perda foi demais para suportar. No mar, minha pobre e torturada alma e minha consciência pesada preferiram simplesmente... esquecer tudo.

— Nunca se sabe, pai — retrucou Norm —, essa sacola ainda pode aparecer. Quem sabe até escondida debaixo deste banco onde estamos sentados — e deu risada.

De brincadeira, Norm abaixou-se. De fato lá estava uma sacola de plástico da Tesco abandonada, enroscada na base do assento. Será que eles não limpam mais os ônibus hoje em dia? Pegou a sacola e examinou-a por dentro, certo de que encontraria os granulosos detritos que as pessoas não tinham vergonha de deixar aqui e acolá, só para descobrir, espantado, grandes maços de notas de 50 libras bem empacotados.

— Meu Deus, é isso aí! — disse o pai de Norm. — Eu reconheceria esse dinheiro em qualquer lugar.

— Com licença, senhores — disse uma mulher mais velha atrás deles. Os dois se viraram e viram uma mulher pequena e frágil envolta num xale preto, olhando estranhamente para o pai de Norm.

— Não pude deixar de notar a estranha marca de nascença na sua orelha direita. Depois, quando mencionou o orfanato de Clacton, tive um estremecimento. Perdoe esta velha senhora, mas eu estive procurando por tanto tempo, sabe, que chego a temer que minha mente esteja me ludibriando, mas acredito que... não, antes vou fazer mais uma pergunta para ter certeza: algum dia o senhor usou uma corrente de prata com uma pequena imagem de um gato?

— Ah — disse o pai de Norm. — Sinto muito, mas não. Entendo a sua esperança, mas não sou o filho que a senhora procura.

A velha senhora definhou visivelmente. Mais uma trilha de esperança, talvez a mais promissora até agora, não a tinha levado a parte alguma.

— Mas eu conheço alguém que...

A mulher ergueu o olhar. Sorriu, hesitante, uma luz de ânimo restaurada no olhar. Mal conseguia conter os batimentos de seu velho e débil coração. Será que era verdade?

— Pois existe alguém que agora nós precisamos encontrar juntos, um velho amigo, Bill, meu melhor amigo, uma amizade forjada no nosso tempo no orfanato, que nos aproximou ainda mais por conta de um improvável vínculo de marcas de nascença idênticas na orelha direita. Ele estava sempre com uma corrente de prata exatamente como a que a senhora descreveu. Sofreu um terrível colapso nervoso na meia-idade, pela lembrança de ter sido abandonado na infância, e por isso foi internado em uma instituição. *Só que minha memória me falha agora, e não consigo lembrar o lugar,* mas por alguma razão vejo a imagem de um barco em um porto.

— Como aquele? — perguntou Norm, olhando pela janela do ônibus no exato momento em que, por acaso, a neblina começou a se dissipar e apontando do outro lado da rua para um sinal acima da porta de uma casa afável e tranquila.

— Meu Deus, é esse! — exclamou o pai de Norm, por uma notável coincidência, pela segunda vez naquele dia.

Pouco tempo depois, Norm e o pai presenciavam um dos mais felizes e lacrimosos encontros. Diante da visão da mãe e do melhor amigo ao mesmo tempo, Bill recuperou a lucidez em um instante. Mais ainda: a velha enfermeira que cuidara dele com tanta devoção também tinha sido obrigada pelo destino cruel a deixar o filho em um orfanato em Clacton. E sua dedicação a Bill fora motivada por uma notável semelhança: sua marca de nascença na orelha direita era igual à que o filho tinha. A enfermeira era, é claro, a mãe do pai de Norm, sua avó, que justamente naquele dia ficara sabendo, chocada, que o orfanato seria fechado por causa de dívidas no valor de 100 mil libras – cortando assim a última ligação de duas mães com os filhos havia muito perdidos.

— Talvez isso ajude, vovó — disse Norm, mostrando a sacola.

— Isso me lembra de uma vez em que eu estava contornando o Cabo das Tormentas em uma noite escura, com um vento de proa — começou a contar o pai de Norm. — O mar era cruel, o casco do navio gemia de dor com a força do vento...

Certo dia, durante um passeio de bicicleta nos Pirineus, Mick Preston foi até o posto de correio para enviar um cartão-postal para o amigo Alan. No caminho, quem ele encontrou subindo a rua? Ninguém menos que Alan, em férias. Mick entregou o cartão-postal pessoalmente a ele.[1] Como disse Mick: foi um selo desperdiçado.

Que coincidência? Ah, essa, encontrar alguém por acaso etc. Bem, se você chama isso de coincidência... Mas quão surpreendente é isso? Pode chamar de fantasmagórico, esquisito, o que seja, mas será tão improvável que isso aconteça com alguém, em algum lugar, pelo menos uma vez? E, como aconteceu com Mick, será uma surpresa que ele fale a respeito? Acontecimentos se conectam o tempo todo; mas apenas quando as pessoas percebem é que usamos a subjetiva palavra "coincidência".

Em *A arte da ficção*, o autor e crítico David Lodge diz: "Coincidências, que nos surpreendem na vida real com simetrias que não esperamos encontrar, são claramente um dispositivo estrutural na ficção".[2]

Se isso for verdade, sugere algo estranho a nosso respeito, pois este capítulo é cheio de coincidências, todas baseadas em casos reais. Talvez não esperemos que aconteçam na vida real, mas acho que não deveriam nos surpreender. Existem muitas por aí. Embora talvez não tantas de uma vez só como as que Norm vivenciou em um dia nublado em Basingstoke. Então, será que a razão de as coincidências estarem sempre atropelando a ficção – como diz David Lodge – é por acontecerem demais na vida real? Será que as supervalorizamos?

DS convidou os frequentadores de seu site na internet para relatar suas histórias de coincidências,[3] e nós vamos contar algumas delas. Ele recebeu milhares de casos, todos de alguma forma improváveis e fabulosos. Se, no entanto, coisas fabulosas e improváveis acontecem com tanta frequência, será que podem ser tão improváveis?

O problema, embora seja também uma enorme vantagem evolutiva, é que nascemos procurando relações entre causa e efeito – como no caso das vacinas e das reações – e não insistimos em tentar entender por que as coisas acontecem. "Nada acontece sem alguma razão" é quase uma definição de como funciona nosso kit cognitivo básico. Assim, se não existe uma razão específica, somos facilmente logrados. Dizer que coincidências são casuais é como fazer um gesto obsceno ao nosso senso normal de controle e significado.

Coincidências, porém, do tipo "que-casualidade-encontrar-você-aqui" são inevitáveis, se não para você, para alguém, em algum lugar, e isso não significa alguma coisa necessariamente. As oportunidades são infinitas, então por que tanto alarde? Nós somos tantos, com tantas ligações possíveis, que quase tornamos plausíveis as engenhosas tramas dos enredos de Charles Dickens. Essas coincidências são às vezes chamadas de licença poética, mas serão mesmo? Ou apenas refletem o fato de que, quando várias coisas acontecem, como de fato acontecem, algumas tendem a ser estranhamente coincidentes?

Não vamos eliminar, no entanto, todas as coincidências dos romances tornando-as as triviais de repente. Até agora, viemos lidando basicamente com a face sombria do risco – acidentes, morte, desastres, tristeza e agonia –, mas as coincidências podem nos mostrar o lado mais leve do acaso em nossas vidas. É por isso que a coincidência ocupa um lugar importante em um livro sobre perigos, como uma versão do oposto do perigo – o outro lado.

O que é uma coincidência? Costuma ser definida como uma "surpreendente confluência de eventos, percebidos como significativamente relacionados, sem ligação causal aparente".[4] Essas confluências podem ser duas coisas acontecendo exatamente ao mesmo tempo: por exemplo, um pai ou filho cujas cartas enviadas de um para o outro se encontram no correio – depois de 37 anos sem contato.[5]

Parece que quase todo mundo tem uma história para contar de um encontro com uma figura conhecida em algum lugar inesperado ou da descoberta de alguma ligação imprevista com alguém, como o casal de noivos que ficou sabendo que os dois tinham nascido na mesma cama.[6] Objetos também comparecem, como no caso de comprar uma moldura de segunda mão em Zurique e descobrir no forro um recorte de jornal de trinta anos atrás com a sua fotografia quando criança,[7] ou estar em férias em Portugal e encontrar um cabide que pertenceu ao irmão quarenta anos atrás.[8]

Por que esses eventos extraordinários acontecem? Diversas forças estranhas foram evocadas, como a lei da serialidade, de Paul Kammerer: "A ideia central é que, lado a lado com a causalidade da física clássica, existe um segundo princípio básico no universo que tende à unidade: uma força de atração comparável à gravidade universal".[9] Kammerer afirma que a serialidade é uma força física, mas considera superstição quaisquer ideias sobrenaturais que possam, por exemplo, vincular sonhos a eventos futuros. Em comparação, o psicanalista Carl Gustav Jung deleitava-se com ideias paranormais como telepatia, inconsciente coletivo e percepção extrassensorial, cunhando o termo "sincronicidade" como uma espécie de "princípio de ligação não causal" que explica não somente as coincidências materiais como também as premonições.

Na verdade, existem explicações mais mundanas.[10] Primeiro, poderia estar presente algum tipo de causa ou fator em comum ocultos – talvez os dois considerassem os Pirineus um bom local para passar férias. Estudos psicológicos têm identificado nossa capacidade inconsciente de percepção mais aguçada para palavras ou frases ouvidas recentemente, como quando alguma coisa vem logo à mente ao ouvir uma música no rádio. E é claro que só ouvimos falar dos casos que acontecem, não de todas as pessoas com quem falamos e com as quais não tínhamos nada em comum e na verdade estávamos querendo evitar. Poucos se animam a contar a alguém que não encontraram um amigo nos Pirineus, simplesmente por se tratar de um não evento.

Mesmo assim, as pessoas estranham as coincidências. Vamos tentar outra forma de torná-las mais comuns – tornando comum o extraordinário. DS tentou a sorte na loteria nacional com os números 2, 12, 15, 25, 32 e 45, mas perdeu. Os números sorteados naquela semana foram 4, 15, 19, 44, 45 e 49.

Extraordinário!

"O que isso tem de extraordinário?", você pergunta. Ele perdeu. Sim, mas quais são as chances de os seis números que ele escolheu e os seis sorteados estarem nessa combinação de 12 números? Trata-se de uma espantosa junção de circunstâncias, com uma probabilidade de 1 em 200.000.000.000.000 (1 em 200 trilhões), a mesma chance de jogar uma moeda 48 vezes e tirar sempre coroa. Impressionado?

Não, não ficou impressionado, dá para perceber. Mas por que não? Ora, você responde, porque tanto DS como a loteria tinham de produzir alguns números, e o que há de tão especial em serem diferentes? Aí, porém, você perdeu o foco. A chance de ocorrer essa combinação exata – ou de qualquer outra – era muito pequena, e também *a mesma que as outras*. Aconteceu, no entanto, como qualquer combinação tem de acontecer. Depois do evento, parece uma chatice, mas só porque nós atribuímos significado a isso. Esses números, porém, surgem com o mesmo grau imenso de improbabilidade em todos os casos. Mas voltamos à pergunta: se tudo é igualmente improvável...

O problema é que são as previsões das pessoas que conferem um significado aos números da loteria da semana. As probabilidades, ou as improbabilidades, continuam as mesmas, para todas as combinações possíveis de palpites e resultados.

A chance de ganhar o grande prêmio na Loteria Nacional Britânica é de aproximadamente 1 em 14 milhões. A única coisa que você pode fazer para melhorar suas perspectivas é escolher números que os outros não escolheram, para aumentar suas chances de não ter que dividir o prêmio. Então, como muita gente aposta nas datas de aniversário, evite os números abaixo de 31 (ninguém nasceu no dia 32 de algum mês).

Algo similar se aplica a coincidências. É quase impossível prever exatamente qual coincidência vai acontecer. Depois, porém: alguns números/coincidências ocorrem? E daí? É inevitável que aconteça alguma combinação de eventos. As coisas têm de acontecer. O acontecimento pode ser encontrar um amigo não nos Pirineus mas talvez nos Alpes, ou talvez encontrar não um amigo mas um parente, sem um cartão-postal, mas depois de ter pensado em alguém no café da manhã ou talvez ter cantado sua música favorita, ou quem sabe não na rua, mas em um bar, e talvez não essa pessoa mas outra qualquer, ou talvez... Tudo isso sugere a existência de inumeráveis coincidências em potencial e também inumeráveis passagens de raspão. E seja o que for, acontece entre todas essas possibilidades que também acabam se tornando memoráveis, é o que ocorre e do que falamos a respeito.

Coincidências são apenas uma desculpa para fingir que grandes números, com suas possibilidades ilimitadas, têm algum significado no pequeno perímetro cotidiano de nossas vidas. Não é assim. Coincidências simplesmente captam a nossa atenção. São fruto da vaidade humana.

Diga isso, no entanto, ao passageiro que viajou de ônibus de Limerick a Londres e comprou *O nome da Rosa* para passar o tempo, mas por acaso esqueceu o livro no ônibus ao chegar a Londres, sem terminar. Na viagem de volta, três meses depois, lá estava outro exemplar do mesmo livro (com capa diferente) na bolsa atrás do assento.

O puro acaso pode ser uma força estranha e não intuitiva que resulta em surpreendentes convergências, com mais frequência do que podemos imaginar, na medida em que eventos aleatórios tendem a se aglomerar. Assim como bolas jogadas de um balde no chão não vão se distribuir em padrões regulares, mas sim em aglomerações aqui e ali, pessoas se movimentando aleatoriamente às vezes se encontram em um mesmo lugar. Quantas vezes você está no metrô e percebe que só você está em um dos lados do corredor?

Essa característica produz resultados estonteantes. Por exemplo, é sabido que basta haver 23 pessoas em uma sala para tornar provável que duas façam aniversário no mesmo dia. Achamos que a maneira mais rápida de ver isso – para os que consideram essa situação uma afronta à lógica – é simplesmente avaliar o número de pares possível em 23. Vamos dizer que, ao final de uma partida de futebol, os 23 participantes do jogo em campo (os dois times e o árbitro) tenham de apertar as mãos uns dos outros. Seriam 253 apertos de mão (e assim 253 possíveis pares de data de aniversário). Ou seja, o número de combinações possíveis de duas pessoas em 23 é muito grande.

Isso, claro, quer dizer que, em cerca de metade de todos os jogos de futebol, haverá duas pessoas no campo que nasceram no mesmo dia. Talvez as duas devessem se parabenizar. E isso só no que diz respeito a aniversários. Podemos imaginar muito mais coisas que quaisquer dois jogadores e o árbitro podem ter em comum.

Diante de tantos lugares e maneiras possíveis em que duas pessoas conhecidas podem se encontrar, ou as tantas coisas possíveis que estranhos podem ter em comum, quando você começa a multiplicar as possibilidades, dá para se perguntar se não existem mais ligações potenciais nos assentos do sistema de transporte de Londres, jogadas no banco de um parque ou enfiadas em uma sacola da Tesco descartada do que partículas no universo. Muitas vão combinar de alguma forma e nunca vão saber disso. Imagine que Dickens tenha escolhido seus enredos a partir de uma infinidade de eventos da vida real, depois do evento: realismo perfeito. A única razão por que Norm passou no teste para figurar neste livro é ter vivenciado essa notável série de coincidências. Senão, teríamos escolhido outra pessoa.

A explicação final para a razão das coincidências é a chamada "lei dos números muito grandes", que em uma de suas versões diz que, se esperarmos o suficiente, qualquer coisa remotamente possível acabará acontecendo. Assim, até mesmo eventos genuinamente raros ocorrerão, dado um número suficiente de possibilidades. Vamos considerar três filhos de uma família. O primeiro filho nasce em um certo dia. A chance de o filho seguinte nascer no mesmo dia é de 1 em 365, multiplicada por mais 1 em 365 para o filho seguinte, o que resulta em 1 em 135.000 chances de todos fazerem aniversário no mesmo dia, e as possibilidades podem melhorar se houver planejamento. Isso é raro. Existe, porém, 1 milhão de famílias no Reino Unido com três filhos com menos de dezoito anos, portanto seria de esperar que cerca de oito delas tenham filhos com aniversários coincidentes, com novos casos surgindo a cada ano, o que realmente acontece: novos casos aconteceram no Reino Unido em 29 de janeiro de 2008,[11] 5 de fevereiro de 2010[12] e 7 de outubro de 2010.[13] E esses foram apenas os casos publicados nos jornais.

Seria realmente estranho se memoráveis coincidências não acontecessem com qualquer um. Pode ser difícil, no entanto, manter isso em mente quando você passa na frente de uma cabine telefônica, o telefone toca, você resolve atender e descobre que a ligação era para você.[14]

É o detalhe que nos intriga. "Um cartão-postal, você falou? Que interessante. Nos Pirineus? Veja só, de tantos lugares." Quanto mais detalhes admitirmos, porém, mais possíveis pontos de contato existirão. Pense em todas as pessoas que você já conheceu. Depois pense em todas as pessoas com quem você tem alguma ligação, como ter frequentado a mesma escola, ser amigo de amigos ou da família e assim por diante. Serão dezenas de milhares. Talvez a melhor maneira de pensar em coincidências não seja no quanto elas podem ser raras ou estranhas, mas quantas podem não estar acontecendo. Se você é o tipo de gente que fala com estranhos, vai descobrir ainda mais conexões. Se não for o caso, provavelmente vai estar em um trem ao lado de um irmão gêmeo há muito perdido de quem foi separado no nascimento e nunca soube. Coincidências são simplesmente uma refrescante lembrança de que vivemos em meio a possibilidades infinitas. Embora esse enfoque possa torná-las menos surpreendentes, nem por isso elas se tornam menos maravilhosas.[15]

Isso não implica que coincidências na ficção não funcionem como dispositivos estruturais óbvios, mas talvez seja melhor pegar mais leve com elas. O único problema é que, se perdêssemos parte de nosso assombro diante das coincidências, será que perderíamos também nosso fascínio pelo enredo?

8. Sexo

DIÁRIO DE KELVIN, COM DEZENOVE ANOS E NOVE MESES DE IDADE:

Acordei. Dor de cabeça.

Kath na cama – dormindo. “Oi, Kath!” Uma bimbada.

Li jornal. Pareceu tudo repetido.

Jornal da semana passada.

Abri cortina. Dia de sol.

Fechei cortina.

Meia lata de Stella na mesa de cabeceira. Entornei Stella. Uma bimbada.

Dormi.

Acordei. Com fome.

Três da tarde. Encontrei as meias. Fui até o Mr. Singh’s.

Pedi almoço pra dois: lata de carne e torta de rim Fray Bentos, dois chocolates, lata de Stella.

Comi chocolate. Comi chocolate da Kath. Tomei Stella.

Casa. Oi, Kath.

Pus lata de Fray Bentos no forno.

25 minutos. Muito tempo. Subi fogo do forno.

Uma bimbada (sofá).

Uma soneca (sofá).

Acordei.

Cheiro estranho. Escovei dentes.

Continua cheiro estranho.

Lembrei lata de Fray Bentos.

Tirei lata de Fray Bentos do forno.

Lata muito grande/esférica. Luzindo preto + vermelho.

Percebi que esqueci de furar lata de Fray Bentos antes do forno, como dizem as instruções.

Furei lata de Fray Bentos.

Soltou um chiado.

Lata de Fray Bentos muito rápida.

Rota de voo de Fray Bentos errática.

Desviei.

Lata de Fray Bentos bate no armário.

Kath não desviou.

Kath caiu em cima do ombro se desviando de Fray Bentos voando vermelho-quente.

Fray Bentos rodopiando no chão até parar de chiar.

Kath deitada, choramingando.

Dá pra ver a calcinha. Vermelha. Bacana.

Proponho bimbada.

Sem bimbada.

Hospital lotado.

Dez da noite. Casa. Sem Kath. Pais de Kath foram buscar Kath, Kath fraturou clavícula.

Como lata de Fray Bentos. Bom.

Ligo pra Emma.

Seja sincero, o que chama mais sua atenção: o número 5,6 em uma população de 100 mil ou uma lata de carne e torta de rim Fray Bentos ricocheteando na cozinha? O primeiro é o número de novos casos de sífilis diagnosticados no Reino Unido em 2011. Fray Bentos é só uma imagem, não mais que isso, uma metáfora maluca para a falta de cuidado, mas é a imagem que fica na cabeça.

Imagens visuais de perigo costumam ser mais sensuais do que números, por razões óbvias: elas invadem os sentidos com sons, cores, movimento e violência. Mais insidiosas, elas também turvam a forma como o perigo se manifesta, nos mostrando suas consequências e em geral ignorando as probabilidades.

É a mesma diferença entre consequências e probabilidades que comentamos no capítulo sobre acidentes, quando Norm ficou obcecado em não perder o bilau na mordida de um lúcio. Não é provável, mas na hora é só o que existe. Imagens de perigo costumam seguir o mesmo modelo, uma imagem chamativa mostrando um terrível "e se?", não uma probabilidade.[1] O perigo de esquiar – que, baseado nas probabilidades, deveria ser ilustrado por alguém esquiando fora de perigo, simplesmente (ousaremos dizer?) se divertindo – tende a ser ilustrado por uma perna engessada ou esquis girando e neve escorrendo de um precipício. Não vemos as "probabilidades" – a frequência com que as coisas acontecem –, vemos as "consequências". É o que todo mundo recomenda quando diz "imagine o risco". Pede para retratar o pior que pode acontecer.

Os publicitários e os governos sabem disso. Quando querem mudar algum comportamento "de risco" ou nos convencer a comprar alguma coisa que aumente a nossa segurança, eles escolhem imagens mostrando os piores casos de "e se?".

Uma dessas imagens mais famosas no Reino Unido foi o chamado "anúncio do monólito da Aids", de 1987: ocorre uma explosão numa montanha e, depois que a fumaça se dissipa, vemos alguma coisa parecida com uma lápide sendo escavada na rocha. A narração assustadora é feita na voz grave do ator John Hurt:

> Agora existe um perigo que se tornou uma ameaça para todos nós.
> É uma doença mortal e não existe cura conhecida.
> O vírus pode ser transmitido durante a relação sexual com uma pessoa infectada. Qualquer um pode pegar, homem ou mulher.
> Até agora está confinada a pequenos grupos, mas começa a se espalhar... Ignorar a Aids pode levar você à morte.

Entre outros filmes de divulgação sobre o perigo, de uma época em que os governos ainda os produziam, há um sobre segurança nas estradas que mostra um martelo esmagando um pêssego:

> Pode acontecer em qualquer lugar, com qualquer um.
> Numa rua normal.
> Em um momento de distração.

E plaft, o martelo acerta o pêssego.

Outro, para alertar sobre os perigos do crime, mostra hienas rondando um automóvel estacionado. Tudo muito intenso e assustador – e tudo consequencial, não probabilístico.[2] Como, porém, produzir uma imagem ilustrativa de 1 probabilidade em 1.000, ou de qualquer outra? Não é fácil, não com a mesma intensidade. Números não se esborracham como um pêssego ou um ser humano; não mordem como hienas. Por outro lado, é fácil produzir imagens dos piores casos de "e se?", ainda mais mostrando uma vítima. E depois vem a extrapolação para todo mundo, quando nos dizem que a lápide/a vítima das hienas/o pêssego esmagado poderia ser você. Pense de novo na paralisia de Norm ao imaginar os dentes e os olhos vítreos do lúcio na represa. A imagem consequencial domina as probabilidades também nesse caso.

Melhor do que filmes de divulgação e suas imagens selecionadas – você não acha? – é a informação boca a boca. "Eu sei por experiência própria..." são palavras típicas que usamos com a maior autoridade, certamente com mais autoridade do que a que reconhecemos nos governos. Mas experiência pessoal com sexo? Com autoridade e rigorosamente isenta? Sem ser seletiva? Até parece.

Vamos dizer que você faça sexo sem proteção, como Kelvin e Kath. Se nada der errado, você se sente aliviado, mas pode também achar que afinal o risco não é tão grande. A exposição ao perigo pode surtir esse efeito – fazer as pessoas se sentirem mais seguras. "Está vendo, foi tudo bem!" Uma explicação formal para isso é que dados de pequenas amostras de eventos raros são distorcidos. Isso significa que, quando os maus resultados não são comuns – digamos, só 1 vez em cada 20 –, você pode se sair bem nas primeiras vezes e achar que vai se dar bem também da próxima vez. Sua chance de estar certo é de 19 em 20, ou 95%.

Na verdade, não se pode deduzir nada a respeito das probabilidades reais a partir de uma experiência. Nós, porém, fazemos isso. Baseado em uma amostragem extremamente seletiva do passado, você pode aprender a subestimar as probabilidades no futuro. "Transei, mas ela não engravidou", como Kelvin pode ter dito. Se fizer isso algumas vezes e se sair bem – o que é provável –, Kelvin vai achar – se é que ele ainda precisa de algum reforço – que esse é o tipo de risco que ele pode correr.

Por outro lado, quando as coisas dão errado, as pessoas tendem a superestimar o risco de tudo dar errado de novo. Vamos imaginar que sexo não seguro resulte em doença sexualmente transmissível (DST) em 1 de cada 50 relações. Não é verdade, mas vamos supor. As pessoas não fazem ideia das probabilidades, nem por alto. Se cem pessoas tiverem cinco encontros cada uma, umas dez terão uma DST.

Essas dez podem dizer: "Diacho, só cinco vezes e olha o que aconteceu". E podem desenvolver uma visão exagerada das probabilidades. Os outros noventa podem imaginar que a probabilidade de perigo não está muito acima de zero: "Ora, nunca aconteceu comigo". Existem experimentos de laboratório – que não envolvem sexo – que parecem confirmar esse padrão de convicção e comportamento.

A experiência pessoal pode nos desviar do caminho. Mais uma vez, precisamos de mais informações além das nossas marcas na cabeceira da cama.

Assim como muitas outras atividades prazerosas, o sexo tem seus perigos. Estes vão de gravidez (se você for mulher, fizer sexo com um homem e não quiser engravidar), doenças potencialmente perigosas ou pequenas irritações, ataque cardíaco, ferimentos se a cama desmontar, mágoas – nem mesmo um telefonema? –, constrangimentos e até a possibilidade de ser preso se flagrado em local público.

Vamos começar, como quase todos começamos, com uma simples relação sexual sem proteção entre um homem e uma mulher. Qual é a chance de um encontro romântico de Kelvin terminar numa gravidez? É muito difícil fazer esse cálculo em condições laboratoriais, por razões óbvias. Um estudo da Nova Zelândia em que os participantes só podiam fazer sexo uma vez por mês teve um grande número de desistências, o que não surpreende. Um estudo europeu obteve melhores resultados ao recrutar 782 jovens casais que não usavam contraceptivos artificiais. Eles registraram meticulosamente as datas de cada ato sexual (e foram muitos) até a ocorrência de 487 gravidezes.[3] O período de ovulação foi estimado para cada ciclo menstrual.[4]

A conclusão é que cada intercurso sexual de um jovem casal registra uma média de 1 chance em 20 de gravidez – supondo que a oportunidade se apresente em dias aleatórios, como costuma acontecer quando se é jovem.

Pessoas que estudam as mudanças na população são chamadas de demógrafos e usam o termo "fecundabilidade" para a probabilidade de gravidez durante um ciclo menstrual. Isso varia de casal para casal, mas a média é estimada entre 15% e 30% em países de alta renda *per capita*.

Podemos usar o Quadro 11 para ilustrar as consequências de um casal mediano tentando ter um filho: existe uma chance de 85% de concluir um ciclo sem concepção, e se levarmos em conta que os ciclos são iguais e independentes, são 0,85 × 0,85 × [...] 0,85 (12 vezes) chances de não engravidar em um ano de tentativas, ou seja, 14%. Então, uma fecundabilidade de 15% significa 100 - 14 = 86% de possibilidade de engravidar em um ano: 90% é o número que costuma ser usado como a proporção de jovens casais que estarão esperando um filho depois de um ano sem contraceptivos, o que corresponde a uma fecundabilidade de 18%.

A fecundabilidade só pode ser calculada em grandes populações quando não existe um sistema de contracepção eficaz. Na Europa isso significa estudar a história pregressa: a análise de mais de 100 mil registros de nascimentos na França entre 1670 e 1830 resultou em uma estimativa de fecundabilidade média mensal próxima de 23%.[5]

Vamos supor, porém, que a gravidez não seja desejada – quanto a fecundabilidade pode ser reduzida por diferentes tipos de contracepção? Em geral isso se expressa pela taxa de gravidez depois de um ano de uso e depende muito, claro, do cuidado com que é usado.

Pílulas anticoncepcionais, dispositivos intrauterinos, implantes e injeções são considerados 99% eficientes, de forma que menos de 1 em cada 100 usuárias deveria estar grávida depois de um ano, enquanto camisinhas masculinas têm uma eficácia de aproximadamente 98% se usadas corretamente, e diafragmas e cápsulas com espermicida apresentam uma eficiência de 92% e 96%, o que significa que, a cada 100, de 4 a 8 mulheres que os utilizam estarão grávidas depois de um ano.[6] O uso imperfeito de contraceptivos, em geral definido como "típico" – você deixa a pílula cair na pia na sexta-feira, se esquece de tomar depois etc. –, sem dúvida é menos eficiente.

Uma forma de fazer essas comparações é imaginar uma mulher considerando vários contraceptivos. Vamos supor uma vida sexual infinita. Quanto tempo até ela engravidar? No caso de esterilização feminina, cerca de duzentos anos. A taxa de ineficácia é de 1 gravidez para cada 200 mulheres-ano. Então, se 200 mulheres forem esterilizadas em um ano, espera-se que uma engravide. Para implantes contraceptivos a taxa de ineficácia é tão baixa que é difícil calcular um número exato. Por uma estimativa, é aproximadamente 1 gravidez para cada 2 mil mulheres-ano.

Mulheres que não têm acesso a contraceptivos podem acabar tendo *muitos* filhos. Os dados da França mostraram que, nos anos 1700, mulheres que se casaram entre 20 e 24 anos tiveram uma média de sete filhos cada uma, como as mulheres na Nigéria e em Uganda atualmente. *Taxa de Fertilidade Total* é o número médio esperado de filhos por mulher se a fertilidade atual prosseguir durante sua vida. O Reino Unido levou mais de duzentos anos para reduzir o número de nascimentos por mulher de 5,4 em 1790 para 1,9 em 2010, enquanto outros países mostraram um declínio semelhante em apenas uma geração: Bangladesh levou apenas trinta anos para cair de 6,4 (em 1980) para 2,2 (em 2010).[7] Alguns países apresentam uma taxa de fertilidade surpreendentemente baixa, em especial países prósperos do Sudeste da Ásia (a de Cingapura é só 1,1) e países

Quadro 11: **Porcentagem de mulheres grávidas depois de um ano**

Conforme as formas de contracepção utilizadas[8]

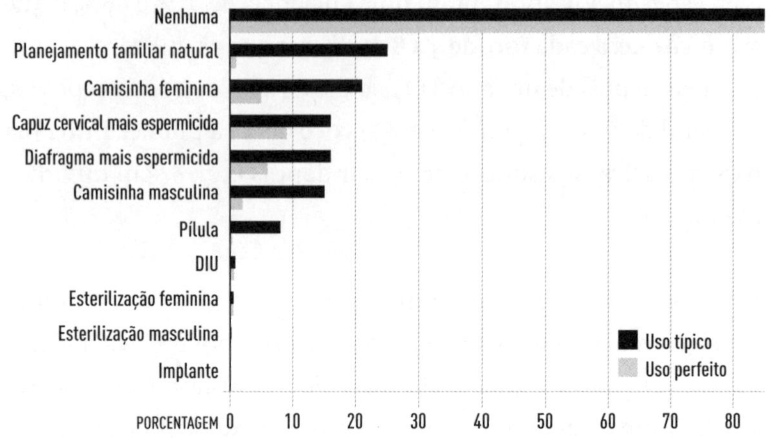

A taxa de gravidez com capuz cervical mostrada acima deve ser dobrada para mulheres que já tenham dado à luz alguma vez. Isto é, o capuz tem a eficiência reduzida à metade se a mulher já teve um filho. A taxa de "uso perfeito" do planejamento familiar natural varia de 1% a 9% de gravidez, dependendo do método. As taxas de ineficiência para camisinhas não incluem o uso de espermicida. Outros números, do National Institute for Health and Care Excellence (NICE), indicam uma taxa de ineficácia para o implante contraceptivo Implanon de menos de 0,1 para 100 mulheres em cinco anos, melhor até do que os números que usamos aqui, e para alguns é a forma mais eficiente de contracepção, segundo os dados do NICE. Observe que os dados não contemplam possíveis efeitos colaterais.

da Europa Oriental – na República Tcheca é de 1,5, bem abaixo do necessário para repor a população.

De maneira geral, a gravidez não é uma boa ideia para garotas jovens. Em 1998, na Inglaterra, 41 mil garotas entre quinze e dezessete anos conceberam – isso dá 47 em cada 1.000, ou 1 em cada 21. Imagine isso nas escolas. O governo do Reino Unido estabeleceu uma meta para reduzir essa taxa pela metade até 2010, e em 2009 o número tinha caído para 38 por 1.000 garotas, que é uma queda importante, mas ainda uma fração da meta. Existe uma grande variação dessas taxas no país – de 15 por 1.000 em Windsor e Maidenhead, e de 69 em Manchester: significa 1 grávida em cada 15 garotas entre quinze e dezessete anos, todos os anos. Existe uma forte correlação com o nível de educação, e cidades costeiras mais pobres tradicionalmente apresentam altas taxas, com 1 grávida em cada 17 em Great Yarmouth a cada ano, e 1 em cada 16 em Blackpool.[9]

Quase metade dessas gravidezes adolescentes termina em aborto, mas ainda assim são muitos os nascimentos. Um relatório de 2001[10] coloca o Reino Unido em primeiro lugar na Europa, com 30 nascimentos por 1.000 mulheres entre quinze e dezenove anos, número só ultrapassado pelos Estados Unidos entre os países ricos da Organização para a Cooperação e Desenvolvimento Econômico (OCDE), com 52 nascimentos por 1.000. É um chocante contraste com países como a Coreia do Sul, Japão, Suíça, Holanda e Suécia, todos com taxas de nascimento de menos de 7 por 1.000 adolescentes.

Claro que podemos virar essas probabilidades de risco ao contrário e considerar o prazer dos que desejam ter um filho. Nem sempre a gravidez pode ser definida como risco – com certeza pode ser uma bênção.

O que não se pode dizer de doenças e infecções. Aids, sífilis, gonorreia, clamídia, hepatite e inúmeras outras DSTs – algumas potencialmente fatais, outras apenas desagradáveis – representam um perigo quando se faz sexo sem proteção de qualquer tipo, e algumas dessas doenças o são até quando se faz sexo com proteção, sempre que houver uma possibilidade de o parceiro ou parceira estar infectado.

Os riscos são mais altos para jovens adultos, homens que fazem sexo com homens e usuários de drogas injetáveis; homens e mulheres negros africanos e do Caribe continuam a ser infectados de forma desproporcional. O maior risco para as mulheres está entre as idades de dezenove e vinte; para os homens, alguns anos mais tarde.

Quadro 12: **Número de diagnósticos de sífilis de 1931 a 2007**
Na Inglaterra e no País de Gales (faixa da esquerda) e Escócia (faixa da direita), para homens e mulheres, em clínicas GUM

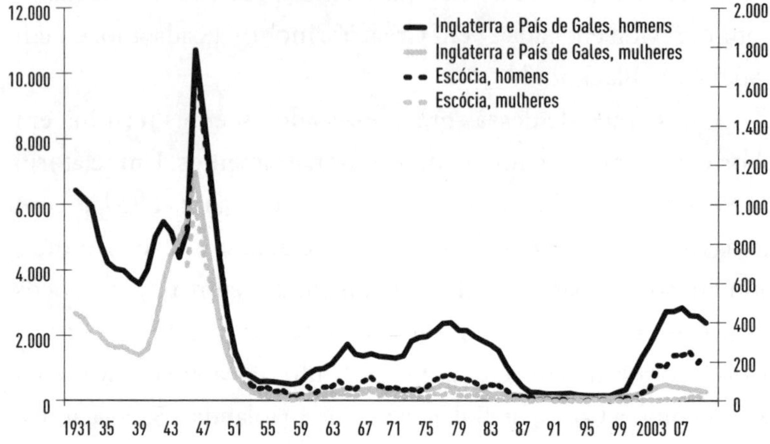

Houve um aumento no número de diagnósticos de diversas DSTs nos últimos dez anos, em parte porque o comportamento das pessoas mudou, em parte porque estamos fazendo testes com muito mais gente em programas de triagem e utilizando procedimentos mais sensíveis.

Os dados de longo prazo são fascinantes. Os Quadros 12 e 13 revelam uma história rica de mudanças de comportamento relacionadas aos eventos do mundo – guerras, mudanças sociais e de comportamento –, tudo expresso pelos riscos do sexo. É só observar o ano de 1946 no Quadro 12, o mapa da sífilis – e tirar suas próprias conclusões (notando que a penicilina se tornou disponível logo depois).

Hoje em dia a chance de contrair alguma doença depois de um encontro sexual com uma pessoa infectada não é um número que as autoridades de saúde gostem de divulgar. Depende muito

Quadro 13: **Número de diagnósticos de gonorreia de 1925 a 2009**
Na Inglaterra e no País de Gales e Escócia, em clínicas GUM

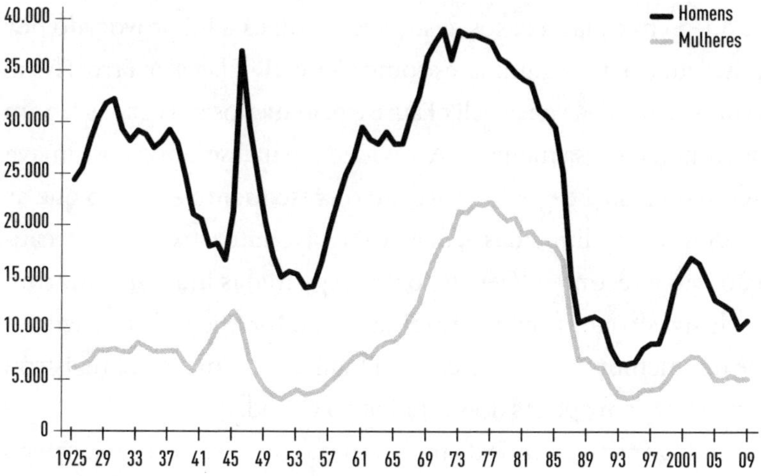

Fonte: Health Protection Agency, 2012.

do passado do parceiro ou da parceira, da doença que eles tiverem e até onde as pessoas querem chegar.

Muito por alto, o risco de uma mulher contrair HIV com um homem é de aproximadamente 0,1% (o que significa que, se fizer sexo com 100 homens infectados, ela terá 1 em 10 chances de se infectar); para um homem com uma mulher, a taxa foi estabelecida em 0,05%, ou uma infecção por 2 mil "eventos"; para um homem com outro homem, a taxa sobe para 1,7%, dependendo da atitude sexual – se "ativa" ou "passiva". Há muitas histórias, porém, em que só foi preciso uma vez.[11]

Novamente, esses riscos variam de acordo com fatores como a força do vírus na corrente sanguínea do infectado. Para gonorreia (ver Quadro 13), o risco de infecção foi registrado em quase 1 em 2 para parceiros heterossexuais.[12]

E também devemos lembrar que o sexo pode ser algo que exige muita energia, o que traz um risco em si. Foi estimado recentemente que 1 em cada 45 casos de ataques cardíacos foi provocado por atividade sexual.[13] Luminares como Nelson Rockefeller, Errol Flynn, o presidente da França Félix Faure e pelo menos dois papas teriam sucumbido dessa maneira. A atividade sexual solitária costumava ser associada à cegueira e ao baixo crescimento – para o que as evidências são limitadas –, mas se envolve autoasfixia, por precaução não é recomendável. Já foram registradas inúmeras mortes, inclusive do ator David Carradine, do cantor Michael Hutchence e de um membro do Parlamento da Inglaterra. Um estudo registrou 117 mortes em apenas dois estados do Canadá.[14]

Finalmente, temos de mencionar o otimismo em relação ao sexo. Kelvin não é do tipo sexualmente cuidadoso (ver a imagem/metáfora Fray Bentos). Nada de mais. Várias atitudes podem combinar sexo e risco, e sua falta de autocontrole é imensa, quase heroica (ver Kelvin comendo o chocolate de Kath).

A primeira dessas atitudes é a necessidade de realizar um desejo, associada ao "pensamento positivo" de que "tudo vai dar certo". É engraçado ver isso nas crianças – "Posso dirigir o carro, papai? Eu não vou bater" –, mas não tanto em adultos, e ainda assim é comum. O enigma é que sabemos o que estamos fazendo, e continuamos fazendo. Como diz a música de Buddy DeSylva, "Wishing Will Make it So" (do filme *Duas vidas*, 1939): "O desejo faz assim/É só continuar desejando que a preocupação vai embora".[15] Isso também atende pela gloriosa e enviesada expressão acadêmica "estado final desejado", quando você calcula que os riscos são mais baixos pela simples razão de querer que eles sejam mais baixos. "Você não vai ficar grávida. Está tudo bem." Da mesma forma que as pessoas subestimam as chances de se divorciar ou de perder o emprego – por não desejarem que isso aconteça.

Para se livrar desse falso pensamento positivo, considere os próximos exemplos, muito úteis por quantificar essa tendência de sempre achar que "está tudo bem". Primeiro, a "tendência sistemática demonstrada por analistas de projetos de serem otimistas demais" durante a execução de uma obra. O que pode dar errado em um projeto? Muita coisa, como todos sabemos. Analistas de projetos também sabem. E mesmo assim tendem a subestimar os riscos – tanto que o Tesouro do Reino Unido os obriga a fazer um ajuste formal por excesso de otimismo.[16] Por isso, se você for investir um capital para desenvolver novos equipamentos, mesmo se achar que pensou em tudo que poderia dar errado, acrescente entre 10% e espantosos 200% por tudo que pode dar errado. Quanto ao prazo de entrega, acrescente entre 10% e 54%. Para construções padrão, some mais 24% ao custo projetado; para uma construção civil diferenciada, some mais 44% à sua melhor estimativa de custo.

Um problema relacionado a isso é conhecido como a falácia do planejamento, já demonstrada por 37 estudantes de psicologia, que estimaram o tempo médio que levariam para concluir sua tese em 33,9 dias, ou 48,6 dias se tudo desse o mais errado possível. No caso, o tempo médio foi uma semana inteira a mais do que isso (56 dias).

Já foi sugerido que nós somos "programados para ter esperança",[17] já que sempre esperamos que um futuro melhor nos estimule a lutar por ele. Se for verdade, a roleta evolucionária favorece o otimista. Isso também é uma conjectura. Podemos dizer que o excesso de otimismo de Kelvin contribui para uma maior difusão dos seus genes, mas não é essa a sua intenção. Ele é o tipo de otimista errado.

Outra explicação para o excesso de otimismo é que você se conhece melhor do que aos outros. Quando consideramos o risco de alguém engravidar acidentalmente, sem conhecermos as estatísticas sobre o comportamento médio, ao tentarmos imaginar um caso típico, estaremos na verdade criando uma caricatura tosca. Quem é ela, essa tonta que em geral engravida? "Bom, ela bebe, anda por aí, não liga muito, está quase pedindo por isso." Em outras palavras, quando pensamos nos riscos de engravidar, tendemos sempre a evocar imagens de casos extremos, em vez de avaliarmos as médias estatísticas. Depois, ao nos compararmos com esses casos extremos, podemos dizer: "Isso acontece com elas, eu não sou assim, então tudo bem".

Qual é a moral da história? Dada a motivação suficiente – e o sexo costuma ser uma poderosa motivação –, é fácil confundir risco com moralidade, com esperança e até conveniência, principalmente nas histórias que contamos a nós mesmos.

9. Drogas

Prudence terminou seu coquetel de butanol, álcool isoamílico, hexano, álcool fenetílico, tanino, álcool benzílico, cafeína, geraniol, quercetina, epicatequina e epigalocatequina de galoil-3.

Sentiu o líquido marrom escuro fluir pela boca, degustando, sorvendo com gosto e vontade. A poção invadiu seu corpo, o líquido irradiando uma sensação de conforto cálida e sedativa. Ela conhecia os efeitos, já era dependente deles em sua curta vida. Suas pálpebras caíram, ela recostou na cadeira e soltou um longo e tranquilizante suspiro, afastando o braço da mesa com a xícara vazia.

— Mais chá, Pru? — perguntou Norm.

Uma tarde cinzenta. E Kelvin nunca tinha se sentido tão cinzento, nem tão doente. Todas as cores estavam ausentes: dele, das lojas pelas quais passava, do tráfego que latejava em suas têmporas quando ele atravessava a rua, das visões enlouquecidas em que até o seu sangue perdia a cor vermelha.

A única sensação que perdurava era a dor. Uma dor que começara horas antes entre as escápulas, espalhando-se pelas costelas em uma camada de chumbo de dez toneladas que doía a cada passo. Gemendo, um gosto metálico na boca, alternavam-se acessos de letargia insone, náusea, desidratação, irritabilidade, ansiedade, lacrimação e falta de concentração. Kelvin precisava de outra dose, imediatamente, para aplacar aquela dor, mas estava sem nada. "Imediatamente", era só o que conseguia pensar. Mais uma dose.

Kelvin passou toda a sua juventude em busca de gratificações instantâneas. Aos dezoito anos, poderia dirigir um *buggy* na duna de metanfetamina que já tinha ingerido – depois de detonar meio grama de pó às 5 da manhã em um festival e ficar ligadão e não parar mais, sempre querendo mais, o olhar vagando sem ver nada e depois vendo tudo diferente e estranho nas luzes da rua. Ele adorava. Só parou muitos anos depois, quando o coração começou a bater diferente, as mãos e pés comichavam, as dores aumentaram. Quando parou de ingerir MDMA pura, em pó, passou a tomar algo para as dores que o atormentavam, que se tornaram agudas, e agora sentia falta daquele remédio.

Ele sabia aonde ir, conhecia a rotina. Esteja lá pouco depois das 6, com o dinheiro. E lá estava ele com seu casaco de dores, suando. Entrou. O homem, que ele conhecia apenas como "o homem", estava lá, claro. Era sempre o mesmo, o mesmo casaco, no mesmo lugar, à espreita, no fundo. Os dois se cumprimentaram com um aceno de cabeça. Kelvin se aproximou. O homem estava com tudo. O dinheiro foi entregue.

Depois ele falou o que sempre dizia, a mesma provocação, todas as vezes, sabendo que Kelvin iria voltar:

— Devo guardar a próxima receita e o recibo na sacola também, senhor?

— Por favor — concordou Kelvin. E saiu, carregando seu frasco de Vicodin como se fosse um bebê, remexendo no papel-alumínio da embalagem para pegar um punhado antes mesmo de sair da farmácia.

— E por que você aceitou? — perguntou Prudence em outra ocasião.

— Ah, bem, sabe como é... o equilíbrio das probabilidades, contrabalançado pela percepção de risco... — respondeu Norm.

— Meu Deus — ela exclamou.

Acontece que Kelvin tinha andado zoando Norm de novo, dessa vez dizendo que o máximo de excesso que ele se permitia era tomar duas xícaras de chá.

— A questão era experimentar uma sensação de risco com um mínimo de risco objetivo — explicou Norm. E depois de refinar suas opções – de como maximizar o *frisson* pela MicroMorte etc. –, elas eram ou equitação... ou *ecstasy*.

— Estou mesmo ouvindo isso?

— A morte é uma possibilidade em ambos os casos, naturalmente, mas a questão é se apegar aos cálculos práticos com uma base objetiva.

— É mesmo?

— Claro que arranjar um *ecstasy* ia ser um problema, por isso abordei um homem na porta do Big Lurrve Club, suspeito, porém solícito, comprei um gatorade e uma *Horse and Rider* na Smith's e estudei as opções, por assim dizer.

— E?

— Bem, você está vendo algum cavalo? Um evento adverso com gravidade em cada 350 exposições! Lógico, é óbvio que eu tomei gatorade e me deu barato — explicou Norm.

— Mas tinha que tocar *Happy Hardcore Mix* tão alto?

As pessoas tomam substâncias que alteram a consciência desde que a descobriram. Resquícios de ópio foram encontrados em assentamentos do Neolítico na Europa; nativos da América do Sul há muito mastigam folhas de coca como um leve estimulante para amainar a dor; quase tudo que é comestível já foi fermentado para produzir álcool.

Existem muitas drogas, assim como muitas opiniões quanto aos seus riscos e benefícios. Neste capítulo vamos comparar essas diversas correntes de opinião, das mais abrangentes às mais desenfreadas sobre os riscos, para ver até que ponto essa diversidade se coaduna com os números.[1]

Os argumentos já estão por aí há muito tempo. Nos séculos XVIII e XIX, o ópio foi definido variadamente como uma inspiração, um remédio e o demônio. Alguns escritores o romantizaram. Samuel Taylor Coleridge tomou láudano (do latim *laudare*, "elogiar"), uma solução de 10% de ópio em álcool, antes de escrever o poema *Kubla Khan* (1797), "composto [...] numa espécie de devaneio provocado por dois grãos de ópio ingeridos para tratar uma disenteria" – até ser interrompido por um visitante de Porlock, em um episódio hoje famoso.

Em comparação, John Jasper em *O mistério de Edwin Drood* (1870), de Charles Dickens, acorda em um deprimente covil de ópio ao lado do babão Lascar, de uma mulher andrajosa e de um chinês convulsionado por deuses ou demônios. Jasper é um maestro de coral, mas nas mãos de Dickens o ópio o induz à degeneração.[2] Em *O retrato de Dorian Gray* (1890), de Oscar Wilde, "havia covis de ópio onde se podia comprar o esquecimento, covis de horror onde a lembrança de antigos pecados podia ser destruída pela loucura de pecados mais novos".

A moda também mudou na política e nos negócios, e não só no tocante à proibição e à censura.[3] A produção de drogas saiu do artesanato doméstico e ganhou a indústria a partir de 1827, quando Heinrich Merck começou a comercializar a morfina, um extrato de ópio, erigindo as bases da empresa farmacêutica Merck. A Grã-Bretanha tinha um desequilíbrio de comércio com a China, que continua até hoje. Atualmente o país exporta uísque de malte para os chineses, mas no século XIX a Companhia Britânica das Índias Ocidentais travou duas guerras pelo direito de exportar ópio para a China.

A heroína, também conhecida como diamorfina, é um derivado da morfina obtido pela primeira vez na Escola de Medicina St. Mary em Londres em 1874, mas redescoberta pela empresa farmacêutica Bayer em 1897 e comercializada como um analgésico que não causava dependência e remédio para tosse. Enquanto isso, a cocaína era extraída das folhas de coca. "Gotas de cocaína para dor de dente – alívio instantâneo!" era um medicamento para crianças. Sigmund Freud foi um dos muitos entusiastas da cocaína, assim como Sherlock Holmes, para o desgosto do dr. Watson:

> — O que foi hoje — perguntei —, morfina ou cocaína? — Holmes ergueu os olhos lânguidos do velho livro de capa preta que tinha aberto.
>
> — Cocaína, uma solução de 7% — respondeu. — Quer experimentar?
>
> — De jeito nenhum — respondi, rispidamente.[4]

Hoje em dia, um equivalente moderno de Sherlock Holmes, o doutor Gregory House, da série de TV *House*, pode usar e abusar do analgésico e opiáceo Vicodin, assim como Kelvin, enquanto políticos continuam falando de guerra às drogas. O romantismo e o heroísmo ainda estão lado a lado com o fim da civilização, em meio às estrelas e na sarjeta.

Considere o seguinte trecho do depoimento de um homem que perdeu a filha e o irmão por causa do abuso de drogas, proferido em um encontro dos Narcóticos Anônimos, para quem as drogas são um estigma capaz de arruinar uma vida:

> Porque meu pai estava sempre batendo na minha mãe e espirrava sangue em mim e no meu irmão e tudo o mais e eu escondia meu irmão debaixo da cama. E foi por essa razão que saí de casa assim

> que pude. E o que meu pai fez foi dizer que eu nunca ia ser ninguém na vida e me jogar todos esses problemas e questões e essa visão negativa de mim. E o jeito como reagi foi ficando cada vez mais paranoico e muito agressivo com qualquer um que mexesse comigo e aprendi a ser violento e a me misturar com as pessoas e disfarçar muito bem. Comecei a usar com oito anos. Roubando Diconal de prostitutas [...]. E quando eu tinha vinte anos acabei cumprindo treze anos em segurança máxima e não sabia mais quem eu era e me confundia com qualquer um que tivesse uma identidade. Eu andava com palestinos e muçulmanos e deixei crescer a barba. Eu estava vivenciando problemas dos outros como se fossem meus. E o que minha mãe falou sobre isso: "Melhor arranjar uns baratos pra ele se acalmar". (risos)

Compare-o com este, de Hunter S. Thompson, autor de *Medo e delírio em Las Vegas* e drogado voraz, criador de um estilo jornalístico que já foi definido como um campo de trabalho extremamente participativo:

> Gosto de tomar esses baratos no meio da rua e ver o que acontece, me arriscar, pisar no acelerador. É como estar numa bicicleta de corrida e de repente você está a 180 quilômetros por hora numa curva cheia de areia, pensando "Santo Deus, lá vamos nós", e se inclina até as manoplas tocarem o chão e o metal começar a faiscar. Se você for bom, consegue se sair bem, mas às vezes acaba num pronto-socorro com algum canalha de avental branco remendando seu escalpo.[5]

Mais uma vez, a questão é a variedade de pontos de vista – de perigo mortal a uma filosofia de vida. A noção do que está em risco também mudou: não só a saúde está em jogo, mas também os relacionamentos, o emprego, o envolvimento com o crime, as florestas tropicais derrubadas para plantar coca – bem longe do usuário de drogas.

Para muitos, abuso de drogas está relacionado a agulhas usadas, esqualidez e tudo que o filme *Trainspotting – sem limites* aborda. Para outros, está associado ao logotipo de uma corporação. Algumas drogas viciantes – analgésicos como a codeína, por exemplo – são compradas em farmácias. Outras – o álcool dos bares – podem ser transformadas em um modo de vida. A artista plástica Cathryn Kemp "achava que um viciado em drogas era um tipo que vivia na periferia da sociedade. Olhos esbugalhados, cabeça raspada e morando em lugares imundos", até se tornar uma viciada.[6] O que começou com uma necessidade legítima de alívio da dor, com um analgésico chamado fentanil, tornou-se um hábito quando ela começou a consumir o remédio como uma taça de vinho no final do dia e transformou-se em dependência quando passou a ser consumido em doses dez vezes mais altas que o máximo recomendado. No estágio seguinte ela só conseguia pensar na próxima dose, totalmente centrada nas drogas, brigando com a família, até finalmente aceitar que estava viciada e passar por um tratamento de desintoxicação radical. E tudo começou com uma bela embalagem e um simpático farmacêutico na drogaria da esquina, mais ou menos como Kelvin.

Em 2012, *The Times* publicou o que chamou de "Escândalo de 1 milhão de viciados em tranquilizantes", sobre "o fracasso do National Health Service [Serviço Nacional de Saúde – NHS, na sigla em inglês] no apoio aos dependentes de benzodiazepina, apesar de bem mais numerosos que os viciados em drogas ilegais". Ao contrário da heroína, não existem informações para o público sobre quão prejudiciais podem ser os analgésicos a seus usuários.

Será que Prudence, Norm e Kelvin são viciados? Eles discordariam, assim como os leitores. Também discordariam quanto à gravidade dos riscos. O que é pior: o álcool, os analgésicos de Kelvin ou a cocaína? Será que o estimulante escolhido por Pru (chá, mas não de marca tradicional, o que levará gente a dizer que seu vício não é socialmente aceito) está na mesma categoria que a experiência de Norm com o *ecstasy*? E este será tão mais perigoso que a xícara de chá social consumida por pessoas normais que conseguem manter seus empregos e relacionamentos?

O conhecimento evolui, as opiniões variam, todo mundo quer dar palpite e os números são apenas parte de tudo isso. O que as pessoas consideram prejudicial está e sempre esteve vinculado à experiência pessoal, a anedotas, a valores morais e às preferências de cada um – qual é o seu veneno? As normas sociais têm seu papel, afinidades com os amigos, especificidades de faixas salariais, de grupos étnicos e etários e da sociedade como um todo, normas que às vezes são escolhidas livremente e às vezes não: podem até, por exemplo, se transformar em pressões sociais para aceitação, de um drinque ou de um comprimido.

Em geral a primeira linha de defesa do usuário de drogas ilícitas é dizer que a tolerância em relação ao álcool demonstra que não existe coerência com a escala do malefício, apenas nuances de hipocrisia. Décadas atrás, quando o governo começou a se manifestar mais sobre os perigos do uso de drogas, duas das drogas potencialmente mais perigosas e viciantes – tabaco e álcool – continuaram legais, mesmo quando o hábito de beber aumentou drasticamente no Reino Unido nos anos 1980 e início dos 1990. Como resultado, hoje se diz: "Toda uma geração aprendeu a ridicularizar e ignorar os conselhos do governo sobre o assunto".[7] Outros falam – nem sempre em tom irônico – sobre um "respeitável vício em drogas"

– como o uso de codeína com base em opiáceos pela classe média para problemas de insônia. O que poderia ser menos sinistro do que desejar ter uma boa noite de sono? A dependência de codeína, porém, pode ser feia e perigosa. Regras e atitudes consideradas importantes em relação aos riscos e aos malefícios têm relação instável com isso.

Mesmo assim, e apesar da contundência dos dados, podemos argumentar que pouco dessa bagunça é intrinsecamente errado ou irracional, embora nem sempre seja honesta ou isenta. O fato é que o perigo é apenas um aspecto de um debate tremendamente complicado. Como descrever os riscos do uso de drogas quando elas fazem parte integral do que valorizamos na vida? Pois esse é um problema de contrabalançar os malefícios pessoais com os sociais, danos a um modo de vida, o qual às vezes é ameaçado por drogas – pelo crime que implicam –, mas às vezes pode depender delas, como umas cervejinhas no bar no almoço de domingo, meio *ecstasy* em um clube ou um charuto nas corridas. Acrescente a isso uma feroz discussão sobre a melhor forma de minimizar os malefícios, descriminalização ou guerra às drogas, e o resultado é uma receita para a confusão.

Questões de valor são uma dor de cabeça para os filósofos. A razão de dizer isso é que esse risco também recai – e deveria de fato recair – na mesma categoria da filosofia, de valores e tradições conflitantes pelo menos tão importantes quanto o poder da informação. É tão candente a discussão sobre o uso de drogas ilícitas que é surpreendente que alguém possa pensar que poderia ser resolvida com números.

Talvez o teste mais ácido (sem trocadilho) da relevância dos números nessa roda-viva de convicções e emoções seja a forma como reagimos a Norm. O que você achou quando ele tentou escapar de todas essas questões de valores com uma abordagem puramente quantitativa na busca de uma nova experiência, ilegal ou não? Será que ele é a única pessoa sensata no planeta? Prudence não concorda. Ou será que o tipo de lógica dele, neste caso, é insano?

A antropóloga Mary Douglas argumentou que de maneira geral uma asserção de risco – "não faça isso, é perigoso" – é um controle social disfarçado. Se o comportamento nos parecer ofensivo, sejam quais forem as razões, lançamos um alerta de que coisas ruins acontecerão e chamamos esse comportamento de "arriscado". Em seu trabalho de campo, Mary Douglas conheceu mulheres tribais a quem se dizia que correriam um risco mais alto de aborto se fossem infiéis, um risco que para elas era um fato da natureza, mais ou menos como a necessidade de ter cuidado ao manusear uma faca afiada. Os supostos riscos biológicos do comportamento eram claramente uma ficção; o verdadeiro propósito, o objetivo social de alertar sobre o risco da infidelidade, era evidente: controlar o comportamento das mulheres. No início da sua carreira, ela achou que só povos primitivos faziam esse tipo de coisa, um comportamento superado pelo conhecimento científico. Mais tarde argumentou que todos nós fazemos isso, em todas as culturas e em todas as idades.

Sempre, porém, que alguém quer tomar o controle, um outro contra-ataca. Hunter S. Thompson não parava de consumir drogas ilícitas, ainda mais motivado pela insistência dos outros para que parasse. Seus relatos de experiências com drogas parecem uma luta ferrenha contra a opinião majoritária. Ele descreve sua "distorcida" – boa palavra – viagem a Las Vegas como uma realização do Sonho Americano. Que sonho.

Thompson não era um abusado normal. Será, no entanto, que estava sendo excêntrico ao sugerir que a melhor forma de resistir ao controle é assegurar um controle sobre si próprio, mesmo estando fora de controle? Transgressão faz parte do risco, ao menos para alguns. Passar dos limites pode ser uma emoção por si só.

Por isso, precisamos de um sinal flexível diante de qualquer estatística sobre um nível quantitativo de perigo, positivo ou negativo para diferentes leitores, dependendo do que aprovarem, mas devemos reconhecer que o valor que conferirão a qualquer risco é da conta de cada um. O comportamento deles afeta os outros. Assim, calcular o perigo das drogas é ao mesmo tempo um julgamento pessoal e um ardente clamor social repleto de valores e preferências mais abrangentes, pelo menos tanto quanto é uma atitude baseada nas evidências estatísticas.

Note bem, depois de tudo que disseram a sociologia, a antropologia, a psicologia e todo o resto, você ainda vai precisar de alguns números – se não para fazer política, ao menos para tentar chegar a uma conclusão. E quais são esses números?

A preocupação com as propriedades aditivas dos opiáceos e da cocaína no início do século XX levou à criminalização de seu uso inadequado. A criminalização dificulta uma estimativa do nível de malefício causado pelas drogas, porque primeiro é preciso descobrir quem as usa. Se admitir esse uso o transforma em um criminoso, você vai querer ficar em silêncio.

É por isso que a British Crime Survey (BCS) garante o anonimato quando pergunta sobre uso de drogas ilegais.[8] As respostas se distribuem pela população adulta (entre 16 e 59 anos) da Inglaterra e País de Gales, e estima-se que uma a cada três pessoas tenha usado drogas ilegais em algum momento da vida, cerca de 9% no último ano.

Aproximadamente 3%, 1 milhão de pessoas, usaram uma droga classe A, como heroína, morfina, metanfetamina, cocaína ou crack, *ecstasy* (MDMA) ou LSD. Entre os jovens de 16 a 24 anos, cerca de 20% usaram drogas ilícitas durante o último ano: 17% usaram maconha,

4,4% cocaína e 3,8%, *ecstasy*. A heroína figura em 0,1% (1 em 1.000), provavelmente um número baixo demais devido a respostas mais vagas dessa comunidade. Comparando-se a uma pesquisa de quinze anos antes, de 1996, houve uma queda no uso geral de drogas, com um substancial declínio de usuários de maconha, mas com aumento nos números para a cocaína e a metadona. Homens aparecem duas vezes mais como usuários do que as mulheres, e foi encontrada uma não surpreendente relação entre frequência a bares e clubes noturnos e o uso de drogas ilícitas.

O que há de tão ruim com essas drogas? Com certeza podem ser perigosas em mãos erradas: um clínico geral de Manchester, Harold Shipman, injetou doses letais de diamorfina (heroína) em mais de 200 pacientes, em uma carreira de assassinatos, e só foi apanhado em 1998, depois de uma desajeitada tentativa de forjar o testamento de uma de suas vítimas. E há também inúmeras mortes famosas por uso impróprio de drogas, deliberadamente ou não – de Janis Joplin à freira Jeanine Deckers.[9]

É complicado, no entanto, saber exatamente quantas pessoas morrem por essa razão: em geral, quando drogas são mencionadas no atestado de óbito, significa que a morte foi relacionada a drogas nos dados oficiais, mesmo que elas não tenham sido a única causa.[10] Ao todo, houve 1.784 mortes na Inglaterra e no País de Gales por causa de uso indevido de drogas ilegais (i.e., sem incluir o álcool), pouco menos do que nos anos anteriores, mas o dobro do número de 1993.

A década de pico para os homens é por volta dos trinta anos, com 544 mortes. Corresponde a cerca de 150 MMs por ano, 3 por semana na média para todos nesse grupo etário, de drogados pesados a usuários moderados. Quase exatamente a metade do total de mortes (791) foi causada por heroína ou morfina. A cocaína foi associada a 144 mortes, a anfetamina a 56, enquanto as mortes relacionadas ao *ecstasy* caem para apenas 8, uma média de 50 por ano entre 2001 e 2008.

Se usarmos a estimativa do número de usuários da British Crime Survey, chegaremos a um cálculo rudimentar de risco anual, em MicroMortes, para usuários de diferentes drogas. Na média estabelecida entre 2003 e 2007,[11] a cocaína e o crack estiveram envolvidos em 169 mortes por ano, por isso um número estimado de 793 usuários foram expostos cada um a uma média de 213 MMs por ano, mais ou menos 4 por semana.

Os 541 mil usuários de *ecstasy* foram expostos a 91 MMs por ano cada um, ou mais ou menos 2 por semana. Desde 2003, o mercado de *ecstasy* foi calculado em 4,6 toneladas,[12] correspondendo a cerca de 14 milhões de comprimidos, ou uma média de 26 por usuário. Isso se traduz em aproximadamente 3,5 MMs por comprimido.

É raro que o consumo de maconha resulte diretamente em morte, mas estima-se que 2,8 milhões de usuários sofram uma média de dezesseis mortes associadas ao uso de *Cannabis* por ano, o que significa 6 MM ao ano.

Esse nível de risco não é nada se comparado à média de 766 mortes relacionadas à heroína por ano, que corresponde a 19.700 MMs ao ano – 54 por dia –, igual a um trajeto de 560 quilômetros de motocicleta percorrido todos os dias, ou à exposição *diária* a sete vezes o risco de um ano de maconha, embora esse alto número dependa da subestimação de usuários, e portanto uma superestimação do risco.

Existem, porém, muitos outros danos que não a morte: por exemplo, foi estimado que fumantes de maconha são mais ou menos 2,6 vezes mais propensos a passar por uma experiência equivalente à psicose do que os não fumantes.[13] Os que injetam heroína podem contrair o HIV ou hepatite de agulhas não esterilizadas. Podem ter abscessos e sofrer envenenamento por contaminação, fora os riscos de dependência e abstinência, sem esquecer o efeito normal dos opiáceos nos movimentos intestinais.

> John Mortimer (falando com o pai): Você já fumou ópio?
>
> O pai: Claro que não! Causa constipação. Você já viu algum retrato do Coleridge, aquele malandro? Verde até as orelhas e nunca ia ao banheiro.
>
> [A *Voyage Round my Father*]

Os efeitos potenciais variam de intestino preso a violência, passando pela devastação de florestas tropicais e outras coisas. Essa é outra maneira de perceber o problema de fazer comparações entre malefícios que afetam diferentes pessoas de forma distinta. Será possível? Já foi tentado, vamos dizer assim, inclusive em uma experiência de colocar um só número para resumir a torpeza de cada droga. Estudo recente, que procurou abranger várias drogas, inclusive legais como álcool e tabaco, levou em consideração efeitos como mortalidade, danos à saúde física e mental, dependência e perda de recursos e relacionamentos, além de danos à sociedade, como agressão a outras pessoas, crimes, danos ambientais, adversidades familiares (como prejudicar relações familiares), danos internacionais (como os das florestas tropicais), custos e efeitos econômicos na comunidade.[14] As drogas foram pontuadas em cada dimensão, com os diferentes danos avaliados de acordo com a importância atribuída e um placar com os danos totais. Como em qualquer indicador composto, o que entra na mescla e o peso atribuído a cada fator individual são discutíveis.

A classificação resultante colocou o álcool em primeiro lugar, com 72, depois a heroína, crack e cocaína, com 55 e 54; tabaco ficou em sexto, com 26, e o *ecstasy* quase no fim da lista, com 9, apesar de ser uma droga classe A no Reino Unido. Foi uma classificação controversa, para dizer o mínimo.

Mais controverso até do que fazer comparações entre drogas legais e ilegais é comparar drogas ilegais com atividades saudáveis. O professor David Nutt, na época diretor do Advisory Council for the Misuse of Drugs (ACMD), escreveu um artigo comparando o *ecstasy* com o que chamou de "equasy", o vício de galopar, afirmando que os dois eram atividades de lazer voluntárias de jovens e apresentavam os mesmos perigos.[15] Nutt não continuou sendo diretor do ACMD por muito tempo. Não porque seus números fossem absurdos. Não eram. Porém, o risco, vamos nos repetir, não implica apenas, nem mesmo principalmente, perigos e ameaças. Os políticos a quem ele respondia decidiram que a comparação entre equitação e drogas não era uma boa política.

O professor Nutt disse que se conscientizou dos perigos da equitação com o caso clínico de uma mulher com pouco mais de trinta anos que sofreu uma lesão cerebral permanente praticando equitação, que resultou em graves mudanças de personalidade, ansiedade, irritabilidade e comportamento impulsivo, crises nos relacionamentos e uma gravidez não desejada. Ela perdeu a capacidade de ter prazer e provavelmente não conseguiria mais trabalhar.

Ele escreveu:

> O que é *equasy*? É um vício que produz a liberação de adrenalina e endorfinas praticado por muitos milhões de pessoas no Reino Unido, inclusive por jovens e crianças. As danosas consequências são bem estabelecidas – cerca de dez pessoas por ano morrem por isso e muitas mais sofrem danos neurológicos permanentes, como minha paciente. A estimativa é que ocorra um grave evento adverso a cada

350 exposições e que estas são imprevisíveis, embora o mais provável seja que usuários mais experientes corram os maiores riscos. É também associado a mais de 100 acidentes de tráfego por ano [...]. Essa dependência, como definida pela necessidade de continuar o uso, já foi aceita pelos tribunais em acordos de divórcios. Diante desses malefícios, parece apropriado que o ACMD coloque o *equasy* sob o Misuse of Drug Act, talvez como droga classe A, uma vez que parece mais prejudicial do que o *ecstasy*.[16]

Nutt concluiu ser possível uma avaliação mais racional dos danos relativos causados pelas drogas, mas o debate em torno delas era travado sem referência a outras causas de prejuízos à sociedade, o que conferia ao tema uma condição diferente, mais preocupante.

Será que esse status é merecido? Se considerarmos que sim, precisamos explicar por quê, sem dizer que é porque drogas são mais prejudiciais, pois seus danos por si sós não são proporcionais ao peso da opinião pública. O risco quantificado não é a resposta.

O alerta final vem do doutor Watson, no momento em que presencia seu amigo Sherlock Holmes tomando liberdades com uma droga (então perfeitamente legal) em *O signo dos quatro*:

> — Mas considere! — falei, honestamente. — Calcule o custo! Talvez o seu cérebro fique estimulado e em alerta, como você diz, mas é um processo mórbido e patológico envolvendo uma grande alteração do tecido e pode causar uma debilidade permanente. Você também sabe das crises sombrias que o acometem. Por certo esse jogo mal vale a aposta. Por que essa necessidade, por um mero prazer passageiro, de arriscar a perda desses grandes poderes com que foi dotado?

10. Altos riscos

Kelvin desceu um caminho estreito, andou até a porta arrastando os pés e bateu. Norm chegou correndo logo atrás. O primeiro não respeitava pessoas que discordavam de sua opinião. Eram todos uns dissimulados. Mudanças no clima eram uma desculpa para os ecologistas fanáticos dizerem o que devia ser feito. Ativistas eram maníacos por controle, o Greenpeace lhe dava chiliques. Quanto a essa história de ursos polares... chantagem emocional com animais peludos.

— E as baleias também podem ser usadas — dizia Kelvin. — Por que não? Nós precisamos de sabonete.

Uma mulher de saia rodada, a imagem difusa no vidro embaçado, chegou gingando no vestíbulo, a fechadura estalou, a porta entreabriu e no vão surgiu um sorriso cauteloso sob uma mecha de cabelos grisalhos, pouco mais de sessenta anos.

Ele e Norm estavam em um daqueles primeiros empregos que as pessoas aceitam quando estão desesperadas por um primeiro emprego, batendo de porta em porta, detestando o subúrbio, sem conseguir vender nada e botando a culpa no mundo.

Norm teve a ousadia de sugerir que a grande maioria aceitava a tese da alteração antropogênica do clima, que Kelvin deveria considerar o equilíbrio das probabilidades, mas este disse que isso só provava o quanto as pessoas eram umas imbecis de m..., e para provar...

— Boa tarde, meu nome é Poe — disse Kelvin, estendendo a mão pela abertura da porta. — E esse é meu associado, Edgar.

— Ah, sim?

— Do Zoológico de Londres.

— Ah?

— A senhora deve ter visto o programa na televisão... ontem à noite.

— Que programa?

— Sobre o zoológico. Os pinguins.

— Eu costumo assistir à BBC. A série *EastEnders*.

— Claro, mas a senhora deve estar sabendo dos pinguins.

— Bem, não sei. O quê sobre os pinguins?

— De estarem confinados.

— Confinados?

— É por isso que estamos aqui. Confinados. O clima. Habitat. O Regent's Park está um caldeirão urbano de calor absoluto, sabe.

— Ah. E o que eles vão fazer?

— Muita coisa. É por isso que gostaríamos de contar com a sua ajuda. Esse é o nosso apelo.

— Um apelo, entendi.

— A senhora é muito compreensiva — disse Kelvin, aproximando-se como um vigário atencioso e pegando nas mãos dela. — E a senhora tem um bom pedaço de jardim aí atrás, bem alto, livre de enchentes.

— Ah, sim — ela concordou, largando a mão dele.

— Então é isso. O seu jardim é um bom lugar, não é?

— Bem, eu gosto do meu jardim.

— Excelente. Então vou designar dois para a senhora.

— Dois?

— Amanhã cedo.

— Sinto muito, mas eu não vou comprar nada...

— Não, não, eles são grátis, totalmente grátis, mas de qualquer forma a senhora está sendo muito bondosa.

— Bem, eu não...

— Não precisa se preocupar, os pinguins vêm com instruções completas. Mais ou menos às oito horas, tudo bem?

— Bem, não...

— Dois pinguins para o número 17, Edgar.

— Como?

— Pinguins, Edgar.

— Isso é um mal-entendido. Sinto muito...

— Eles devem ficar sempre na sombra — falou Kelvin, virando-se para se afastar. — E gostam de granola.

— Mas eu como flocos de milho.

— Flocos de milho também servem, mas não muito, senão eles engordam. Vamos, Edgar, ainda temos 64 casas para visitar.

Anuindo com a cabeça:

— A senhora é muito gentil. Os pinguins vão ficar muito felizes aqui.

Começou a se afastar.

— Não, você não pode...

Começou a subir a ladeira, Norm trotando atrás.

— Realmente. Eu não posso... por favor...

Mas Kelvin já não estava mais ouvindo.

Às 5h39 da manhã seguinte, Richard Kowalski, da Catalina Sky Survey, fazia observações com telescópio de 1,5 metro de abertura do Monte Lemmon perto de Tucson, Arizona.

Ficou perplexo. O objeto potencialmente perigoso SO43 não parecia estar exatamente onde ele esperava. Um erro, provavelmente.

Mandou e-mail para o Minor Planet Center em Cambridge, Massachusetts, para informar que talvez eles quisessem dar uma olhada nos dados.

O que incomodar uma senhora com pinguins tem a ver com grandes riscos como a mudança climática?[1] Muito. Para entendermos melhor, porém, temos de abstrair nossas convicções sobre esses riscos. Então, só por um momento, esqueça tudo o que você acredita ser verdadeiro sobre mudanças climáticas e aceite que, em se tratando de risco, as opiniões variam de um extremo ao outro – entre achar que não há razão para se preocupar até acreditar no fim da vida como a conhecemos. Será que o aquecimento global é um embuste, como considera Kelvin? Ou todos seremos fritos? As pessoas discordam.[2]

Uma parte da grande maioria de cientistas que estudam as mudanças climáticas acha que o planeta está realmente aquecendo, que as pessoas são responsáveis por isso e que a coisa é grave. Que os céticos do outro lado estão enganados, acreditam em teoria da conspiração, são aloprados, estão sendo pagos por... etc.

Céticos como Kelvin também apelam para a ciência e invertem as acusações. A grande maioria dos cientistas corretos, competentes e honestos considera a mudança climática uma bobagem, eles dizem. Os outros acreditam em teoria da conspiração, são aloprados, estão sendo pagos por... etc.

O mesmo pode ser dito até mesmo sobre a questão mais básica de todas: o mundo está ficando mais quente? Mesmo aí as pessoas discordam. E continuam achando que a ciência – a verdadeira ciência – está do lado delas.

Não dá para dizer que a mudança climática é só uma questão de opinião. Esse fato, no entanto, mostra como a opinião sobre o perigo pode operar maravilhas com base nas mesmas evidências. Então, o que faz as pessoas interpretarem de maneira oposta o que devem ser fatos científicos básicos – em um argumento em que todo mundo diz que a objetividade é fundamental?

Poderíamos dizer que a resposta é óbvia e trivial: todo mundo tem o seu ponto de vista. As pessoas veem o que querem ver, inclusive fatos científicos. Uma resposta mais interessante, porém, é que a maneira como vemos os dados relativos a grandes riscos, como os do clima em geral, depende menos dos fatos do que de quem somos. As tendências políticas de Kelvin, seu amor à liberdade, sua irritação com o governo, sua tendência a se arriscar e agir impulsivamente e até seu ódio pelo conformismo dos subúrbios estão relacionados às suas convicções sobre os fatos da mudança climática. Contribuem diretamente para isso. Também alimentam seu desprezo pelas pessoas que se deixam enganar pelas "mentiras" do outro lado. Isto é, nossos pontos de vista a respeito de fatores sobre grandes riscos em geral costumam ser balizados por nosso comportamento e nossas escolhas políticas. Mesmo quando insistimos em que a base sólida sobre a qual construímos nossas convicções é científica e objetiva e nada pessoal, ou quando juramos que acreditamos no que acreditamos porque é a verdade. Pelo menos essa é a história que contamos a nós mesmos. Os outros é que se deixam iludir por vieses pessoais e políticos, e a história que contamos a nós mesmos classifica os demais como bobos e corruptos.

Não é só das evidências apresentadas pelo outro lado, porém, que discordamos ou não gostamos; é do que esses fatos parecem nos dizer sobre toda a maquiagem política do outro lado. Isso é o que faz Kelvin se sentir livre para ser indelicado com uma senhora: se ela acredita nessa bobagem de pinguins, é provável que seja uma socialista.

Nós já dissemos, no capítulo sobre drogas, que os valores podem alterar a sensação de risco das pessoas. Acontece mais ou menos o mesmo com a questão do clima, mas é mais difícil demonstrar, pois pouca gente está disposta a admitir que suas tendências políticas alteram seus pontos de vista sobre a mudança climática, ou até mesmo a sensação real de que o mundo está ficando mais quente. Esse, porém, é o argumento que vamos considerar neste capítulo.

Uma palavrinha de alerta: se você acha que a mudança climática é prova de que a escolha seletiva de evidências científicas é coisa da direita, pode parar. Os que estudam esses hábitos dizem que essa tendência existe dos dois lados, dependendo do risco em questão.

É comum os cientistas acreditarem que pessoas que têm uma visão de mundo incoerente com as evidências só precisam ser esclarecidas sobre os fatos. Se, porém, a argumentação deste capítulo estiver correta, essas tentativas de esclarecimento tendem ao fracasso, podendo até sair pela culatra.

Eis como o processo funciona. Por ser um sistema imenso e complicado, é impossível ter certeza do que o clima está aprontando. Fazer deduções, sim; ter certeza, não. E a menor dúvida abre espaço para muitas discórdias. É aí que entram os valores. Para perceber como isso acontece, vamos fazer uma rápida digressão pela engenharia em microescala, também conhecida como nanotecnologia – "gosma verde" para os críticos. O que você sabe de nanotecnologia? Se você souber tanto quanto os autores deste livro, não muito: alguns rumores, um pouco de mística, um monte de sílabas.

Pergunta seguinte: o que você *sente* em relação à nanotecnologia? Mais uma vez, se você for como a maioria sondada em relação a essa questão, provavelmente vai ter uma opinião, apesar da falta de informação: talvez se sinta "animado", ou quem sabe "ansioso". Pode até ter algumas razões especulativas para justificar o que sente. Vá em frente, fique à vontade, pode falar, a ignorância não é um entrave. Quase todos nós fazemos isso até certo ponto. Formamos nossas opiniões iniciais sobre um perigo qualquer com base em uma vaga noção dos fatos conhecidos.

Dan Kahan, da Universidade Yale, conduz o que chama de Projeto de Cognição Cultural, um estudo de como as pessoas formam suas opiniões sobre o risco.[3] Kahan conta a história de como reagiram as autoridades municipais de Berkeley, na Califórnia, em 2006, a uma proposta da universidade para construir um laboratório para pesquisas de nanotecnologia:

> Nunca tendo ouvido falar de nanotecnologia, [...] o responsável pelo lixo tóxico da cidade imediatamente elaborou um questionário [...]. "Nós enviamos um monte de perguntas, começando com: 'Que diabos é uma nanopartícula?'." Os reguladores conseguiram aprender isso logo, mas não muito mais. A Comissão de Assessoria Ambiental da cidade declarou: "Os impactos de nanopartículas na saúde humana são muito complexos e apenas começam a ser compreendidos". Mesmo assim, alegando preocupação com as nanopartículas poderem "penetrar a pele e os tecidos pulmonares" e possivelmente "bloquear ou interferir em reações essenciais" nas células humanas, os analistas concluíram ser necessária uma postura de precaução.[4]

Mesmo sem saber quase nada, o perito da prefeitura formulou uma opinião sobre os riscos envolvidos. Ele poderia decidir, como fazemos – ou qualquer um de nós pode fazer –, que as coisas são perigosas até uma indicação em contrário. Ou também poderia ter decidido que as coisas são seguras até haver uma razoável evidência em contrário. O que o fez chegar a uma conclusão e não a outra? Não as evidências, afirma Kahan, pois não havia muitas, nem para sugerir que as nanopartículas eram perigosas nem para o inverso. O fator decisivo foi sua disposição cultural.

É engraçado notar que, seja qual for o primeiro instinto das pessoas diante de riscos como esse, novas informações só parecem confirmar a opinião já formada. Kahan e seus parceiros perguntaram sobre nanotecnologia a outros 1.800 americanos e descobriram que eram suas respostas viscerais, emocionais, contra ou a favor, que determinavam o quanto eles se consideravam em risco, e que essas opiniões só se fortaleciam com o quanto mais eles aprendessem. Isso sugere que, ao dizermos que estamos assumindo uma posição temporária, estamos fingindo para os outros, e talvez para nós mesmos, que temos a mente aberta, quando na verdade nossa opinião já está formada, não por causa dos fatos, mas por um conjunto de atitudes culturais prévias.

O trabalho de Kahan sugere que as pessoas tendem a assimilar novos conhecimentos "de maneira a confirmar suas predisposições emocionais e culturais". Em outras palavras, desde o início elas filtram os fatos que se conformem com seus instintos e convicções. A convicção não segue o fato, ela decide o que são os fatos. Então, a nanotecnologia é perigosa? É melhor perguntar: "O que você sente?".

Às vezes as pessoas dizem que não sabem o que pensar, que é tudo muito complicado. E vão procurar os especialistas. Continuamos, porém, acreditando – quem poderia imaginar? – que os especialistas só nos dão respostas coerentes com o modo de vida e as políticas que adotamos, e fazemos isso selecionando e escolhendo quem se qualifica como especialista. Se você for um *hippie* barbudo e eu for um engravatado de cabelo curto, é pouco provável que eu aceite as suas qualificações, sejam elas quais forem. Julgamos a credibilidade dos peritos pela aparência, se são pessoas como nós, que compartilham nossa aparência cultural. Mais uma vez, os experimentos de Kahan parecem confirmar isso. Ele mostra às pessoas fotografias de falsos especialistas – inclusive um com uma barba eriçada e outro de terno e cabelo curto –, todos com impecáveis credenciais acadêmicas, para ver quais são reconhecidos como peritos. As pessoas escolhem com atenção. Os psicólogos sociais chamam isso de assimilação tendenciosa. Como você é uma pessoa séria, que lê livros como este, é claro que está acima disso tudo. Só que Kahan descobre que quanto mais bem preparadas cientificamente mais as pessoas fazem isso.

Ele argumenta que todos nós nos situamos em um espectro de atitudes e convicções,[5] e basta saber como você se sente em relação à nanotecnologia para ter uma boa noção de como vai se sentir a respeito dos riscos da mudança climática, de energia nuclear, controle de armas e assim por diante. Mais ainda, segundo Kahan, você sempre vai acreditar, seja qual for sua postura, que o verdadeiro consenso científico estará do seu lado – não do dos aloprados e adeptos de teorias da conspiração. É a isso que Kahan se refere quando fala de cognição cultural.

Uma forma de classificar as pessoas é situá-las em uma linha que vai do "individualista" ao "comunitário". Os individualistas tendem a não acreditar na existência de riscos ambientais, "pois a aceitação dessa premissa implica a necessidade de regular o mercado, o comércio e outras manifestações de iniciativa individual", diz Kahan, assim como Kelvin não acredita no movimento verde porque seus adeptos estão sempre enxergando crises e dizendo o que as pessoas não devem fazer.

Os comunitários, por outro lado, consideram o comércio e a indústria como "formas nocivas de buscar produtividade na disparidade injusta, e assim aceitam prontamente que tais atividades são perigosas e devem ser regulamentadas", diz Kahan.

Nada disso é de uma precisão infalível, é claro; existem muitas exceções. Não estamos dizendo que os que não acreditam em mudança climática detêm o monopólio da insensibilidade. Parte das razões para Kelvin rejeitar a mudança climática, no entanto, diz respeito a sua aversão às tonalidades políticas das soluções, que tendem a resultar em mais governo, mais regulamentação, mais críticas ao empreendimento privado. E se isso significa mais controle, não pode ser verdade. Os que estão do outro lado, diria Kahan, acreditam no que fazem sobre a mudança climática não apenas do ponto de vista científico, mas também por ser uma oportunidade de menosprezar o empreendimento privado.

Grandes riscos – os que podem ameaçar centenas, milhares ou milhões – estão sujeitos à cognição cultural, em parte porque as evidências apresentadas são duvidosas até certo ponto, e não há como coletar mais dados: não dá para refazer experimentos no mundo todo para saber como estaria o planeta sem uma revolução industrial.

E em parte porque o ponto de ruptura pode estar anos à frente, afetando mais os nossos filhos que a nós – e as pessoas terão diferentes pontos de vista sobre quão importante será o futuro. Por isso a mudança climática, assim como qualquer outro risco, é afetada pela diferença entre probabilidade/consequência, pela qual alguns vão dar mais ou menos importância aos custos potenciais para as futuras gerações. De fato, podemos expressar nossos sentimentos sobre o futuro em um simples número, que é conhecido como a "taxa de desconto". Se alguma coisa que acontecer daqui a cinquenta anos parecer tão importante para nós como algo que está acontecendo agora, nossa taxa de desconto será de 0%. Nós não podemos descontar do futuro.

Isso, porém, não se aplica a todos nós. Se alguém quiser pagar 5 libras hoje ou no mês que vem, a maioria das pessoas vai achar que 5 libras valem menos no futuro – simplesmente porque é o futuro.

Por isso fazem um desconto. Ao decidir sobre políticas de saúde, o National Institute for Health and Care Excellence (NICE), do Reino Unido, usa uma taxa de desconto padrão de 3,5%, que significa que um ano de vida em um período de vinte anos vale cerca de metade de um ano de uma vida agora. Ao decidir sobre o uso de sua limitada verba para tratar uma pessoa mais velha ou outra mais jovem, os hospitais podem dizer que a jovem tem um futuro maior, e isso conta mais. Se esse futuro, no entanto, tiver um desconto pesado, isso funciona a favor dos mais velhos, pois os médicos terão de aumentar o valor do ano corrente. Não ter muito futuro simplesmente por ser mais velho torna-se uma desvantagem menor no uso dos recursos. Com uma taxa de desconto de 0% – que implica que os anos futuros têm o mesmo valor dos anos correntes (pois não há desconto para o futuro) –, todo o dinheiro do NHS seria gasto com pessoas mais jovens, que têm mais anos de vida para se beneficiar.

Quando analisam as mudanças climáticas, os economistas tendem a usar uma taxa de desconto mais baixa, como de 0,5% – para refletir as preocupações das pessoas com o futuro a longo prazo. Da mesma forma, na hora de decidir como descartar o lixo nuclear, com uma alta taxa de desconto podemos simplesmente enfiar um latão numa caverna e o mais provável é que não aconteça nada no nosso tempo de vida. A taxa de desconto mais adequada, porém, pode ser resolvida pela ciência ou pelas estatísticas.

O Registro Nacional de Risco do Reino Unido[6] contorna essa questão preocupando-se apenas com coisas horríveis que possam acontecer nos próximos cinco anos. As pessoas ficam matutando sobre possíveis causas de morte e desastres, tentando avaliar o quanto seriam graves e o quanto são prováveis, e reúnem tudo em uma tabela como a do Quadro 14. A escala dos estragos vai de 1 a 5 no eixo vertical. Trata-se de um julgamento humano, não um fato estatístico,

Quadro 14: **Registro nacional de risco no Reino Unido**

NÍVEL DE GRAVIDADE	PROBABILIDADE				
	1 em 20.000 a 1 em 2.000	**1 em 2.000 a 1 em 200**	**1 em 200 a 1 em 20**	**1 em 20 a 1 em 2**	**Acima de 1 em 2**
5				Pandemia de grupo	
4			Enchentes costeiras Erupção vulcânica efusiva		
3	Grandes acidentes industriais	Grandes acidentes de trânsito	Outras doenças infecciosas Enchentes no interior	Intempéries Baixa temperatura e neve pesada Ondas de calor	
2			Doenças animais zoonóticas Seca	Erupção vulcânica explosiva Tempestades e furacões Desordem pública	
1			Doenças animais não zoonóticas	Greve	

assim como a probabilidade de que alguns desses eventos cheguem a acontecer. Na verdade, o melhor que pode ser dito em defesa desses números é que são melhores que nada para governos que não têm escolha a não ser estabelecer prioridades e elaborar políticas. Só se propõem como suposições de trabalho, não previsões.

Esses grandes riscos são mais difíceis de quantificar, em termos de precisão, do que um risco de doença cardíaca, mas eles alarmam governos. E, mais uma vez, fica claro que a gravidade atribuída pode depender da sua visão cultural. Você fica horrorizado com a ameaça de uma greve – capaz de mobilizar militantes em todo o país – ou não vê risco nenhum, somente pessoas normais defendendo seu sustento, que não ameaçam ninguém se forem tratadas com justiça? Essa é uma questão repetida e importante neste livro e em estudos de riscos em geral: que alguns argumentos sobre o risco não são na verdade sobre ele.

O Registro Nacional de Risco do Reino Unido coloca essas ameaças em categorias genéricas. Afirmar, como o faz, que o risco de uma "erupção vulcânica explosiva" está entre 1 em 200 e 1 em 20 significa alguma coisa entre 0,5% e 5% de chance nos próximos cinco anos. Não existe base, porém, para números mais exatos: o vulcão em questão, na Islândia, entrou em erupção somente duas vezes nos últimos mil anos, e só podemos dizer, muito por alto, que ele entra em erupção em média a cada quinhentos anos, o que representa uma chance de 1% de uma erupção nos próximos cinco anos. E, note bem, pode ser classificada como de alto "impacto": a última erupção, em 1783, matou 20% da população da Islândia, acabou com a agricultura do país e expeliu nuvens de dióxido de enxofre por toda a Europa, as quais se condensaram numa precipitação de chuva sulfúrica que causou anos de más colheitas, contribuindo para a Revolução Francesa em 1789. Algo para prestar atenção.

No caso de uma crise desse tipo, ou alguma previsão, alguém tem de se mobilizar para informar o público a respeito. Existem manuais que ensinam a fazer isso,[7] cheios de instruções do tipo: prestar atenção às preocupações do público, ganhar confiança, expressar empatia, agir rapidamente, repetir mensagens, dizer às pessoas o que fazer, reconhecer a dúvida, não apenas reafirmar, comprometer-se com o aprendizado.

Poucas dessas orientações foram seguidas no surto de graves envenenamentos por alimentos no norte da Alemanha no início de maio de 2011, que incluiu casos de síndrome hemolítico-urêmica (SHU)[8] letal. Um laboratório local fez testes em alguns produtos orgânicos vindos da Espanha, detectou *E. coli* e, em 26 de maio, anunciou que havia localizado a fonte. Resultado: um amplo boicote aos legumes espanhóis, apesar do filme mostrando o ministro da Agricultura espanhol desesperado, mastigando pepinos orgânicos para mostrar que eram saudáveis. O problema foi que, embora o laboratório tenha realmente identificado bactérias *E. coli*, não era isso o que estava causando vítimas, das quais cinquenta morreram. Só depois de a indústria espanhola estar totalmente envolvida e prejudicada a verdadeira causa foi finalmente rastreada, no final de junho, chegando a um carregamento de sementes de feno-grego egípcio. Quem, porém, se lembra disso?

Um caso ainda mais atemorizante de *não* comunicar um risco ocorreu no terremoto de L'Aquila, na Itália, em 2009. Depois de uma série de pequenos abalos e de um diletante local ter previsto um grande terremoto com um equipamento feito em casa, houve uma importante reunião de especialistas no dia 31 de março de 2009, organizada pela Agência de Proteção Civil para tranquilizar a coletividade. A reunião concluiu que "não há razão para dizer que uma sequência de eventos de pequena magnitude possa ser considerada indício seguro de um forte evento". Depois disso, no entanto, em uma entrevista coletiva de imprensa um funcionário, Bernardo de Bernardinis, parece ter traduzido o comunicado em afirmações seguras de que "não havia perigo" e que a comunidade científica dera garantias de que se tratava de uma "situação favorável". Vão para casa e tomem uma taça de vinho, ele teria recomendado.

Os eventos que se sucederam têm um ar de tragédia roteirizada. Às 11 horas da manhã do dia 5 de abril de 2009 houve um forte abalo, e as famílias tiveram que decidir se ficavam em casa ou passavam a noite nas praças da cidade – a resposta tradicional a tremores. Aquelas que atenderam às recomendações supostamente "científicas" ficaram em casa, e 309 pessoas morreram na cama quando o devastador terremoto eclodiu às 3h30 da madrugada seguinte, desmoronando quarteirões inteiros de apartamentos modernos.

De Bernardinis e seis cientistas italianos de renome foram acusados de homicídio culposo e enfrentaram um julgamento na Itália. Os cientistas não foram acusados de não terem previsto o terremoto, ao contrário da impressão transmitida por alguns noticiários no Reino Unido, pois foi reconhecido que isso é atualmente impossível. O julgamento concentrou-se no que foi comunicado ao público. Pareceu que eles, ou alguém em nome deles, estavam prevendo que *não* haveria um terremoto, apesar das incertezas admitidas. Se foi esse o caso, eles não tinham lido o manual.

Uma questão-chave é o que cientistas e funcionários governamentais acham que o público quer ouvir. Um refrão comum – em geral dos cientistas – é que as pessoas querem certezas e que isso não é razoável. A alegação da promotoria em L'Aquila foi de que, ao contrário, a única coisa que as pessoas realmente não queriam era ficar na ignorância das *in*certezas. A promotoria chegou a ser caricaturada em momentos como típica de um país que torturou Galileu, típica de um povo que exigia premonições e não queria saber de cientistas inseguros. A verdadeira questão pode ser argumentada ao contrário.

Uma das testemunhas, Guido Fioravanti, contou que chamou pela mãe perto das 11 horas da noite do terremoto, depois do primeiro tremor.

"Eu me lembro do medo na voz dela", falou. "Em outras ocasiões eles teriam fugido, mas naquela noite, com meu pai, eles repetiram a si mesmos o que a comissão de risco havia dito. E ficaram." Seu pai morreu no terremoto.

Outra testemunha declarou: "As mensagens da reunião da comissão podem de alguma forma nos ter tirado o medo de terremotos. A ciência, nessa ocasião, foi terrivelmente superficial, traiu a cultura de prudência e bom senso que nossos pais nos ensinaram com base na experiência e sabedoria das gerações anteriores". Não fosse assim, continuou, eles teriam dormido ao ar livre.[9] Por causa disso, eles ficaram em casa.

Todos os acusados foram condenados por um tribunal de primeira instância por homicídio culposo múltiplo e sentenciados a penas de seis anos de prisão, mas, enquanto escrevo, continuam aguardando a apelação. Um deles ressaltou que já tinha identificado L'Aquila como o maior risco de terremotos na Itália. As características das construções também tiveram muito a ver com o número de mortos.

Quem mais poderia ser culpado por disseminar afirmações tranquilizadoras? O meteorologista Michael Fish, da TV britânica, descartou brincando a possibilidade de um furacão em outubro de 1987, mas a tempestade subsequente matou dezoito pessoas. Em 1990, o ministro da Agricultura do Reino Unido, John Gummer, foi igualmente tranquilizador quanto à segurança da carne inglesa quando fez a filha de quatro anos, Cordelia, comer um hambúrguer na frente das câmeras. Depois disso, mais de cem pessoas morreram de uma variante da doença de Creutzfeldt-Jakob (DCJ), no Reino Unido.

Sem dúvida existe um equilíbrio difícil de obter entre a certeza e a precaução. Para cada alerta descuidado sobre uma crise de crédito ou da falta de bacalhau, existe um alarde exagerado sobre os perigos potenciais da sacarina ou do *bug* do milênio.

Por isso, embora o julgamento na Itália pareça ter sido severo demais, é um alerta salutar para que as emoções e a inteligência das pessoas sejam tratadas com respeito. As pessoas precisam de informações completas e orientação para agir, não apenas ser tranquilizadas, e suas preocupações devem ser levadas a sério.

11. Parto

— Aaah! — ela gemeu.

Norm folheou suas anotações...

— Aaaaaahhhh!

... mordeu os lábios.

— Quando é que essa *coisa* vai sair?!

— Hã... espera um pouco — ele respondeu, folheando mais depressa. — Certo, achei. "Entre 2.242 mulheres em trabalho espontâneo de parto, a duração média da parição para os partos naturais foi de 8,25 horas para mulheres tendo o primeiro filho e hã... 5,5 horas para as que já têm um filho e 4,75 horas para mulheres com mais de dois filhos." Você se enquadra na primeira categoria.[1]

Abriu um sorriso.

— Meu Deus!

Norm tinha passado dias compilando dados.

— Mais uma...

Fazendo anotações de todas as fontes.

— Oh Deeeeusss!

Tudo escrito em ordem alfabética para facilitar a referência.

— Uf, uf, uf! — ela ofegou.

Nos momentos mais críticos, conseguiu até dizer à mulher qual era a probabilidade de ela morrer.

Ela agarrou a manga de Norm.

E tinha taxas relativas de risco na ponta dos dedos para vários anestésicos.

— Se você me falar mais uma dessa... eu... aaaahhh...

Ah, ameaça de violência... no "V". Aqui. Página 12. De acordo com o fator de risco atribuído ao perfil psicológico que tinha feito dela: "Ferimentos pessoais... baixo. Violência verbal... alta (possivelmente de natureza pessoal referindo-se à anatomia)", ele havia escrito.

— Seu... panaca! Imbecil, imbecil de m... aaaaaahhhh.

Excelente, pensou Norm, essa valeu. Ele, porém, deixou cair as anotações. Isso, claro, aconteceu na hora em que ela mugiu.

— Mmmmmmuuuuuuu![2]

Justamente quando ele estava abaixado no chão juntando as páginas.

— Ruído animal, animal... — murmurou, mas as páginas estavam todas espalhadas. Ainda que, pensando bem, ele não se lembrasse de nada a respeito...

— Quase chegando — disse a parteira. — Você está indo muito bem...

Bem, pensou Norm, depende do parâmetro que ela está aplicando. Performance, P... P... Devia ter grampeado as páginas. Em termos de tempo, verdade seja dita, a mulher dele estava mais ou menos na média. Estava para perguntar, debaixo da mesa de instrumentos, o que a parteira estava dizendo quando uma anotação chamou sua atenção, sobre a meta-análise de tentativas aleatórias de injeções controladas de vitamina K em recém-nascidos. Nesse momento ouviu um gorgolejo e a parteira bateu nas costas dele.

— Norm... Norm... É um menino.

E lá estava ele.

— Um lindo menino — ela disse.

A sra. Norm estava com um grande sorriso bobo e o bebê nos braços; a parteira sorria como uma fatia de melão.

Mas... "lindo"? Parecia mais um tomate atirado na parede. Esses parâmetros estéticos são sempre capciosos.

E-mail de Prudence para Norm.

Anexo: *Saúde e segurança na corporação: mulheres grávidas e jovens mães no trabalho – um guia para funcionários.*

Norm. Ótimas notícias. Um momento precioso. Fique atento. Conselhos úteis no Guia de saúde e segurança no trabalho para novas mamães estão no anexo. Atenção especial para...

- levantar/carregar objetos pesados;
- ficar em pé ou sentada por longos períodos;
- exposição a doenças infecciosas;
- estresse no trabalho;
- postura e locais de trabalho.

Beijo a todos. Se cuide. Pru.

— O problema com a cesárea da patroa — disse Kelvin no pub mais tarde — foi que eles não conseguiram pôr tudo de volta, eu já contei? Não, não o bebê, sua besta, as outras coisas, e foram horas, horas mesmo, porque cesariana é a maior segurança, com aquele bip bip bip high-tech incomodando, mas enfim, sei lá, eu falei pra aquele cara de avental azul: você não pode deixar essas coisas de fora, como é que você deixa coisas de fora se ela não é uma cristaleira, sabe como é? Para começar, agora sobrou mais espaço, *comprenez-vous*? Como é que pode *não* caber? Parece uma sacola da Tesco toda vazia, mas sem espaço e ainda gorda e rebolando depois de perder todo aquele volume, como pode? Parece a cabine do Doctor Who ao contrário. Mas foram duas horas, cara, um trabalhão. Vai mais um charuto? Fiquei surpreso de ela não vazar Guinness; não que as sobras de uma cesárea possam ser úteis pra alguma coisa, pra se guardar naqueles móveis de cozinha... como é que chama mesmo... não dá pra guardar restos de cesárea numa jarra na garagem, quer dizer, até pode, mas... ei, não é isso que eles fazem nos hospitais?, cortam a gente em pedaços e põem metade numa jarra de espécimes, como picles, a gente entra pra fazer uma operação e sai pela metade, esse é o esquema, "oh deus, onde isso encaixa mesmo, não consigo entender, ah, tudo bem, senhor/madame, vamos guardar num pote, tá bom?". Assim você emagrece, é como uma dieta. Mais uma raspinha? Que partes, biologicamente falando, você acha que são? Tudo enroladinho lá dentro e eles não conseguem pôr de volta, nada! Dá pra acreditar? Acho que os caras não entendem nada, que tal mais uma cerveja, Norm? Vamos encher a caveira!

Maternidade é a coisa mais natural do mundo. Será que também é uma das mais perigosas? Em 2010 aproximadamente 287 mil mulheres em todo o mundo morreram de parto, 1 em cada 480, ou 2.100 MMs.[3] Equivalente à dose média de risco fatal agudo que corre um cidadão britânico a cada seis anos, condensada em geral em uma questão de horas, como diz Norm.

Ainda assim, quão úteis podem ser esses números de mortalidade? Quão útil foi Norm estar na sala de parto? Isto é, com que frequência a decisão de ter um filho – para os que têm a escolha – é um risco calculado, mesmo que possa ser a coisa mais arriscada que uma mulher pode fazer, principalmente em países em desenvolvimento?

Perigos que não levamos muito em conta nas nossas decisões são um bom exemplo das limitações das probabilidades na vida real. Se você achar que o que Norm diz soa absurdo ou irrelevante aqui, é porque existe uma razão. Se a emoção e a compulsão parecem mais importantes que as informações que ele tenta recolher debaixo do carrinho de instrumentos, lembre-se disso sobre os riscos em geral.

Só, porém, até certo ponto, pois na verdade os números contam uma história extraordinária. São também foco de imensos esforços e preocupações. Em alguns países – Chade, Somália –, o risco é cinco vezes mais alto que a média global. Nesse caso, a taxa de mortalidade materna no parto é de assustador 1%. Esse risco – 1 em 100 nascimentos, ou 10 mil MMs – pode ser considerado como a taxa natural durante milênios, tempo em que as probabilidades se realizavam em toda a sua brutalidade. É uma das mais altas taxas apresentadas neste livro, embora esteja eclipsada por alguns riscos não naturais e históricos, de alguma forma agravados por autoridades médicas. A taxa *natural* de morte no parto é de longe a mais alta.

Mesmo no mundo desenvolvido, embora a taxa de mortalidade materna tenha diminuído drasticamente, a melhoria foi lenta, errática e marcada por sofrimentos terríveis. Como comprovam inúmeros memoriais de igrejas, o parto era perigoso até entre as classes mais altas. Aproximadamente 150 anos atrás, 1 em cada 200 mulheres ainda morria dessa forma no Reino Unido, muitas por infecção ou "febre puerperal".

Em instituições de caridade o risco era ainda mais alto, pior até que a taxa de 1 em 100 da Idade da Pedra. Nessa época era mais seguro dar à luz em casa, um fato reconhecido em 1841. As parteiras eram temidas, e com razão, mas eram muito menos letais que os médicos de alguns hospitais de caridade. No Queen Charlotte, em Londres, "com uma grande reputação como escola de prática obstetrícia", 4 em cada 100 mães morriam, um número extraordinário. Dar à luz no Queen Charlotte representava um risco equivalente a 40 mil MMs, quatro vezes pior que a taxa natural de mortalidade materna e muito mais perigoso do que um ano de serviço ativo no Afeganistão (perto de 5 mil MMs em 2011).[4] Um hospital podia ser mais perigoso para mulheres dando à luz do que uma zona de guerra moderna. E o inimigo? Eram os médicos e hospitais que matavam a maioria dessas mães, não o próprio parto. Se compararmos essa taxa de mortalidade com a taxa natural, o resultado é que três em quatro mortes maternas nessas instituições eram diretamente causadas por profissionais médicos mais mortíferos que o Talibã.

Em 1848, em Viena, um médico húngaro, Ignaz Semmelweis, era uma exceção. Ele comparou duas clínicas, uma para treinamento de estudantes de medicina e outra administrada por parteiras. Os estudantes de medicina tinham taxas de duas a três vezes maiores de mortalidade materna do que as das parteiras, em uma média de 10%, dez vezes a taxa da Idade da Pedra.

No mês de dezembro de 1842, Semmelweis registrou 75 mortes em 239 nascimentos, uma taxa inacreditável de quase uma em três mães que morreram durante ou depois do parto. O hospital era um matadouro.

Finalmente, ele descobriu que os estudantes – e seus professores – deixavam os corpos em que estavam realizando autópsias e iam examinar mulheres em trabalho de parto sem nem pensar em lavar as mãos. Semmelweis concluiu que eles estavam portando "partículas cadavéricas", e que seria mais seguro dar à luz na rua. Algumas mulheres preferiam isso quando entravam em trabalho de parto na época das clínicas estudantis. O médico húngaro determinou que as mãos deviam ser lavadas com cloro. Em um mês, a taxa de mortalidade caiu de 18% para 2%.

Essa genialidade, porém, se mostrou ameaçadora. Semmelweis foi demitido e transferido para Peste. Amuado pelo desprezo geral

Quadro 15: **Taxas de mortalidade mensal de mães**
Na maternidade do Hospital Geral de Viena, 1843-1848[5]

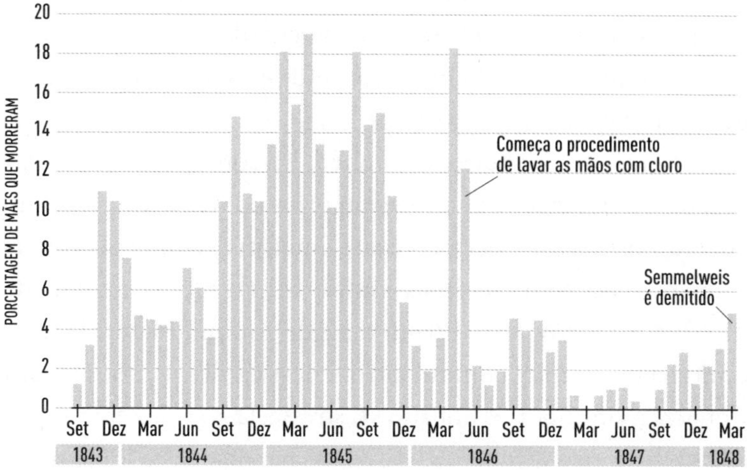

por suas opiniões, ele escreveu cartas ofensivas aos maiores obstetras da Europa chamando-os de assassinos, com alguma razão. Seu comportamento foi se tornando cada vez mais errático e constrangedor e, em 1865, acabou sendo internado em um asilo, onde morreria duas semanas depois – por uma cruel coincidência, de uma infecção causada por um espancamento dos guardas que o vigiavam. Tinha 47 anos. Foram necessários mais trinta anos, com milhares de mortes desnecessárias, para que a teoria dos germes fosse estabelecida e Semmelweis fosse reconhecido.

E no mundo desenvolvido de hoje? Segundo os registros do Office for National Statistics [departamento nacional de estatística do Reino Unido], morrem cerca de 50 mulheres por ano na Inglaterra e País de Gales por complicações no parto – aproximadamente uma por semana.[6] O Inquérito Confidencial sobre Mortes Maternas, publicado a cada três anos desde 1952 e agora ampliado em

Inquérito Confidencial sobre Saúde Materna e dos Filhos,[7] indica que os números verdadeiros são mais altos – cerca do dobro, se incluirmos mortes consequentes diretamente do nascimento, como perda de sangue, e também mortes indiretas, nas quais o parto agravou um problema já existente.[8]

O Inquérito Confidencial também descobriu que aproximadamente 150 crianças por ano ficam órfãs no Reino Unido como resultado de morte no parto. A causa direta mais comum continua sendo infecção, como na época vitoriana, mas agora causando de cinco a dez mortes por ano em mais de 700 mil maternidades. A causa indireta mais comum são doenças cardíacas, que causam de quinze a vinte mortes por ano: o estresse da gravidez em mulheres com histórico de doenças cardíacas na infância já foi tema de uma série de programas na rádio BBC, *The Archers*.

A ONU registra 92 mortes maternas por ano no Reino Unido, resultando em uma mortalidade de cerca de 1 em 9.000. Dentro dos parâmetros históricos, é extraordinariamente bom, mas ainda equivale a perto de 120 MMs – mais ou menos igual a percorrer o trajeto de ida e volta entre Londres e Edimburgo de motocicleta.

Ao contrário da maioria dos outros países, no Reino Unido o risco de morte no parto não caiu nos últimos vinte anos. Ainda existe um forte gradiente de classe social, com um risco cinco vezes maior nas classes baixas em comparação com classes altas. Mães mais velhas também correm riscos mais altos.

Considerando os dados oficiais da ONU para comparações internacionais, na Suécia o risco é de apenas 40 MMs, um terço do do Reino Unido. Como demonstrou Semmelweis, a higiene faz diferença: nos EUA, se você quiser acompanhar sua mulher na hora do parto, precisará usar um avental, enquanto no Reino Unido você pode entrar na sala de parto logo após um passeio pelo jardim.

Mesmo assim, a taxa oficial de mortalidade materna nos EUA é de 210 MMs – mais de cinco vezes a da Suécia –, o que coloca o país ao lado do Irã na tabela da comunidade internacional.[9] Como sempre, porém, esses números são discutíveis.

A comediante americana Joan Rivers disse que para ela o parto ideal seria se eles "me pusessem para dormir na primeira pontada de dor e me acordassem quando os cabeleireiros chegassem", que é essencialmente o que acontecia na Alemanha no início do século XX com um tipo de anestesia conhecida como "sonho crepuscular". As mulheres não conseguiam nem se lembrar do parto. A anestesia foi popularizada pela rainha Vitória nos anos 1850 – antes disso, as mulheres não tinham escolha a não ser sofrer o castigo de Eva, como descrito no *Gênesis*: "Sentirás as dores do parto".

O medo de dar à luz chama-se tocofobia. No Reino Unido existe uma organização denominada Birth Trauma Association, que afirma que a ansiedade é muito comum e que as fobias não são raras, embora em casos extremos de fobia os sintomas sejam expressos em termos de nojo e de preocupação com a segurança.

O fato de as mulheres acharem que vale a pena superar todos esses perigos e temores mostra como o parto, em particular, apresenta uma grande dificuldade para um cálculo simples de risco, ou seja: vale a pena? Porque existe um benefício, obviamente, um bebê. O fato de milhões de mulheres e homens aceitarem os riscos, mesmo tendo acesso a contraceptivos e sem medo de usá-los (ver Capítulo 8, sobre sexo, para ressalvas), mostra que até alguns riscos mais graves podem valer a pena.

Na verdade, há evidências de que as pessoas diminuem a estimativa de riscos em vista de uma vantagem maior. Não quer dizer simplesmente que para alguns o benefício compense o risco e para outros não, mas que os que acham que as vantagens são grandes

Quadro 16: **Média de MicroMortes de mulheres durante o parto**

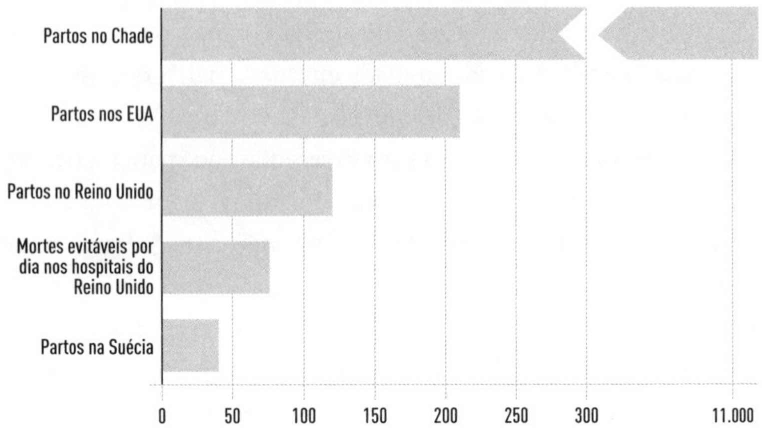

tendem também a pensar que o risco é *objetivamente* mais baixo, para si próprios e para os outros. Uma regra básica imperfeita poderia ser: quanto mais você desejar, menos vai se preocupar. Por que, no entanto, o lado bom deveria reduzir o lado mau? Compensar, sim, mas reduzir? O psicólogo especializado em risco Paul Slovic chama isso de "heurística do afeto". Quando você gosta de uma ideia, acha mais difícil perceber como pode ser prejudicado por ela.

Seria mais seguro exigir um corte cesariano, como fez a mulher de Kelvin? É quase certo que seja um mito que Júlio César tenha nascido por cesariana, pois essa prática só era utilizada quando a mãe já estava morta ou moribunda, e ao que tudo indica a mãe de César ainda estava viva quando ele era adulto. A primeira mulher a sobreviver a uma cesariana pode ter sido a esposa de um homem do século XVI perito em capar porcos, o que teria lhe propiciado bons conhecimentos de anatomia. Mito à parte, os descendentes de César são entusiastas dessa prática, pois atualmente metade dos nascimentos em Roma é por cesariana, chegando a 80% nas clínicas particulares. Com 170 MMS,[10] o registro oficial de mortes em operações cesarianas parece sugerir que esse procedimento representa um aumento do risco em 50%. Esses riscos, porém, são muito contestados, principalmente pela dificuldade em separar os da operação dos associados às razões que levaram à realização da cesariana.

Claro que muitas coisas podem dar errado sem chegar à morte da mãe, mas ainda assim podem ter um impacto profundo. O mais comum é a depressão pós-parto, que afeta de 10% a 15% das novas mães. É outro risco que remete ao problema da dificuldade de se ter uma visão clara dos riscos e benefícios, especialmente quando estes últimos são grandes, ou conduz a levar a sério a possibilidade de que nossos sentimentos são um mau indicador do que vamos sentir no futuro. "Eu sei que quero ter um filho, que desejo muito, e me sinto feliz ao pensar nisso, o pensamento de não ter um filho me faz infeliz, e por isso ter um filho vai me fazer feliz." Quem vai dizer que você está errada? O risco de depressão, porém, não é pequeno. Podemos tentar convencer as pessoas a levarem esse risco mais a sério, e talvez devamos fazer isso, pelo menos oferecendo um apoio adequado depois do nascimento no caso de surgir o problema. Não podemos, entretanto, esperar mudar as pessoas, seus sonhos e comportamentos.

12. Jogo

A fase em que Norm se envolveu com o jogo começou depois de uma sequência de acumuladas sem precedentes do Grande Prêmio da Loteria Nacional, de 14 milhões de libras – e ele calculou que 14 milhões poderiam comprar todas as combinações possíveis da loto. Então, se ele investisse 14 milhões na compra de bilhetes, a vitória seria certa.

E os prêmios menores que também ganharia propiciariam um belo lucro. A situação despertou em Norm um incomum – e raro – olhar de Rambo.

— Puxa — exclamou.

Só que, no café da manhã, quando perguntou como poderia levantar 14 milhões, sua mulher fingiu não ouvir.

— Eu disse...

— Eu ouvi...

— Mas eu fiz os cálculos — explicou Norm —, é uma estratégia racional.

— Acho que você está esquecendo que é um jogo — ela falou.

— É uma coisa certa.

— Eu disse que você...

— Dá para ganhar.

Claro que havia o pequeno problema de como comprar 14 milhões de bilhetes. Calculando o tempo de 30 segundos por aquisição, seriam quase 7 mil dias em período integral na máquina do Mr Singh's. O que, porém, finalmente fez desandar o plano de Norm foi ele perceber de repente que estava esquecendo um detalhe.[1] E foi o que o fez perder o interesse. Nada racional, em vista das probabilidades.

Tudo começara anos antes, numa máquina caça-níqueis, numa festa de casamento da família de um rapaz que agora tentava vender seus flocos de milho para Kelvin perto da casa de apostas da Landbrokes:

— Oh, meu garoto! Que garoto!

— Joga uma pra mim, vai, querido.

— Ele tem sorte!

— Ele tem a manha!

— Cabelo loiro e olhos azuis, é sorte de anjo!

— Ei, olha outro, amiguinho, vai lá, filho, vai lá.

E as luzes piscavam, lindas, as moedas tilintavam num festival de alegria.

Como terminou:

— Por meia libra então? Custa uma libra, xará, vamos lá. Mais do que isso, olha só: 1,23 libra, está escrito na caixa, vamos lá, só meia libra!

— Eu não gosto de flocos de milho.

— Então, o quê? Quer o leite? Por cincão você leva tudo? Vamos, por favor. Só cincão. Empresta aí. Depois eu devolvo. Eu sou confiável. Só cincão, xará!

Então, porque o dinheiro do ônibus que por uma questão de segurança ele guardava no bolso de trás não ficou absolutamente seguro e acabou seguindo o mesmo caminho do dinheiro das compras, e após a longa caminhada para casa para encontrar o bilhete dizendo que ela tinha ido embora depois de tantas mentiras, e após as mil libras, mais de mil em dois dias, que eles não tinham e foram emprestadas no nome dela; e por ele ter tentado, Deus, como tentou, chegando a antecipar as compras da semana por garantia, só para revender tudo depois, pois o momento certo de parar nunca chegava, a grande virada da sorte nunca acontecia; e porque agora seu cartão de crédito não vale mais nada e ele está chorando de novo, dormindo com a roupa do corpo; e porque o pai já pagou uma fiança para ele sair da cadeia e estragar tudo de novo, e essa lembrança amargava mais ainda sua alma, por se sentir doente e vil quando xinga aquele fracassado no espelho, percebendo que já está com 24 anos e não tem nada na vida; porque, afinal, é um fracasso; por causa de tudo isso, mas ainda de alguma forma sonhando acordado no meio do naufrágio, ele liga para o Jogadores Anônimos pelo número gratuito, chorando numa cabine telefônica cheirando a mijo. Tudo aquilo era muito triste, mas era o jeito como ele vivia.

Kelvin, porém, não queria os flocos de milho do sujeito. Queria que Cheese Rind ganhasse por focinho pagando 4 por 1 no telão no Prêmio Platinum em Reading, e enquanto o dinheiro percorria a pista e os cães se preparavam, ele se sentia na maior empolgação. Norm dizia que ele era um tolo, dadas as probabilidades. Só que no dia seguinte, depois que Snow Queen ganhou a noite, com um improvável retorno de 7 por 1 nos 660 metros com barreira com uma fantástica velocidade final na última arrancada, Kelvin ganhou 81.281,52 libras numa acumulada. Era o suficiente para comprar uma Maserati – se não tivesse violado todas as regras no fim de semana seguinte e apostado, em uma partida de tênis, 40 mil numa russa de quem nunca tinha ouvido falar, só porque alguém disse que as russas eram boas, mas era tudo uma grande bobagem. E daí? Ele tinha ganhado aquele dinheiro, o que significava que não tinha perdido nada, e decidiu se contentar com um Porsche ou uma BMW 335i conversível. Naturalmente, ele decidiu no cara ou coroa, comprou o Porsche, caiu num canal e passou a noite jogando com o dinheiro do seguro contra terceiros.

Jesus dizia: "Pai, perdoa-lhes, porque não sabem o que fazem". E, para repartir as suas vestes, eles lançaram a sorte. (Lucas 23:34)[2]

Não podemos saber quando as pessoas começam a se conduzir de forma imprevisível e a tomar decisões ambíguas. O que aconteceu, porém, com as roupas de Cristo continua nas admissões em algumas escolas, em seleções de jurados ou na decisão de qual sobrevivente vai comer em um bote salva-vidas ou até para comprar um automóvel.[3]

Os jovens enviados ao Vietnã eram escolhidos por sorteio de cápsulas contendo datas de nascimento. Infelizmente, em 1969 puseram essas cápsulas na ordem dos meses, mas não as misturaram muito bem na caixa, o que resultou em má sorte para os nascidos mais para o final do ano: 26 dos 31 aniversariantes de dezembro foram recrutados.[4]

A ideia de uma loteria é dar a todos a mesma chance. Essa aleatoriedade permite a intervenção de qualquer crença que se tenha em Deus, no destino, em sorte ou sina, um processo ainda visto em rituais bizarros e mascotes usados em cassinos e competições. Ao tentar enganar a loteria, Norm mais uma vez lança mão do velho truque de não só domar o acaso como também torná-lo irrelevante. Isso, sim, seria poder, mas seria divertido? Chegaria a ser interessante? Talvez seja isso que a sra. Norm esteja vendo. Se você nega a loteria da vida, não está sufocando a vida?

Dispositivos envolvendo aleatoriedade vêm sendo usados para lazer há pelo menos 5 mil anos. Os antigos egípcios, presumivelmente nas longas noites de inverno, reuniam-se em torno de jogos de tabuleiro em que os movimentos eram decididos jogando-se um astrágalo, um osso do calcanhar que podia cair sobre qualquer um de seus quatro lados. Se você comprar uma perna de cabrito, com um pouco de esforço e sujando as mãos, pode extrair um astrágalo e usá-lo para jogos ou adivinhações, assim como faziam os gregos e romanos. Depois, as pessoas começaram a apostar dinheiro no resultado dos lances, dando início assim a um movimento que partiu da brincadeira para a jogatina,[5] usando astrágalos ou dados: aliás, versões modernas da Bíblia afirmam agora que "os soldados disputavam suas roupas lançando dados".[6]

O jogo se tornou tão popular que os romanos tentaram restringi-lo aos sábados, mas o próprio imperador Cláudio era um jogador inveterado e até escreveu um livro: *Como ganhar nos dados.* As pessoas sempre fizeram apostas e calcularam probabilidades: em Paris, em 1588, era possível fazer apostas de 5 contra 1 de que a Armada Espanhola não invadiria a Inglaterra, ainda que isso talvez fosse um artifício espanhol.[7] O mais notável em tudo isso, porém, foi que até a Renascença, nos anos 1500, ninguém ainda tinha feito uma análise matemática dos jogos. Talvez imaginassem que os resultados eram decididos por alguma força externa ou destino, mas se considerou então que a distância entre a teoria e a prática era grande demais, e a ideia de enquadrar um número no acaso – em uma probabilidade – simplesmente não ocorreu.[8]

O primeiro livro a tentar trabalhar com probabilidades foi escrito em 1525 por um italiano, Girolamo Cardano, outro jogador inveterado e sem tempo para superstições.[9] Foi ele quem teve a ideia de contar os resultados favoráveis – digamos, as seis maneiras de obter 7 com dois dados – e dividir o total de 36 possíveis resultados para chegar à chance de 1 em 6 de obter 7 com dois dados. Agora isso parece óbvio, mas foi uma realização notável. Cardano, no entanto, não entendeu muito bem. Parece que ele achava que, só porque um astrágalo pode cair em um dos seus quatro lados, cada lado é igualmente provável; mas um pequeno experimento mostra que não é o caso (tente... o astrágalo é irregular). Cardano também achou que três lances de um dado seriam suficientes para dar uma chance de 50% para uma face específica, digamos um 6, um equívoco que pode ter lhe custado muito dinheiro. Você também pode tentar isso. (A probabilidade só seria de 50% se não houvesse repetições.)

Nos anos 1650, em Paris, Chevalier de Méré, um jogador mais perspicaz, percebeu que, se apostasse em tirar um 6 em quatro lances, as probabilidades estariam ligeiramente a seu favor. Em consequência, se ele lançasse dois dados e apostasse na obtenção de um duplo 6 em 24 lances, as probabilidades estariam ligeiramente contra ele. Por acaso (ou destino), Méré levou o problema a dois dos mais brilhantes matemáticos da época e de todos os tempos, Blaise Pascal e Pierre de Fermat (aquele do Último Teorema), que confirmaram que ele tinha uma chance de 52% de ganhar a primeira aposta e uma chance de 49% de ganhar a segunda,[10] de forma que Chevalier estava certo, provavelmente em função de uma extensa e dispendiosa experiência. Ele também apresentou aos matemáticos o "problema dos pontos" – se o jogo tiver de parar antes do fim, em que proporção os ganhos deveriam ser divididos? Uma contraparte moderna é o método Duckworth-Lewis para pontuar as corridas ganhas quando uma partida de críquete é interrompida, neste caso elaborado por estatísticos – e portanto incompreensível, por razões de conveniência.

As avaliações científicas das probabilidades caíram no ostracismo por alguns séculos, pois nos anos 1700 tem início a era de ouro de apostar na base do instinto visceral e não no cálculo. Foi uma época de "apostadores excêntricos", exemplificada pela grande soma ganha pelo conde de Buckeburg em 1735 ao fazer o percurso de Londres a York cavalgando de costas.[11] Havia também grandes apostas em partidas de críquete, e a consequência previsível foram os escândalos dos resultados prefixados surgidos no início dos anos 1800, com espectadores espantados diante da visão de duas equipes fraudulentas tentando desesperadamente perder no estádio de Lord's.[12]

Em consequência, em 1817 os agenciadores de apostas foram expulsos do Lord's, as loterias foram banidas em 1826 e o Gaming Act de 1845 determinou que dívidas de jogo não estariam sujeitas a sanções penais. O críquete se transformou em um arquetípico jogo de cavalheiros.

Isto é, até recentemente, quando apostas pesadas levavam a resultados prefixados e, devido à possibilidade de apostar em qualquer detalhe da partida, os jogadores eram subornados para errar bolas específicas[13] – um exemplo de *spot-fixing*.[14]

O moralismo vitoriano abominava o jogo, e somente com a liberalização dos anos 1960 a prática voltou a ser um passatempo respeitável. De acordo com o Gamble Aware,[15] agora 73% dos adultos na Inglaterra jogam todos os anos. Mesmo excluindo a loteria, o número abrange quase metade da população adulta. A Comissão de Jogos estima que eles tenham perdido cerca de 6 bilhões de libras em 2009/10 – sem contar a loteria –, o que dá uma média de 100 libras por homem, mulher e criança, ou aproximadamente 200 libras por jogador. E isso é uma média. Muita gente não faz nada disso, então muitos outros andam gastando bem mais.

Dois estatísticos escreveram uma densa obra sobre a teoria das probabilidades e a chamaram de *How to Gamble if You Must*, o que decepcionou muitos compradores e fez com que o título fosse mudado para *Inequalities for Stochastic Processes*, bem mais preciso.[16] O que seria então um bom jogo, se você tiver de jogar? Não estamos falando de jogos corporativos nos mercados financeiros, nem de jogos de habilidade como o pôquer ou de empresas de apostas esportivas que empregam matemáticos com PhD e usam sofisticados modelos estatísticos. Estamos falando de jogos para um jogador relativamente ingênuo.

As loterias preferem não se considerar como jogos; a Loteria Nacional do Reino Unido nem chega perto da Comissão de Jogos, mas mesmo assim arrecada quase 600 milhões de libras por ano. O grande prêmio no principal sorteio vai para quem acertar 6 números extraídos de 49: como existem cerca de 14 milhões de combinações, resulta em 1 chance em 14 milhões de ganhar com um só bilhete. É a mesma chance de uma senhora de cinquenta anos morrer de qualquer causa em quinze minutos, ou mais ou menos a chance de morrer caindo de uma bicicleta em um trajeto de 1,6 quilômetro, ou a chance de Spiegelhalter ter um ataque cardíaco ou derrame nos próximos 7 minutos – um tempo um pouco maior do que leva para comprar um bilhete. Com cerca de 30 milhões de bilhetes vendidos para cada sábado, porém, na média devem vencer duas pessoas por sorteio. O mesmo número que vai morrer minutos depois de comprar um bilhete. Ninguém, porém, culpa a loteria por isso – embora possivelmente o fizessem se se tratasse de uma vacina.

Se ninguém ganhar, o prêmio fica acumulado. Se isso continua, o grande prêmio pode chegar a um valor tão alto ou até maior do que o custo de comprar todas as combinações possíveis, digamos, se o grande prêmio do Reino Unido chegasse a mais de 14 milhões de libras. Seria então uma interessante proposta de negócio, como Norm percebeu: comprar todos os bilhetes possíveis e, apesar da dificuldade para organizar a estratégia, ganhar todos os prêmios subsidiários também.

Isso já aconteceu. Em 1992, o grande prêmio da loteria da Irlanda ficou em 1,7 milhão de libras, apesar de o custo para comprar todos os bilhetes e ganhar na certa chegasse apenas a 973.896 libras. Um grupo econômico de Dublin conseguiu comprar 80% dos bilhetes, mesmo com os esforços em contrário dos organizadores da loteria. O furo no plano de Norm é que, embora eles tenham ganhado o grande prêmio, tiveram de dividi-lo com outros dois apostadores, e teriam tido prejuízo se todos os prêmios menores não houvessem resultado em um pequeno lucro. Norm sabe que vai ganhar na certa – mas ignora quem mais pode ganhar além dele. Isso continua sendo uma loteria.

Eis o problema com essa ideia: grandes prêmios atraem grandes vendas de bilhetes, aumentando a chance de ter de dividir o dinheiro. Considere a multimilionária loteria de 1 dólar dos EUA: em março de 2012 o prêmio bruto ficou em 656 milhões de dólares, embora só houvesse 176 milhões de bilhetes possíveis. No final houve três vencedores do grande prêmio – e teria sido um alto risco tentar comprar todos os bilhetes.

Porém, apesar de eventuais perdas, as loterias apresentam uma óbvia oportunidade para a lavagem de dinheiro, e a Associação Mundial de Loterias até fornece um guia para ajudar os operadores contra essa prática.[17]

Se você quiser uma chance melhor de aposta, visite um dos 150 cassinos do Reino Unido. O mais provável é que você perca, mas a mesa de roletas europeia tem apenas um zero, a posição em que a banca ganha todas as apostas (as mesas americanas têm dois zeros), dando à casa uma pequena margem de 2,7% – o que significa que o cassino retorna uma média de 97,3% do dinheiro apostado na roleta. Se comparado aos 45% de retorno da Loteria Nacional, os cassinos são mais favoráveis que a loteria, mesmo sem ser grande coisa.

Apostas em corridas de cavalos ou em outros esportes ainda são a principal atividade das quase 8 mil casas de apostas do Reino Unido, que operam com cerca de 88% de retorno. Os terminais de apostas com probabilidades fixas (chamados em inglês de FOBTS – Fixed odds betting terminal), com jogos de roleta a 97,3% de retorno, atualmente são mais populares que as corridas, e cada vez mais acusados de estimular as pessoas a jogar. Os FOBTS fornecem um alto retorno, mas o jogo é tão rápido e compulsivo (Spiegelhalter pode confirmar isso) que obtém lucros fabulosos. Como as casas de apostas do Reino Unido só podem ter quatro terminais por estabelecimento, proliferam terminais de FOBTs nas ruas e avenidas. Nesse caso, porém, não existe o drama de apostas acumuladas, nas quais o prêmio inicial aumenta por uma série de apostas interligadas que pode resultar em ganhar 585 mil libras por uma aposta inicial de 86 pence.[18]

Cada vez mais o jogo se transforma em uma iniciativa privada, conduzida em casa ou pela internet – em 2008, 5,6% (1 em 18) da população adulta apostaram em jogos *on-line* (não de loteria). Esses sites às vezes fornecem um link, escamoteado no pé da página, do Gamble Aware e do Jogadores Anônimos, mas calcula-se que problemas com jogo aflijam de 1% a 3% dos adultos, dependendo da fonte que você escolha. Há muitos anos o "jogo patológico" é considerado uma disfunção psiquiátrica, com direito a um diagnóstico oficial se você estiver entre os que se enquadram em ao menos 5 das alternativas abaixo:[19]

- Preocupar-se com jogo (i.e., preocupar-se em reviver experiências vividas no jogo, analisando ou planejando a próxima aventura ou pensando em maneiras de conseguir dinheiro para jogar);
- Precisar jogar apostando cada vez mais dinheiro a fim de obter o entusiasmo almejado;
- Repetir esforços malsucedidos para controlar, reduzir ou parar de jogar;
- Ficar inquieto ou irritado ao tentar reduzir o jogo ou parar de jogar;
- Jogar é uma forma de fugir de problemas ou aliviar um estado de espírito disfórico (i.e., sensações de impotência, culpa, ansiedade, depressão);
- Depois de perder dinheiro no jogo, voltar no outro dia para empatar (ir atrás do prejuízo);
- Mentir para membros da família, terapeutas ou outros para esconder a extensão do envolvimento com o jogo;

- Cometer atos ilegais como falsificação, fraude, furto ou peculato para financiar o jogo;
- Prejudicar ou perder relações pessoais importantes, emprego ou oportunidades de carreira ou educacionais por causa de jogo;
- Depender de outros para empréstimos em dinheiro para aliviar uma situação financeira desesperadora causada pelo jogo.

Esses enunciados concisos encobrem uma montanha de infelicidade. Então por que as pessoas continuam se envolvendo em jogos de puro azar, quando sabem que a casa sempre ganha, na média? O problema é que, embora possamos saber racionalmente que é tudo uma questão de acaso, que não há nada que se possa saber ou fazer para alterar as probabilidades, ainda assim tendemos a pensar que um bom resultado está para "acontecer", ou que na verdade temos algum controle sobre o que acontece, e que esses "quase acertos" são tão importantes como são (realmente) em jogos de habilidade como o futebol.

Só existe uma clínica do NHS para tratamentos de problemas com jogo, convenientemente localizada no Soho.[20] Em breve o problema com jogo será considerado oficialmente um vício, como ocorre com a bebida e com as drogas. E se esse comportamento for definido clinicamente como um vício, o que pode vir a seguir? Comprar compulsivamente?

Será, no entanto, que as pessoas realmente jogam em vez de pagar um plano de aposentadoria, racionalmente? Se fizerem isso, serão de fato irracionais. Se o jogo, porém, não se colocar como um investimento estratégico e não arruinar a saúde e a família, talvez não seja uma coisa tão ruim. Nesse caso, o jogo pode ser, bem, até uma diversão.

Vamos dizer que você sempre quis ter uma Maserati de 100 mil libras, sonha com esse carro, como Kelvin, mas infelizmente só tem

1 libra. E vamos supor que você seja uma pessoa fria e racional, que está sempre em busca das melhores probabilidades (ainda que isso seja uma combinação implausível de características, que é a razão para Norm não entender bem o que é jogar). Se você comprar um só bilhete de loteria e os 6 números escolhidos coincidirem com as 5 bolas extraídas mais o número de bônus (uma sétima bola extraída), isso pode resultar em cerca de 100 mil libras, uma probabilidade de 1 em 2.330.636.

Ou você pode tentar uma acumulada nos cavalos ou em cães, como Kelvin: pegue uma sequência de seis corridas e escolha um cavalo em cada uma que pague em média 6 por 1. Em uma acumulada, em que a aposta de cada corrida é passada para o cavalo seguinte, se todos vencerem você terá 7×7×7×7×7×7 = 117.000 libras. Dada uma margem de, digamos, 12% do agenciador por cada aposta, as verdadeiras probabilidades podem estar ao redor de 1 em 230.000, dez vezes melhor do que a loteria.

Se você conseguir encontrar um cassino que o deixe apostar só 1 libra, coloque em seu número favorito entre 1 e 36. Se ganhar, deixe as 36 libras ali ou aposte em outro número. Quando esse número também pagar, aposte as 1.296 libras em outro número, ou deixe onde estão – não faz diferença nenhuma para as probabilidades, mas de alguma forma parece que a chance aumenta quando a aposta muda de lugar. Quando essa também vencer, você terá 46.656 libras; aposte tudo no vermelho, e quando ganhar você terá 93.312 libras, quase o suficiente para a sua Maserati. As chances de isso acontecer, numa roleta europeia com apenas um zero, são de 1/37×1/37×1/37×18/37 = 1 em 104.120, duas vezes melhor do que com cavalos.

Assim, a roleta é claramente a melhor chance de ter aquela reluzente Maserati por 1 libra. Talvez, porém, seja melhor começar a economizar.

13. Riscos médios

Faltava alguma coisa na vida de Norm... o quê? Estava com 38 anos e não sabia. Sabia, porém, que faltava alguma coisa. Isso o deprimia, mas não muito. Sentia-se mais moderadamente contrariado do que realmente deprimido. Isso quase o deprimia também, de um jeito moderado. Na vida dele faltava... hã... sabe como é? Recostou-se na cadeira e ficou olhando para a cortina.

Como qualquer sujeito normal, Norm sabia em seu coração que era melhor que a maioria. Provar isso é que era um problema. Em seu esforço de ao menos se destacar um pouco, ele adotou o hábito bacana de usar meias listradas e, num toque de ousadia – ela é necessária –, falar alguns palavrões. Buscando prazer no que gostava, não importa o que dissessem, ele enfiou na sacola de compras uma barra de chocolate ao leite – junto com duas caixas de leite semidesnatado, presunto fatiado, cereais para o café da manhã e um congelado de frango ao curry (suave).[1] Era assim que Norm se posicionava naquela época: como um homem independente, escolhendo seu estilo pessoal no catálogo das lojas Boden, mas ainda assim faltava... você sabe...

Pegou um velho envelope e escreveu no verso "NORM", grifado, duas vezes. No lado esquerdo, escreveu "Rendimentos", traçou uma linha no meio e escreveu à direita: "£ 28.270". Ficou olhando para o número.

Pareceu estranhamente familiar. Fez uma pequena pesquisa. Estava certo. Era a média no Reino Unido.[2] Que engraçado ganhar exatamente a média para um homem empregado em tempo integral.

Depois escreveu "Altura", seguido de 1,75 m. Também fez uma pequena pesquisa, no site do Gabinete de Estatísticas Oficiais. Também na média. Não muito surpreendente dessa vez, imaginou.

Peso: pouco mais de 70 quilos. Ficou olhando para o número, pensando. Depois fez uma nova pesquisa. Mais uma vez, na média.

Horas semanais de trabalho: 39. O que, depois de uma pequena pesquisa, verificou... Acomodou-se na cadeira e mordeu a ponta do lápis.

Idade em que se casou... número de xícaras de café bebido por dia... aquilo estava ficando cada vez mais esquisito.

Continuou rabiscando um dado após outro no envelope e mordendo a ponta do lápis enquanto pesquisava no Google, sempre com a mesma incrível resposta.

Idade com que teve o primeiro filho... Sentiu um pouco de medo de saber. Tempo do trajeto para o trabalho, número de horas assistindo à TV, tamanho do sapato, número de obturações? Detestou a ideia, mas já sentia a resposta nos ossos. Como um homem consegue preencher tantos campos, sempre na média?

Durante anos, Norm ficou esperando pelo grande evento, o momento que o marcaria como único, como todo mundo faz. Poderia até ter trabalhado mais por isso, não fosse o excesso de esforço. Preferiu, porém, incrementar sua autoavaliação comparando-se com a mediocridade dos outros: a gramática dos apresentadores de TV, o jeito como os motoristas dirigiam – os cretinos que andavam em alta velocidade, os lerdos que dirigem devagar. E durante todo esse tempo, lá estava ele, bem na média. As implicações eram terríveis. Só faltava ler o *Daily Mail*. Aliás, ele o lia (o de sua mulher).

Seria possível lutar contra isso? Norm sentiu-se tentado. Sim, revoltar-se, libertar-se do que parecia um destino imobilizador de medíocre mediocridade, de hipernormalidade, e fazer algo original e impulsivo e, ah, alguma coisa realmente... como, por exemplo... encher a cara.

Norm batucou o lápis nos dentes e olhou outra vez para as cortinas. Sentia-se humilhado? Não sabia ao certo. Era muita coisa para assimilar, esse estranho novo status como uma espécie de... hum... Continuou batucando os dentes. Parou de repente.

Recostou-se. Sorriu. Pôs as mãos atrás da cabeça. O sorriso aumentou, como um homem que sabia das coisas. Irradiava satisfação.

— Ah, sim – falou, mais ou menos como John Major. — Ah, sim!

Foi a apoteose de Norm, o pináculo esplendoroso de seu arco narrativo, o momento de sua autodescoberta – o quanto ele estava na média. Aquilo o tornava único. Parece absurdo. Como alguém pode ser único na média?

Norm consegue, pois a média normalmente não é uma característica individual, pois define uma mistura de indivíduos. Por isso não podia ser aplicada a ninguém em particular, pelo menos não a um indivíduo, a não ser, num caso único, a Norm.

Ele sempre foi um sujeito na média – até aí nós já sabíamos –, mas não tínhamos ideia do quanto ele era um protótipo do normal. Nem ele. Achatado no meio da média, o modelo da mediocridade, é provável que dirija um Ford Fiesta e passe férias em Ibiza. Não há nada de errado com isso, é claro, mas será um motivo especial para se sentir satisfeito? E mesmo assim Norm sorri.

Talvez porque fazer parte da média seja estranhamente útil se você se preocupa com o futuro, especialmente se procurar números para confirmar. Pois todos os riscos que etiquetamos com números e probabilidades são na verdade médios.

Então, quando se diz que você tem uma chance 20% maior de desenvolver um câncer de colo ou pancreático se comer uma linguiça a mais por dia, isso não quer dizer que esteja pessoalmente diante desse risco; quer dizer que uma pessoa média está. Por isso o risco médio – ou simplesmente risco, pois todos os riscos estão na média de um grupo ou de outro – define o futuro de Norm de forma mais confiável do que de qualquer outra pessoa, de todas as outras – como você – que de alguma forma específica se diferenciam da média. Eles estão falando de mim? De maneira geral, não. No caso de Norm, sim. Parece um pouco a fantasia infantil de que o mundo é projetado a partir de mim. Para Norm, é mais ou menos verdade. Que arroubo de ego para um homem que não consegue nem escolher que sopa tomar.

Ele é um homem arquetípico – um paradoxo para um homem tão pouco excepcional. Ele é ninguém e é todo mundo. Não se destaca em nada, e exatamente por isso tem grande destaque. É ao mesmo tempo prototípico e único (e quanto mais oximoros você quiser...). Deviam fazer uma estátua para ele – na porta da loja Tesco.

Não que essa posição não tenha seus problemas. Vamos chegar a eles em algum momento. Enquanto isso, vamos conceder a Norm sua estranha glória.

A ideia de uma pessoa mediana hoje é uma coisa comum, mas é uma invenção estatística de cerca de 150 anos atrás. Começou com um estatístico belga no século XIX, Adolphe Quetelet, que acreditava que as características essenciais do homem médio, *l'homme moyen*, poderiam ser definidas reunindo dados de toda a população, jogando tudo em um gráfico e observando os padrões subjacentes, picos e regularidades.

Quetelet escreveu: "Se um indivíduo em uma dada época da sociedade possuísse todas as qualidades de um homem médio, ele representaria tudo que há de grandioso, bom e bonito".[3]

Entra Norm. Como Sr. Mediano, ele tem mais esperança do que a maioria de estar afinado com as regularidades da vida. Ainda que, se suas características fossem totalmente medianas, Norm teria só um testículo e um peito. É o que acontece quando você junta toda uma população. Descobre que uma parcela igual de todas as partes não forma necessariamente um ser humano coerente. Mas Quetelet – um estatístico brilhante – não se deixou intimidar. Parece que ele preferiu acreditar que a média era mais do que uma abstração, e achou que muitas médias representavam características físicas e mentais a serem descobertas, inclusive características morais.

A satisfação de Norm, porém, é um problema de todo mundo. Normalmente, como dizemos, ninguém está exatamente na média em muitos aspectos que determinam o risco que corre. Talvez sejam um pouco mais pesados, um pouco mais ricos, ou mais pobres, ligeiramente mais tensos, durmam um pouco pior, talvez sejam mais altos, mais lentos, mais sedentários, mais tentados por doces, tenham assimilado alguns genes específicos de um ancestral demente, e quem sabe o que mais poderia fazer uma diferença no futuro, inclinando o fiel da balança contra a sobrevivência ou a favor dela para melhorar ou piorar as probabilidades em relação à média.

E ainda existem outros problemas para definir as perspectivas de vida pela média. Algumas médias são ridículas. Provavelmente ninguém tem o número médio de pés de altura. Aliás, nem Norm está na média nesse aspecto, senão cairíamos em alguns absurdos lógicos. Por exemplo, ele não pode estar em uma média de idade durante a vida inteira.

Também é pouco provável que tenha o peso médio de um adulto e o de um homem de 31 anos, a não ser que por um acaso os dois fossem iguais. Diferentes categorias têm diferentes médias, e todos ocupamos muitas categorias. Algumas médias são mutuamente incompatíveis. Em outras palavras, na verdade Norm não pode ser um homem médio, só pode estar na média para um subconjunto de homens, às vezes pequeno, e ao enquadrar-se em um subgrupo ele se afasta da média de outros. É muito comum que a verdadeira média não exista em um homem, ou mulher, de jeito nenhum. Isso indica uma dificuldade de avaliação de qualquer risco. Em geral essa avaliação define os perigos que se aplicam a alguém que não está presente.

Seria terrível dizer isso tudo a Norm, portanto não vamos contar nada a ele. Em qualquer evento, mesmo se for teoricamente imperfeita e não se aplicar bem à complexidade da vida, a média pode funcionar muito bem para dar um estímulo positivo a Norm em sua decisão sobre o que fazer. Vamos ver.

É incontestável que existe uma variação ao redor da média. A maioria das pessoas não está na média, todos nos desviamos da norma e de Norm, e esses desvios aleatórios do *homme moyen* de Quetelet abarcam uma boa parte da experiência da vida. Também mudam as expectativas individuais a respeito do risco.

Um dos melhores exemplos que contrariam o tipo de média que parece determinar a vida é a história do paleontologista americano Stephen Jay Gould, diagnosticado como portador de um mesotelioma abdominal no auge de uma brilhante carreira e pai de dois filhos. Ele foi informado de que a doença era incurável e que o tempo de sobrevivência médio[4] depois do diagnóstico era de oito meses. Podemos dizer que o risco – o risco médio – para quem tem um mesotelioma abdominal é de morrer em oito meses.

Não é, porém, o destino de todos. É o ponto em que metade de todas as pessoas que tiveram a doença morreu. E não é ponto médio para os que não morrem nesse prazo. Gould viveu por mais vinte anos e acabou morrendo de um câncer não relacionado à doença. Qualquer tipo de média, como escreveu Gould em um ensaio sobre seu esbarrão com a mortalidade, não é uma entidade imutável, mas sim uma abstração, pois a verdadeira realidade está "no nosso mundo real de nuances, variações e continuidades".[5]

Existem nuances, variações e continuidades em todos os riscos e em todas as médias. Na média, homens são mais altos que mulheres. Temos, porém, o chefão da Fórmula 1 Bernie Ecclestone com mais ou menos 1,60 m e sua ex-mulher Slavica com 1,86 m. E existe muita gente por aí tão fora da média quanto ele.

Na verdade, a média às vezes engana, tanto para cada indivíduo quanto para a maioria. Aproximadamente dois terços da população do Reino Unido ganham abaixo da média (média no sentido de ponto médio). Se organizássemos a população do planeta em uma fila, de acordo com a riqueza, a média (ponto médio) das pessoas estaria nos últimos três quartos da fila.

Nem as MicroMortes e MicroVidas conseguem escapar do problema de serem médias. A média de 10 MMs para paraquedismo em queda livre se deve principalmente às mortes de paraquedistas obsessivos, sempre querendo fazer coisas cada vez mais arriscadas. Isto é, a grande maioria das mortes ocorre com praticantes experientes. O principiante que salta no mesmo paraquedas que o instrutor está correndo o mesmo risco que correria se voltasse bêbado para casa a pé (só que nesse caso sem um patrocinador).

Quetelet, que não era bobo, sabia de tudo isso. Era muito sensível a variações em torno da média. Ao trabalhar com aquelas resmas de dados do século XIX, a enorme variação da experiência humana deve ter parecido óbvia. O índice de massa corporal, ou IMC, pelo qual julgamos se as pessoas estão acima ou abaixo do peso, ou normais, também já foi conhecido como Índice de Quetelet.

Ele ficou então entre duas ideias: uma era o grande escopo da variabilidade humana; a outra era a maneira peculiar com que essa variedade parecia conter uma essência. Como veremos no Capítulo 14, sobre o acaso, a essência e a média podem ser assustadoramente previsíveis, mas somente na escala certa. Isto é, na escala de populações inteiras, reduzidas e extraídas em sua essência. O problema é simplesmente que essa não é a escala na qual vivem os indivíduos em todas as suas variações. Exceto Norm. Para o restante de nós, quando se fala de risco, ninguém consegue chegar ao mesmo estado de autoconhecimento brâmane que o nosso herói.

Norm é uma quintessência, mesmo que às vezes seja um absurdo lógico. Nem todo mundo pode dizer isso. Na verdade, ninguém pode dizer isso. Será, no entanto, que isso é suficiente para que alguém como Norm consiga navegar em segurança por um mundo de acasos usando números médios? Ou será que significa que o risco nunca é realmente o dele, nem de ninguém mais, e Norm é um tolo ao pensar de outra maneira?

14. Acaso

Alto, musculoso e bonito, de cabelos longos e escuros, Kevin, o irmão mais velho de Kelvin Kevlin, também adorava o acaso. Só que para ele, professor de cognição social na Sorbonne e intelectual com presença constante em programas de TV, o destino sorria. No momento, está visitando Oxford para proferir uma de suas celebradas palestras.

Kevin tinha fama de ser um falastrão que gostava de controvérsias, reputação confirmada por seu recente livro *Deus/Eu*, e era isso que atraía as multidões. Na primeira palestra, um matemático foi impedido de esmurrar um psicólogo freudiano. Na segunda, um físico teórico ganhador do Nobel, especialista em teoria das cordas, cuspiu de uma galeria quando alguém abriu a tampa empoeirada de um piano e começou a martelar um trecho de Wagner.

Na terceira e última, a plateia surtou. A palestra, intitulada "Eu não sou uma tecla de piano", foi definida como uma agressão à razão. Segundo rumores, o palestrante instou seus correligionários a bater os carros nos muros do Balliol College para provar que estavam vivos, ainda que isso resultasse em algumas mortes. Kevin, que costumava falar com uma veemência feroz e começar suas palestras de chofre, ajeitou uma mecha de cabelo atrás da orelha, onde brilhava um brinco de ouro, e subiu ao tablado.

— A razão é uma coisa excelente — falou, examinando as expressões de seu público —, não há o que contestar. A razão, porém, é apenas razão, e só satisfaz o lado racional da natureza humana. O todo da vida humana integral deve incluir também os impulsos, as vontades e as paixões. Não se limita à questão de extrair uma raiz quadrada.

Era loucura, genialidade ou fraude que dançavam naqueles olhos? Debruçando-se no tablado, ele examinou a fileira de gigawatts de potência cerebral que o escutava.

— O que a razão sabe? A razão só sabe o que aprendeu — mas há coisas que jamais irá aprender —, enquanto a natureza humana age como um todo, com tudo o que contém, consciente ou inconscientemente. Mesmo se não der certo... a vida continua — e bateu no próprio peito. — Alguns de vocês me olham com pena; acham que um homem esclarecido não pode conscientemente desejar qualquer coisa de ruim para si próprio. Mas *eu* posso. Posso desejar algo que seja ruim para mim, o que é uma burrice, muita burrice... simplesmente para ter o direito de desejar algo insensato e descartar a obrigação de desejar só o que for razoável. Pois é essa mesma burrice, esse nosso capricho, que nos preserva o que é mais precioso e mais importante, que é a nossa personalidade, nossa individualidade.

Alguns na plateia aplaudiram, ou vaiaram, era difícil saber. O professor mal conseguiu fazer uma pausa. Na galeria acima do pódio, os gritos eram mais altos. Seria uma briga? Kevin continuou.

— Podem me conferir todas as bênçãos terrestres, um mar de felicidade recoberto com bolhas de alegria na superfície, e mesmo assim, por pura ingratidão, puro desprezo, eu digo "arrisquem tudo!", simplesmente para introduzir um elemento fatal e fantástico, para provar a nós mesmos que continuamos sendo seres humanos e não teclas de um piano, que as leis da física ameaçam nos controlar tão inteiramente que em breve não poderemos desejar nada que não conste de um calendário.

Agora suas mãos se mexiam como as de um maestro, agitadas, volteando no ar, os olhos azuis enraivecidos, o cabelo revolto, a voz subindo de tom.

— E não é só isso: pois nem mesmo as leis da física podem impedir o jogo do acaso que nos confere possibilidades ilimitadas e podem até quebrar o piano, que nos dá liberdade até mesmo de escolher o irracional. E mesmo que não sejamos mais do que teclas de piano, mesmo se isso fosse demonstrado pela ciência e pela matemática, ainda assim não seríamos razoáveis e faríamos algo estúpido por mera ingratidão, provocando o caos e a destruição, só para demonstrar esse ponto e nos convencer de que somos humanos e não uma tecla de piano!

A galeria estava agitada. Um pequeno grupo de jovens avançou em direção ao parapeito, afastando as pessoas e empurrando um objeto pesado.

— Se vocês disserem que esses fatores também podem ser calculados e tabulados — o caos, a escuridão e as maldições —, garanto que as pessoas enlouqueceriam de propósito, só para se livrar da razão e firmar sua posição! Pois a vida como um todo não é mais do que provar para nós mesmos, a cada minuto, que somos humanos e não uma tecla de piano!

Na galeria, parte da plateia começou a erguer uma ponta do objeto pesado. Uma parte escura e retangular apareceu sobre o parapeito, bem acima da cabeça do professor. Houve gritos, pânico nas fileiras da frente do público em pé, tomado por grande agitação quando o piano se projetou mais do parapeito, meio desequilibrado com o movimento, foi erguido de novo e voltou a pender, embalado por gritos e sussurros, chegando a ponto de cair.

O professor não olhou para cima. Ignorou a algazarra. Continuou despejando seus argumentos. Razão lutando contra razão, superando-se em um hino de elogio histérico à impulsividade humana enquanto a oscilação do piano se apressava, até o grande objeto escuro pairar solto no ar e despencar.

Por um instante, logo depois da queda, fez-se silêncio, com exceção do clangor das cordas do piano e do adejar das esvoaçantes anotações do professor flutuando em meio a uma nuvem de pó que subia do monte de madeira lascada e o esqueleto da estrutura de metal escuro. Em seguida, com a aura diabólica de um sortudo, o professor Kevin jogou o cabelo para trás, colocou um pé nos destroços, inclinou-se na direção da plateia, pasma e perplexa – e soltou uma estrepitosa gargalhada.

No dia seguinte, ele foi acusado por um grupo de acadêmicos de Oxford por ter descaradamente plagiado Dostoiévski – acusação que ele ironizou, argumentando que um plágio não podia jamais ser descarado, pois sempre tenta esconder seus rastros, e a citação tinha sido tão ostensiva que se definia como uma homenagem.[1] Acusado pela polícia de incitar comportamento criminoso, ele justificou, baseado numa avaliação crítica definitiva de *Memórias do subsolo*, do escritor russo – um discurso contra o egoísmo racional –, que o argumento era na verdade uma paródia, que não pretendia incentivar a violência, e prova disso era que ninguém tinha jogado o carro nos muros da faculdade. Afinal, foi dispensado com uma advertência. Recusou-se a colaborar com o inquérito policial para apurar se ele havia sido vítima de uma suposta tentativa de assassinato cometida por um grupo de estudantes de medicina da equipe de rúgbi da faculdade, acusação depois reduzida a um processo por danos materiais, embora os suspeitos insistissem em que todo o incidente havia sido combinado. Um dia depois Kevin pediu demissão, sem razão nenhuma, segundo alegou.

Nenhum de nós sabe o que vai acontecer amanhã, muito menos daqui a alguns anos, e muitos nem querem saber – como o professor Kevin. Seguindo uma tradição de família, ele prefere levar uma vida caótica e instintiva. De qualquer forma, se não podemos calcular as escolhas, por que tentar?

Outros – como Prudence – querem controlar o futuro e tomar todo o cuidado a respeito, se puderem.

Fundamental tanto para as esperanças de Kevin como para os temores de Prudence é o acaso. Ele adora o poder do acaso de surgir com algo inesperado. Ela odeia o acaso pela mesma razão. O acaso é o vilão que ameaça arruinar seus planos mais bem elaborados ou, como se por magia, tirar um coelho da cartola. (Norm, posicionado entre os dois, acha que pode manipular as probabilidades – para apostar se o coelho ou os planos arruinados são mais prováveis.)

Mas o que é o acaso? Filósofos vêm enfrentando o problema há séculos, seja declarando que o acaso é todo-poderoso, seja conjecturando se ele existe.

Vamos colocar a questão de uma forma incomum, com um viés sombrio de praticidade, e perguntar: por que o piano não acertou Kevin? Não era para ter acontecido isso. Ele era praticamente um homem morto. De que forma ele sobreviveu?

Kevin responde à questão relacionando o acaso ao livre-arbítrio como duas expressões da gloriosa desordem da vida que nos torna humanos e não máquinas. Arremete contra uma ideia de razão que ele equipara a um determinismo sem alma, pois se a necessidade estrita entre causa e efeito implica apenas um futuro possível, o acaso e o livre-arbítrio em suas manifestações diversas podem se distanciar dessa necessidade.[2] Aos olhos de Kevin, então, o piano não o atinge porque a vida como um todo, material e humana, deve ter um "elemento fantástico" que rompe a cadeia da causalidade estrita. Essa é a maneira como ele acha que a vida devia ser – e a maneira como deveria ser vivida –, mesmo se tiver uma ou duas dúvidas sobre como a vida é na verdade.

O dicionário não é tão dramático, pois define o acaso basicamente como uma possibilidade prosaica: qual é a possibilidade de chover? No uso cotidiano costumamos ir mais longe e conferir ao acaso um viés improvável, dizendo que "deixar ao acaso", por exemplo, é coisa de jogador, de alguém que gosta de se arriscar mesmo sabendo que as probabilidades estão contra o sucesso, mas e daí? Se você quisesse uma história sobre o acaso, alguém poderia contar um conto improvável sobre um evento não pretendido em que houve uma grande reviravolta, uma estranha coincidência ou fatores surpreendentes; quanto mais fantástico, melhor.

E se o acaso trouxer a desgraça, quando os desafortunados amantes shakespearianos morrem por desejar saber se o outro está fingindo estar morto ou pelo ciúme provocado por um lenço caído no chão, nós chamamos isso de tragédia, na qual o destino é fantasticamente cruel e o acaso é só um detalhe, pequeno porém fatal.

Em todos esses exemplos extraordinários, o acaso é sinônimo de sorte ultrajante ou má sorte, um tiro no escuro ou um lance de sorte. Ninguém, porém, chega a ponto de sugerir, como Kevin, que o acaso seja capaz de romper a corrente da causalidade. Só dizem que o acaso representa uma corrente de eventos que não esperávamos. Então, por acidente, o piano não cai em cima de Kevin. Gira no ar e não atinge sua linda cabeleira negra, por causa da maneira como foi inclinado no parapeito e porque a estrutura cedeu, justamente quando a morte parecia uma coisa certa. A causa estava em um pequeno detalhe dos ângulos, massas e forças, e no antigo suporte para livros no tablado.

Uma das reações à incerteza da vida é argumentar que existem razões profundas e invisíveis para tudo, improváveis ou não.

Nas palavras de Santo Agostinho: "Dizemos que essas causas consideradas casuais não são inexistentes, mas estão ocultas, e a elas atribuímos a vontade do verdadeiro Deus". O piano não acerta Kevin porque Deus o protegeu. A razão disso, porém, ele nunca saberá.

O poeta alemão Friedrich von Schiller disse algo parecido: "Não existe algo como o acaso; e o que nos parece o mais simples acidente se origina da mais profunda fonte do destino". Todas as coisas acontecem por alguma razão.

Outra reação semelhante ao acaso é a superstição, com a qual as pessoas esperam que rituais e totens virem a sorte a seu favor, talvez com o benefício de deuses, talvez por meio de ligações místicas com poderes naturais, e os mascotes usados hoje em dia nos esportes seriam versões higienizadas dos sacrifícios humanos dos astecas. O destino determina as jogadas, mas é chegado a um suborno. O piano erra porque Kevin deve ter matado um carneiro na maré alta à meia-noite.

Mesmo 2 mil anos atrás, já havia "racionalistas" que zombavam dessas crenças. Estranhamente, o professor Kevin teria gostado do estilo deles. Nos tempos de Roma, três lances de dados com o número 6 eram chamados de "o lance de Vênus". Cícero disse: "Vamos ser tão tolos a ponto de asseverar que tal coisa aconteceu por intervenção pessoal de Vênus e não por pura sorte?". Ele adorava atormentar astrólogos.

Assim como Kevin, Cícero defende a liberdade contra a necessidade. Em Cícero vemos isso como uma racionalidade em guerra com a superstição. Kevin vê como um antirracionalismo em favor do caos e do impulso.

Com o desenvolvimento do Iluminismo, no final do século XVII, causas terrenas passaram a confrontar as causas místicas, e o extraordinário poder explanatório das leis do movimento de

Newton levou a acreditar, ao menos no mundo físico, que toda a matéria se movimentava como um relógio: se conhecêssemos precisamente a posição e o movimento de cada átomo, em princípio poderíamos prever exatamente o que aconteceria. Assim, mais uma vez, o piano não atinge Kevin porque a exata corrente de causalidade entre átomos, forças e condições iniciais, de acordo com dadas leis, planeja o seu trajeto, que passa raspando pelo nariz dele. E mais uma vez, não há nada inerentemente aleatório a respeito. Qualquer incerteza neste mundo é "uma medida da nossa ignorância" – como dizia o estatístico Pierre Laplace –, não o nosso desconhecimento da vontade de Deus, mas das condições e das leis da natureza; mais para "não sei" do que para "não posso saber".

Duas palavras resumem esses dois tipos de incerteza. A primeira é "aleatória", usada para descrever a dúvida antes de uma moeda ser lançada – quando simplesmente não se pode saber o que acontecerá –, em geral conhecida como chance ou acaso. A segunda é "epistêmica", usada para a incerteza quando lançamos a moeda mas não conferimos o resultado, caso em que não sabemos, mas em teoria poderíamos saber – mais comumente chamado de falta de conhecimento ou ignorância. Mesmo assim, as complicações são inevitáveis: e se for uma moeda com duas caras? O que se pensou então ser acaso foi contaminado pela ignorância.

O "não saber" que se aplicava ao conhecimento humano da mente de Deus e o "não saber" que definia nossa compreensão limitada dos mecanismos da natureza sugeriam que, com mais conhecimento, nós descobriríamos o rígido determinismo que explicava totalmente o comportamento humano. De qualquer forma, tudo tinha uma causa que começava fora de nós.

Isso assustou as pessoas, pois ambos os tipos de ignorância – das causas divinas e de causas físicas – pareciam contrários ao nosso sentido interno de livre-arbítrio, e nem nossa vida nem o comportamento dos outros nos parecem obedecer aos mecanismos de um pêndulo. Assim, naquele estágio (e desde então), houve acirrados argumentos tanto na religião como na ciência sobre se a sensação que as pessoas nutriam da própria liberdade era uma escolha ou uma ilusão.

Depois veio a grande era da estatística, quando as pessoas inicialmente se sentiram atraídas pelas teias da previsibilidade. A partir do início do século XIX, houve uma listagem obsessiva de mortes, crimes e, particularmente, suicídios. E o que surgiu foi uma extraordinária regularidade, mesmo a partir do torvelinho das decisões individuais, uma ordem que parecia emergir como uma lei natural, e por isso levantou dúvidas quanto ao escopo do acaso. Apesar das escolhas de milhões, cada um cercado por circunstâncias específicas, parecia haver uma força reguladora que levava a um número quase constante de suicídios por ano. Os dados fizeram surgir outros padrões. Ficou famosa uma frase de Francis Galton, um primo de Charles Darwin: "Sempre que uma grande amostra de elementos caóticos é considerada e ordenada na ordem de sua magnitude, uma insuspeitada e bonita forma de regularidade demonstra que estava latente o tempo todo". Alguns chegaram à conclusão de que esses padrões previsíveis provavam que o acaso não podia existir.

Por outro lado, embora houvesse ordem no comportamento humano em massa, persistia o mistério sobre como essa ordem podia moldar um indivíduo. Sim, haveria um número de suicídios mais ou menos previsível, mas ainda não era possível dizer quem os cometeria. A média, a tendência e a distribuição eram realmente observáveis, mas o específico não era previsível.

Isso levou à noção de que todos nós somos variações aleatórias do homem médio de Quetelet, ou *homme moyen* (definido no Capítulo 13). Kevin está muito feliz em fazer parte dessa variação.

Houve desdobramentos muito semelhantes nas ciências físicas. Quetelet definia seu trabalho como "física social", e suas ideias, publicadas entre os anos 1820 e 1860, podem ter influenciado James Clerk Maxwell a desenvolver a teoria cinética dos gases de Bernoulli, que descreve o comportamento geral de um gás como uma vasta nevasca de partículas individuais em colisão. Esse paralelo entre o social e a ciência física não recebe a atenção que merece, mas é uma coevolução intelectual notável, que parece apresentar uma maneira de comparar a experiência humana ao comportamento da matéria. Aqui também, embora seja impossível prever o movimento de cada uma dos zilhões de moléculas se agitando em um gás, mesmo se esse movimento fosse teoricamente determinado, a probabilidade poderia explicar o movimento como um todo, assim como podemos descrever os padrões globais no comportamento das pessoas. Na verdade, existe um argumento de que sem probabilidades não conseguiríamos avaliar as mudanças em larga escala nas pessoas ou na física.[3] Ficaríamos assistindo a inúmeros eventos aleatórios, envolvendo humanos e moléculas, com pouca visão de uma imagem mais abrangente.

Teoricamente, mais uma vez, seria *possível* que todas as moléculas de repente vagassem para uma só direção, assim como o gerador de improbabilidade infinita no *Guia do mochileiro das galáxias* foi "originalmente projetado por físicos para deslocar todas as moléculas da calcinha de uma anfitriã de uma festa 30 centímetros para a direita".[4] Na prática, o comportamento do gás como um todo era previsível mesmo se o comportamento das partes não o fosse. Assim, tanto no mundo social como no mundo físico, o objetivo de prever o que aconteceria com cada minúsculo componente, fosse um ser humano, fosse uma molécula, foi descartado, mas encontrou-se uma nova ordem na previsibilidade das médias.

Talvez a melhor imagem do comportamento das moléculas seja fornecida nas tardes de sábado, quando 49 bolas giram em uma gaiola esférica, observadas por milhões de pessoas segurando seus bilhetes da Loteria Nacional com a esperança de mudar de vida. Seis bolas são escolhidas para o grande prêmio – como vimos no Capítulo 12, não faz diferença qual conjunto você escolher, 1, 2, 3, 4, 5, 6 ou qualquer outra combinação –, e a chance de sua escolha ser sorteada é de mais ou menos 1 em 14 milhões. Sites acompanham a frequência com que números específicos são sorteados, e há muito tempo o 38 ocupa a liderança nessa tabela. Será que a lei das médias não diz que o número 38 já está merecendo um descanso e que devemos nos afastar um pouco dele?

Não é assim, porém, que funciona a lei das médias. O que acontece é que, com o tempo, ainda que cada extração seja completamente imprevisível e não influenciada pelo que aconteceu antes, a distribuição dos números sorteados nas bolas tem um padrão regular, como mostrado no Quadro 17. Todos esses eventos imprevisíveis, quando reunidos, acabam tendo sua própria estrutura ou até sua própria forma – a bela curva normal observada por Quetelet quando mediu a altura das pessoas.

Assim, embora o número 38 tenha aparecido 241 vezes – quase 50% a mais que o pobre número 20 com suas patéticas 171 aparições –, é exatamente o que poderia ter sido previsto em 1994 usando-se apenas a teoria das probabilidades. Claro que não poderíamos ter previsto quais números seriam mais ou menos sorteados, só que um número seria sorteado 240 vezes e outro, 170 vezes.

Outra maravilhosa ilustração dos padrões de acaso vem de um concorrente a ser o livro mais chato do mundo – A *Million Random Digits*.[5] O título [Um milhão de dígitos aleatórios] diz tudo – páginas e páginas de números, sem uma ordem detectável, cada um absolutamente sem relação com os anteriores. Começa com "1" e termina com "8", um final tão imprevisível como o de um bom romance policial de Agatha Christie. A versão em áudio faria maravilhas para os insones. E ainda estamos esperando a tradução para o alemão.

Existem, porém, joias escondidas em toda essa aleatoriedade. Podemos esperar que a sequência 1, 2, 3, 4, 5 ocorra dez vezes (na verdade, ocorreu onze vezes). E podemos esperar eventos com 1 chance em 1 milhão, como acontecer uma vez de o mesmo dígito se repetir sete vezes seguidas. Para comprovar, existe exatamente um exemplo disso – 6, 6, 6, 6, 6, 6, 6. E podemos até calcular a probabilidade de não haver tal sequência, que é de 37%. Por isso poderíamos não ter tido essa sorte.

A teoria das probabilidades fornece uma maneira prática de lidar com a aleatoriedade da vida – mas mesmo os padrões de pura imprevisibilidade não resolvem a questão fundamental de se existe realmente um acaso irredutível, absoluto e verdadeiro, ou se tudo já está determinado em algum nível. Se soubéssemos tudo sobre essas bolas de loteria pululando na esfera, será que poderíamos prever qual delas cairia? Infelizmente não, por duas razões principais.

Primeiro, a mecânica quântica surgiu no século XX e disse que o acaso realmente existe, pelo menos no nível subatômico. Partes essenciais do mundo subatômico só podiam ser descritas como uma probabilidade. O princípio da incerteza de Heisenberg diz que não podemos saber tudo de uma partícula subatômica – em termos de onde está e para onde está indo. As leis de causação de Newton eram inadequadas.

Segundo (e na prática mais importante que a incerteza quântica), há também um efeito que joga todas as expectativas para o alto. É a teoria do caos, para a qual, mesmo se um sistema for completamente determinístico, no sentido de não haver aleatoriedade em nenhum ponto da cadeia de causalidade, alguns sistemas – como o clima – podem ainda assim ser tão dependentes e tão afetados por minúsculas diferenças em suas origens, diferenças indetectáveis pelas pessoas, que não temos ideia de como vão se desenvolver.

A imagem padrão é a borboleta batendo as asas e assim causando alguma tempestade longínqua. Um exemplo real está na experiência de Clint Dawson com incêndios florestais. Ele é um analista do comportamento do fogo, e seu trabalho é tentar prever a trajetória de incêndios florestais no Colorado. Em 2012, os incêndios começaram a mostrar uma perigosa imprevisibilidade, em geral se alastrando mais do que antes. As previsões de seus modelos de computador estavam ficando menos precisas. A razão? Uma série de pequenas mudanças nas condições iniciais, entre as quais uma em que ninguém pensou – e quem iria imaginar? –, que resultou em uma alteração no comportamento das abelhas, logo elas. Um influxo de abelhas de pinho desidratou as árvores, tornando-as mais inflamáveis.[6]

A ideia do *caos* significa que os sistemas mecanicistas podem ser imprevisíveis simplesmente porque nunca podemos nem mesmo saber exatamente como eles começam, sem falar no que vão dar a seguir. A causalidade é muito complicada. Esses sistemas poderiam muito bem ser controlados pelo acaso (seja o que for). Se uma borboleta tivesse pousado no piano pouco antes de os estudantes começarem a mexer nele, distraindo a atenção de um deles, poderia ter provocado um minúsculo desvio, que para Kevin teria sido a diferença entre a vida e a morte.

Será que essas limitações físicas do que podemos saber, o caos e a incerteza quântica, têm importância em uma escala humana? Será que podemos ter certeza de que a confiança de Kevin em

Quadro 17: **Quantidade de aparições de bolas de 1 a 49**
Em 1.740 extrações da Loteria Nacional do Reino Unido,
de novembro de 1994 a agosto de 2012

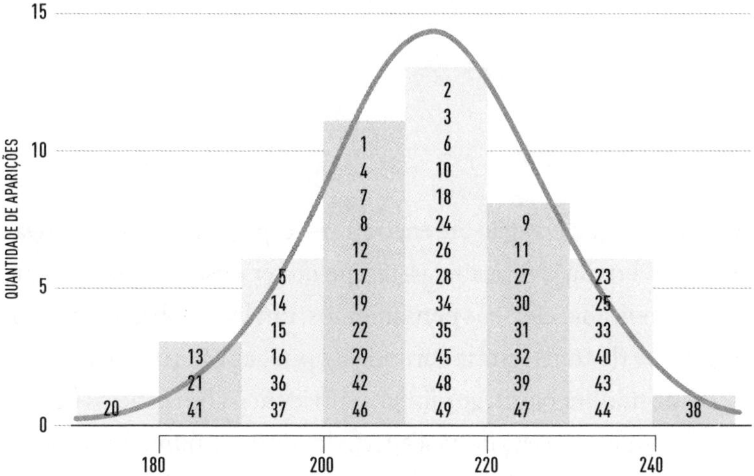

A curva normal é a distribuição prevista baseada na teoria das probabilidades.

algum elemento fantástico um dia será sua ruína? Ou será que essas forças estranhas têm apenas uma importância teórica? Quanta fé você teria na incerteza se um piano pendesse sobre a sua cabeça?

Todo risco é casual. E o acaso permanece um mistério. Não faz diferença na incerteza da vida se sua origem encontra-se fora das pessoas, na estrutura profunda da matéria ou se tudo está na nossa cabeça. A questão prática é o que fazer com isso: sair em busca da certeza (Prudence), curtir as incertezas (os irmãos Kevlin) ou decidir que a vida é uma questão de saber apostar (Norm).

15. Transportes

Norm percorreu o vagão até encontrar o espaço ideal, quatro lugares vazios, um na janela, ainda a tempo de ver a estação fazendo sua estranha retirada; ele, seus pensamentos, um livro sobre a mesinha. Ele gostava de trens – uma garantia de poucas MicroMortes.

Uma mulher baixa, gordinha e sorridente, com cabelos descoloridos e uma camiseta branca apertada, abriu caminho e sentou-se em sua frente, enfiando a sacola entre os joelhos embaixo da mesinha. Norm recolheu os pés. Ela se acomodou, e ele pegou seu livro.

Ele notou logo em seguida: uma munhequeira de pano berrante listrada de vermelho e branco, com um sorriso (mal) costurado olhando para ele no meio do braço dela.

Norm era um intelectual. *Uma munhequeira de dez centímetros.* Vivia uma vida consciente, tolerante, racional e relaxada... *listrada de vermelho e branco...* tentava ser receptivo, pronto para enriquecer sua experiência pessoal a partir da experiência alheia... *com um sorriso costurado...* acreditava em viver e deixar viver, cada um na sua, em John Stuart Mill etc., *no meio do braço!*

Seu olhar procurou o freio de emergência. Afundou no banco, já imaginando horas de "papo" com uma tira berrante listrada de vermelho e branco com um sorriso costurado no meio de um braço que tinha prazer – sem a menor dúvida – em arrancar testículos.

Pensando rápido, ele assumiu o controle das emoções e começou a calcular os riscos. 1: Evitar contato visual; 2: Possibilidade de uma conversa casual; 3: Uma grave ameaça, se não uma manifestação psíquica violenta, pelo menos uma atitude constrangedora; além de 4: (Norm estremeceu, mas lá estava) prováveis diferenças de classe e dicção – de Glasgow? – e chegou a uma probabilidade de 51% de uma situação infernal. Mais ou menos.

Ela pegou a sacola e começou a tirar... o quê?

52%, pensou Norm.

Um grande guardanapo de papel vermelho, que desdobrou sobre a mesa...

54%.

... e estendeu bem, até o lado de Norm...

58%.

Ela voltou a se abaixar, fez uma pausa e foi pondo uma coisa de cada vez sobre o guardanapo: um sanduíche triplo de ovo com maionese, linguiça apimentada, bacon com tomate...

68%.

Um bolinho de carne de porco...

75%.

Salgadinhos, Ripple, Crunchie e Mint Aero...

82%.

E uma lata de Strongbow.

95%.

Norm choramingou.

Ela girou o Ripple 180 graus.

99%. Que chatice.

Ele estava perdido. Ficou paralisado. Esperando a serpente atacar.

Encerrado o reconhecimento, ele encarou os holofotes. A única opção era descer em Crewe. Seria possível uma mulher mais ameaçadora? Todos os movimentos terminavam numa pausa

– e em mais um sorriso. Cada sorriso disparava o incontido terror de Norm.

Ela pegou a lata, observou o rótulo, sorriu e puxou o anel.

A lata chiou.

Pausa.

Puxou o anel para trás – e ajeitou a lata com todo o cuidado ao lado do Crunchie com a mão direita – *a tira no meio do braço.* Fez outra pausa. *Com um sorriso costurado.* Levantou a lata e deu um gole, longo e profundo. Norm viu a cartilagem da garganta dançando. Ela colocou a lata na mesinha, fez uma pausa e sorriu.

Por favor, pensou, olhando para o bolinho de carne de porco, tomara que ela não cuspa. Em seguida, um pensamento mais terrível passou pela cabeça de Norm: e se ela oferecer...

Ela percebeu o olhar dele e inclinou a lata com uma sobrancelha enigmática. Oh, Deus.

Por favor, não diga *um gole,* pensou Norm. "Hã, obrigado, obrigado. Não mesmo. Acabei de tomar café, bastante, realmente, café, chá... suco de laranja, café, de verdade. Agora há pouco. Obrigado."

Ela aquiesceu, virou-se para olhar o homem ao lado de Norm, de quem só se via a ponta dos dedos, escondido atrás do *Financial Times.*

— Se me permite uma observação — ela falou num inglês cristalino —, a causa deve ser uma queda da demanda, ao menos em parte, não acha? Uma pitada de estímulo keynesiano não estaria fora de propósito. A economia, meu jovem. Pode-se ver pelos resultados que a linha de investimentos corporativos está cada vez mais baixa.[1]

O *Financial Times* deu um estalido.

Ela sorriu e olhou para o tampo da mesinha, pousou as mãos ao lado das duas opções, com toda a atenção, pegou o Crunchie, desembrulhou a embalagem com delicadeza, ergueu até uma narina e inalou. Levou o Crunchie até o lado da boca, fechou os olhos e então, como que amplificada, pulverizou a ponta do salgadinho entre os molares.

Recostou-se no banco, abriu os olhos e começou a mastigar, parecendo um latifundiário percorrendo a longa entrada de cascalho de sua propriedade, e sorriu mais uma vez à meia distância.

O que aconteceu com Norm? O protótipo racional se transformou em um camundongo. Lá estava ele, agradavelmente arquetípico, todo paranoico por causa de uma pulseira, um sotaque e um bolinho de carne de porco no seu espaço pessoal. Será que ele não entendeu o enredo? Bem, não. Mas até aí, nós costumamos mesmo não entender. As pessoas são incoerentes em relação tanto ao perigo quanto a outras coisas – em geral por boas razões.

Às vezes elas perdem a coragem, por exemplo. John Sergeant era um correspondente da BBC que cobria conflitos, inclusive no Vietnã e na Irlanda do Norte. Aí foi feito refém em Chipre e mantido sob a mira de uma arma por 33 horas. Depois disso, disse que não queria mais fazer aquilo. Percebeu que tinha ficado "extremamente amedrontado" e passou a escrever sobre política.

Algo semelhante aconteceu com David Shukman, que cobriu zonas de guerra durante quinze anos. Um dia, ao ser instado a embarcar em um ultrapassado helicóptero para ir do Tajiquistão ao Afeganistão pouco depois do 11 de Setembro, ele se recusou. E foi isso. Quanto mais ele refletia sobre suas missões, mais nervoso se sentia. Também pensou melhor sobre os custos para sua família.[2]

Alguns acontecimentos concedem às pessoas liberdade para mudar. As probabilidades deveriam sugerir que as pessoas continuassem agindo da mesma forma enquanto os números permanecessem os mesmos. E uma das razões por que as pessoas mudam de ideia é prova de que nem sempre se pode julgar o perigo com sensatez. Nada mudou no mundo exterior para tornar a viagem de Norm mais perigosa, nem na cobertura das guerras – ou nas próprias guerras –, de modo a aumentar o perigo existente. Em termos de probabilidades, os riscos de Norm são os mesmos, antes e depois do bolinho de carne de porco. As mudanças foram internas.

Existem duas justificativas simples. A primeira decorre de novas informações (ver sobre incertezas epistêmicas, no Capítulo 14). Norm aprendeu alguma coisa sobre os riscos de viajar de trem que ele não tinha vivido antes. Médicos, governos, o Ministério da Saúde e Segurança também revisam seus aconselhamentos sobre riscos à medida que aprendem com os fatos. Mas o verdadeiro risco – seja qual for – é incognoscível, pois sempre podemos ver alguma coisa a mais. Ponha sempre o bebê para dormir de bruços, eles diziam, confiantes, até haver uma guinada de 180 graus nas evidências. "Se os fatos mudarem, eu mudo de ideia", disse o economista John Maynard Keynes, e os fatos relativos aos riscos dificilmente são definitivos.

A segunda justificativa para mudar de ideia é quando se vê o perigo sob uma nova luz, como quando David Shukman pensou na aflição que sua família sentia, ou quando Norm viu seus preconceitos virem à tona.

Por isso, esperar que este último tenha uma vida totalmente coerente seria uma incoerência: não é normal. A orientação básica em sua vida – a de que a razão e o cálculo são o único verdadeiro caminho – sobreviverá, você vai gostar de saber, mas talvez com uma certa sensação de altos, baixos e fraquezas. De qualquer forma, ele tomou um baque.

Norm, no entanto, vai continuar querendo saber dos fatos sobre os riscos quantificáveis de viajar, e aqui vão eles, primeiro de trem. Depois por estradas e por ar.

Os perigos começaram – e mal – em 15 de setembro de 1830, com a inauguração da estrada ferroviária entre Liverpool e Manchester. Quando William Huskisson, um proeminente político inglês, foi cumprimentar o duque de Wellington em seu vagão, foi esmagado pela locomotiva Rocket, de George Stephenson,[3] que vinha pelo outro trilho. A perna de Huskisson ficou "horrivelmente mutilada" e ele morreu poucas horas depois. Estranhamente, essa morte atraiu uma enorme e prejudicial publicidade para a ferrovia. Essa lição – a de que é mais seguro estar dentro de um trem olhando para fora do que fora do trem olhando para dentro – continua valendo até hoje.

Com boas razões: o interior de um trem é também um espaço público. Por si só, a presença de outras pessoas – inclusive com tiras coloridas no braço – contribui apenas com um minúsculo efeito na chance de alguém morrer ou se ferir. A invasão do espaço pessoal de Norm provocou tremedeiras, mas sem nenhuma base em estatísticas de mortalidade – assassinatos em trens são um bom tema de enredos, mas extremamente raros, embora um homem tenha sido condenado à prisão perpétua em 2006 pela morte de um estudante em um trajeto da Virgin Express de Carlisle a Devon. O jovem não fez mais do que retribuir um olhar do homem: "Que p... você tá me olhando? Eu vou te esfaquear já, já"; e foi o que ele fez, com uma faca de cozinha de 11 centímetros.[4]

Existe o risco de violências menos radicais, mas também é pequeno. Um estranho em um trem pode bater em você ou abusar de você. Em 2010 foram registradas 3.300 agressões em trens no Reino Unido. Mesmo assim, trata-se de 1 em 400 mil viagens. Quer dizer, se você viajasse de trem todos os dias, talvez fosse agredido uma vez em cada 1.000 anos, se os riscos fossem divididos equitativamente.

Isso, porém, não serve de consolo para Norm, que pode ter medo de ter chegado sua vez nesses mil anos. Ou talvez o preconceito distorça seu sentido de probabilidades. Não existem estatísticas para "questões de classe e dicção", como ele equacionou, ou outras esquisitices como mau linguajar, barulho, ser importunado, encarado ou o cheiro do sanduíche de alguém, embora essas coisas aconteçam. Então será que é com isso – com uma sensação desagradável e não com uma agressão física – que as pessoas estão de fato preocupadas quando dizem se sentir inseguras em transportes públicos? Será que a irritação com certo jeito de ser é parte do que torna ameaçadora a companhia de estranhos, mesmo quando o risco de violência é remoto? Norm tem medo porque não consegue prever o comportamento de uma pulseira – "psicoviolência" ou "piração de grau constrangedor"? –, e normalmente nos sentimos mais ressabiados com estranhos do que com amigos no banco de trás, dependendo de quem são seus amigos ou parentes. Como afirma uma pesquisa: "Sentimentos de ansiedade e fatores psicológicos atuam para fazer algumas pessoas se sentirem desconfortáveis em transportes públicos, e [...] isso age para aumentar a sensação de pouca segurança pessoal".[5]

Outros fatores influentes são o gênero – as mulheres tendem a se preocupar mais do que os homens – e uma "experiência real com um incidente envolvendo a segurança pessoal". Note bem, mesmo as mais consistentes dessas influências foram consideradas periféricas em relação ao que faz a maior diferença quanto ao que sentimos, isto é, o próprio registro de acidentes. Por isso os números são importantes.

Então, vamos a mais números. Apesar do azar de William Huskisson, as viagens de trem aumentaram muito nos 180 anos subsequentes. Na Grã-Bretanha houve 1,4 bilhão de viagens em 2010, mais de 800 milhões a mais que trinta anos antes: são 4 milhões de viagens por dia, totalizando 54 bilhões de quilômetros em um ano.[6] Isso significa que cada um dos 60 milhões de passageiros percorre uma média de 900 quilômetros por ano, ou cerca de 16 quilômetros por semana, embora essa seja uma daquelas "médias" maravilhosamente enganadoras, que não refletem a experiência de ninguém. Quem viaja 16 quilômetros por semana de trem? Existe uma enorme variação entre quem vai e volta do trabalho e alguém que mora no campo, isolado dos trens pelos cortes de Beeching[7] nos anos 1960, para quem o trem é um raro prazer (ou não).

Na base dessa distribuição estarão os que sofrem de "siderodromofobia", uma incomum fobia de trens, mas a maioria das pessoas se sente segura e aconchegada viajando de trem, como Norm em geral. E com boas razões – é extraordinariamente seguro viajar em um trem britânico. Não houve nenhuma morte em acidentes ferroviários para passageiros a bordo em 2010, nem nos três anos anteriores. Oito passageiros morreram em estações: um homem idoso que caiu de uma escada, quatro pessoas bêbadas que caíram da plataforma e coisas assim. A proporção é de 1 morte por 170 milhões de viagens de passageiros, e mesmo isso não reflete a experiência de um usuário típico.

O simples fato de não ter havido morte em acidentes ferroviários não implica que o risco futuro seja zero, mas podemos encaixar uma suave tendência a partir dos dados do passado,[8] que sugerem que o risco tem caído cerca de 6% ao ano e agora é estimado em 1,6 morte por ano. Isso corresponde a 33.750 quilômetros por MicroMorte. A Junta de Padrões e Segurança Ferroviária usa um método ligeiramente diferente e estabelece aproximadamente

12 mil quilômetros por MicroMorte, mais ou menos 30 vezes mais seguro que um automóvel para cada 1,6 quilômetro.

As pessoas caem mesmo das plataformas, mas os 240 principais ferimentos registrados em 2010 representam menos de 1 para cada 5 milhões de viagens: a taxa de acidente é mais alta fora do horário de pico, quando os usuários são menos habituados ao sistema ou podem estar bêbados – ou as duas coisas. Talvez seja culpa deles. Em 2012, porém, um guarda ferroviário foi condenado a cinco anos de prisão por ter feito sinal para um trem partir enquanto uma jovem bêbada estava encostada no vagão. Ela caiu entre o vagão e a plataforma e foi esmagada.[9]

Como fica o Reino Unido na comparação com outros países? Entre 2004 e 2009, foi a menor taxa de mortes da União Europeia, com exceção da Suécia e de Luxemburgo (que tem somente 274 quilômetros de estradas de ferro).[10] Por outro lado, duzentas pessoas morreram em apenas três acidentes em 2010 na Indian Railways, que transporta mais de 30 milhões de passageiros por dia. O Reino Unido, no entanto, teve sua parte em desastres espetaculares em sua busca por viagens de trem mais seguras, como uma colisão tripla em Harrow e Wealdstone em 1952, que provocou 112 mortes. Depois da Segunda Guerra Mundial o número de mortes de passageiros subiu regularmente em cinquenta vítimas por ano, enquanto cerca de duzentos trabalhadores ferroviários também morreram por ano. Em 2010 o número de trabalhadores mortos foi 1.

Como Huskisson descobriu, porém, um trem em movimento pode ser letal se você não estiver a bordo: em 2010, 239 pessoas morreram por causa de trens britânicos, mas não estavam dentro deles. Principalmente suicidas ou suspeitos de suicídios, mas 31 estavam atravessando a linha férrea em pontos legais ou ilegais, mais ou menos meio a meio. O número de não passageiros mortos não melhorou: foi exatamente o mesmo de 1952, quando morreram 245. O número de suicídios também foi incrivelmente constante, variando entre 189 e 233 nos últimos dez anos. Quetelet teria entendido.

Na era vitoriana, uma colisão de trens com poucas mortes ganharia somente as páginas internas de um jornal. Hoje, a imagem de um trem descarrilado teria ampla cobertura na mídia. Está claro que a mera contagem de corpos não chega a aferir o interesse público e preocupação com um "desastre". Um acidente que mata, digamos, dez pessoas ganha muito mais atenção do que dez acidentes matando uma pessoa cada um. As 250 pessoas que morrem nos trilhos anualmente ganham pouca publicidade, mas imagine se todas morressem ao mesmo tempo...

Esse é um problema quando se decide gastar dinheiro com segurança, e é quando o governo usa o conceito de Valor de uma Vida Estatística, ou Valor de Prevenção de uma Fatalidade. Como abordado no Capítulo 1, esse valor atualmente é cerca de 1,6 milhão de libras, correspondente a 1,60 libra para evitar uma MM. O cálculo falha, porém, quando por alguma razão vidas perdidas em grupo valem mais do que vidas perdidas individualmente. Por isso, pode ser usado um multiplicador que "sobrepesa" vidas perdidas em um "desastre", para refletir a preocupação do público.

Embora o transporte ferroviário seja considerado seguro, as pessoas continuam achando ser uma boa ideia gastar grandes quantias de dinheiro tornando-o mais seguro. A Rail Safety and Standards Board emprega um filósofo consultor para ajudar a entender por quê. Ele concluiu que era por uma questão moral – as pessoas tinham vergonha de imaginar que desastres de trem podiam acontecer e se sentiam indignadas quando eles eram causados pelas ações de alguém; por isso não toleram muito risco.[11]

Essa cautela, no entanto, pode ter consequências inesperadas. Depois dos ataques de 11 de Setembro em Nova York, muitas pessoas se sentiram temerosas de voar e preferiram viajar em seus automóveis. Gerd Gigerenzer afirma que 1.500 pessoas a mais do que o normal morreram em estradas dos EUA no ano seguinte.[12] Da mesma forma, depois que o descarrilamento de um trem em Hatfield matou quatro pessoas em 2000, restrições de velocidade nos trens enquanto os trilhos eram revisados causaram um engarrafamento no sistema; mais uma vez as pessoas pegaram seus carros, e houve registro de cerca de cinco mortes no primeiro mês (embora não esteja clara a origem desse número). Melhor ficar com o trem, desde que se evitem álcool e escadarias – e não se importar com bolinhos de carne de porco ou sotaques estranhos.

ESTRADAS

Estradas são inquestionavelmente mais perigosas. Em 2010, nosso risco médio anual de morrer nas estradas foi de cerca de 31 MMs. Como a dose média anual de risco agudo fatal de causas externas é de aproximadamente 350 MMs por ano (mais ou menos um por dia, lembra?), isso significa que perto de 9% desse risco no Reino Unido está nas estradas. Em relação a trens e aviões, na média, é muito mais perigoso, por quilômetro, dirigir, pilotar uma moto, bicicleta ou andar onde houver fluxo de veículos.

Quantos, porém, acreditam que estão nessa média? A maioria acha que está mais segura que isso – uma autoconfiança conhecida como efeito acima da média ou superioridade ilusória.[13] Como todo mundo, até Norm já chegou a pensar que estava em situação melhor do que a média. Trata-se de algo ilusório por razões óbvias, já que somente metade dos motoristas pode estar na metade superior; portanto, se exatamente metade dos motoristas achasse que está neste patamar, *todos* em teoria poderiam estar errados. Mesmo que você seja realmente melhor, não poderia ser muito melhor. E se sua perícia acima da média ao volante faz de você um imbecil acima da média, você pode ser tão convencido que se torna um grande perigo.

A superioridade ilusória também está relacionada a uma ilusão de controle: a noção de que, com o volante (ou o guidom) nas mãos, nosso destino está em nossas habilidosas mãos, não à mercê do piloto, que pode vacilar e cair com o avião por conta de um divórcio litigioso. Embora haja uma *sensação* de vulnerabilidade em estar apertado na classe econômica, esperando as asas se soltarem, a falta de controle evidentemente não significa um alto risco. Michael Blastland (MB) não teve controle nenhum quando passou por uma cirurgia simples do coração, mas ele não disse: "Deixa que eu faço isso". Por isso, estar ao volante com uma notável habilidade na estrada e no veículo, totalmente no controle (você acha), pode passar uma falsa segurança e alimentar um excesso de confiança em si próprio. Isso porque o risco nas estradas é determinado não apenas por nossa aptidão, mas também pela de todos os outros bêbados e lunáticos por aí, e em parte por acidentes que não têm nada a ver com a habilidade de ninguém, pois são perigos que vêm do nada, como um cachorro perdido atravessando a rua.

Então, vale mais uma vez a pergunta: será que somos malucos? Uma tática para superar o medo de voar é imaginar que você está nos controles, puxando o manche ao decolar, fingindo como uma criança. Claro que estaremos nos enganando. E sabemos disso. Não somos tão burros. Talvez o que essa pretensão faça é nos lembrar de que pelo menos alguém está no controle, e é isso que eles vão fazer, e nós aprovamos.

Há um argumento de que esse padrão duplo – o risco quando eu estou dirigindo, tudo bem, o risco de um trem ou avião, não – se justifica mesmo que pareça ser desmentido pela evidência estatística. Essa ideia é apoiada pelo filósofo moral da Rail Safety and Standards Board: se outros estiverem no controle, claro que eles vão cuidar melhor de mim do que eu poderia cuidar de mim mesmo. É o trabalho deles. Se eu arriscar o meu pescoço, será um descuido; se *eles* arriscarem o meu pescoço, será um crime. Portanto, continua o argumento, existe uma lógica no destaque nas páginas da cobertura da imprensa de uma morte nos trilhos – alguém tem de ser culpado, o acidente mexe também com a confiança do público, responsabilidade governamental e corporativa – em comparação ao tratamento mais discreto das mortes nas estradas, que estão mais para um erro fatal, um julgamento pessoal que resulta em um lamento privado de pouca importância pública.

Você pode discordar disso, até zombar de pessoas que preferem a segurança de automóveis à de aviões, mas parte dessa preferência pode ser considerada mais como uma expressão de confiança, ou de desconfiança, do que como uma demonstração de irracionalidade.

Uma complicação final é que uma das consequências desse sentimento de segurança é dirigir mais perigosamente. Isso é conhecido como "homeostase de risco", a noção de que temos um termostato de risco interno, um nível de risco que estamos preparados para tolerar (ou um que procuramos e tentamos manter por ser o nível de que gostamos). Quando os riscos se alteram – com cintos de segurança, *air bags*, freios melhores –, nós adaptamos o nosso comportamento para manter o mesmo nível de risco. Assim, à medida que os carros vão se tornando mais seguros, muitos motoristas passam a dirigir mais depressa, transferindo o risco para outros usuários da estrada, como os pedestres, que não usam *air bags*.

Segundo John Adams, especialista em riscos no trânsito, uma medida de segurança melhor seria um grande espeto na coluna da direção apontada para o peito do motorista, sem cinto de segurança. Isso deveria recalibrar o termostato de risco de alguns jovens pilotos velozes para uns 15 quilômetros por hora. Dudley Moore disse que o melhor dispositivo de segurança é um policial no espelho retrovisor. Ambos, cada um a seu modo, argumentam que as pessoas se tornam mais cuidadosas quando se sentem mais vulneráveis. Se quisermos que as pessoas dirijam com segurança, devemos expô-las ao perigo. A teoria da homeostase de risco também funciona no sentido oposto: quanto mais protegermos as pessoas das consequências de assumir riscos, mais elas vão se arriscar. É difícil dizer de antemão como funciona esse equilíbrio de mecânica e psicologia. Será que novos dispositivos de segurança fazem mais diferença no número de fatalidades do que uma mudança de comportamento?

Adams defende também que uma razão da queda de mortes nas estradas é que algumas rodovias se tornam tão letais que nenhum pedestre chega perto delas. Se for verdade, a queda de mortalidade nessas vias é uma medida não de segurança, mas de perigo.

Em resumo, o risco de morte ou de ferimentos nas estradas está sujeito a diversas formas de filtros psicológicos e questões de interpretação. Então será que todas as informações são inúteis? Na verdade, o que elas nos transmitem é tão claro que continuam firmes mesmo sujeitas a uma grande margem de erro e interpretação. Todos os dados são errôneos. A questão é se são tão errôneos a ponto de não ser possível tirar conclusões a partir deles. Vamos a eles.

Em 1950, poucos anos antes de DS nascer, havia 4,4 milhões de veículos registrados na Grã-Bretanha. Em 2010, esse número era oito vezes maior, o que, descontado o crescimento da população, corresponde ao aumento de um veículo para cada onze pessoas para um a cada duas pessoas.

Seria razoável supor que mais veículos nas estradas resultassem em mais mortes. Não é o que as estatísticas sugerem. Houve 5.012 acidentes fatais em 1950. Em 2010 esse número havia caído para 1.850, uma redução de 63% em termos absolutos.

Em termos relativos essa redução é ainda mais extraordinária, em vista do rápido aumento no volume do tráfego. Em 1950, houve 114 mortes para cada 100 mil veículos. Em 2010 foram 5, uma redução de 96%. Para DS isso não é surpreendente, pois ele se lembra da infância, de como gostava de viajar no banco da frente de uma velha perua, sem inspeções regulares de segurança, sem cintos de segurança ou *air bags*. E também de como as pessoas iam a bares, bebiam a noite toda e voltavam ziguezagueando para casa. Trata-se de uma redução de uma média de 102 MMs por pessoa por ano em 1950 para cerca de 31 MMs em 2010.

Entre usuários de automóveis, o número de mortes ficou mais ou menos onde estava sessenta anos atrás – o número era de aproximadamente 20 por semana em 1950, subiu para 60 por semana nos anos 1960 e agora voltou aos 20 por semana. O maior número de vidas salvas foi de pedestres e ciclistas: de 60 por semana em 1950 (apesar de ter sido ainda pior em 1940, quando surpreendentes 120 pessoas eram mortas por semana por veículos de faróis apagados em períodos de blecaute), com queda de mais de 82% em 2010, para 11 por semana. Outra maneira de analisar esse número é que, para cada 100 mil veículos, mais ou menos 1 pedestre ou ciclista é morto por ano. (Vamos comparar esse número com os de outros países mais adiante.)

Essas estatísticas dependem da contagem de mortos, que é macabra, porém fácil. Contar acidentes e feridos é mais complicado – afinal, o que é um ferimento, qual é o nível de gravidade para ser registrado? –, mas em 1950 foram registrados 167 mil acidentes, com 196 mil feridos, e em 2010 o número foi quase o mesmo: 154 mil acidentes, com 207 mil feridos.

Significa que as pessoas continuam colidindo quatrocentas vezes por dia, mas a proporção de acidentes fatais caiu excepcionalmente, por causa de limites de velocidade, medidas de segurança e atendimento médico melhor e mais rápido.

Quase todos os países mais ricos mostraram essa tendência: em trinta anos, entre 1980 e 2009, as mortes nas estradas caíram 55% na Austrália, 69% na França, 63% na Inglaterra, 54% na Itália e 58% na Espanha, apesar do crescente volume do tráfego – ainda que a redução nos EUA tenha sido de apenas 34% e as mortes tenham subido ligeiramente na Grécia. Nos países em que os dados são mais confiáveis, podemos estimar um número médio de MicroMortes por cada 1.000 quilômetros que um veículo percorre: 4 MMs por 1.000 quilômetros no Reino Unido, 7 MMs nos EUA, 10 MMs na Bélgica, 20 MMs na Coreia, 40 MMs na Romênia e 56 MMs no Brasil.[14]

Mas quem sofre esses riscos? Nos países mais ricos a maioria das mortes rodoviárias ocorre com os ocupantes dos veículos, enquanto nos países mais pobres as vítimas ficaram conhecidas como "usuários vulneráveis das estradas": pedestres, ciclistas e aquelas famílias inteiras que se amontoam em uma pequena motocicleta. Na Tailândia, 70% de todas as mortes nas estradas são de condutores de veículos de duas rodas,[15] o que não deve surpreender ninguém que tenha presenciado o tráfego de Bangkok.

E é nos países de rendas baixa e média que as pessoas estão expostas a riscos mais graves. Estima-se que cerca de 1,4 milhão de pessoas são mortas nas estradas a cada ano, isto é, mais ou menos 3.500 por dia, 3 mil das quais em países em desenvolvimento – apesar de estes responderem por menos da metade de todos os carros.[16] A maioria dessas vítimas é de usuários vulneráveis de estradas. A África do Sul contabiliza 15 mil mortos por ano, uma estatística que ganhou destaque quando a bisneta de Nelson Mandela, Zenani, morreu em um acidente.

A Organização Mundial da Saúde (OMS) prevê que os ferimentos em acidentes rodoviários irão da atual 9ª posição na tabela de causas de morte para o 5º lugar por volta de 2030, provocando 2,4 milhões de mortes (além de 20 milhões a 50 milhões de feridos), principalmente de jovens, com um custo enorme para as economias.[17] A OMS indica que somente 47% dos países dispõem de leis sobre medidas de segurança em relação a velocidade, bebida, cintos de segurança, capacetes e restrições a crianças. E de maneira geral essas medidas não são aplicadas.

O risco médio de um indivíduo morrer em uma estrada – 31 MMs por ano no Reino Unido – é de 103 MMs em países desenvolvidos em geral, mas de 205 MMs em países de baixa ou média rendas. Pode parecer estranho que países com menor número de veículos sejam mais perigosos, mas, talvez surpreendentemente, as mortes por veículo declinam sensivelmente quando as estradas ficam mais movimentadas. Na verdade, as estradas mais vazias são as mais letais. Essa observação tem um nome: é a "lei de Smeed" no tráfego.[18] Ela ilustra uma extraordinária estatística sobre a Etiópia, onde a OMS registrou, em 2007, somente 244 mil veículos, os quais conseguiram matar 2.517 pessoas. A maioria dessas mortes foi de pedestres: uma morte por ano para cada cem veículos. Essa mesma taxa aplicada no Reino Unido, com 34 milhões de veículos, representaria 340 mil mortes por ano, em vez de menos de 2 mil.

Uma lição a ser aprendida é que – se tivermos dinheiro – quanto maior se tornar o perigo envolvido em um tráfego mais rápido e mais pesado mais provável será que façamos algo para controlar esses riscos, que não ficam inertes como um fato consolidado e não podem ser separados da forma como reagimos a tais perigos.

VOAR

"O piloto comunicou que há sinais de turbulência à frente. Por favor, retornem aos seus lugares e afivelem o cinto de segurança."

Quando o avião sacoleja, as asas oscilam para baixo e para cima, bebês choram e as mãos se agarram no braço da cadeira. Será que alguém permanece totalmente calmo, a não ser os que estão bêbados, drogados, dormindo – ou as três coisas?

Medo de voar, ou aerofobia, é uma coisa comum. De 3% a 5% das pessoas simplesmente não viajam de avião, cerca de 17% admitem ter "medo de voar" e entre 30% e 40% sofrem de ansiedade moderada.[19] Temos exemplos de profissionais de risco – arquétipos de racionalidade – que se recusam a voar.

Esse temor pode ser tratado: a British Airways organiza cursos de um dia, por cerca de 250 libras, que são concluídos em um voo de 45 minutos.[20] Infelizmente, a empresa não publica as taxas de sucesso, nem revela quantos são retirados em pânico dos aviões.

Mais uma vez, de todos os fatores clássicos relacionados ao medo, é a sensação de total falta de controle sobre o próprio destino que mais se manifesta quando se está em uma cadeira de avião com o chão lá embaixo. Talvez contribua também certa falta de compreensão – como é possível isso se manter no ar? Será que, se todos pararmos de acreditar, o avião vai cair?

Já vimos também como a disponibilidade fácil de imagens negativas influencia a nossa percepção, e a mídia adora mostrar imagens de aviões destroçados. Os que já têm certa idade lembram-se de exemplos da história, do cantor Buddy Holly ao acidente com o time de futebol do Manchester United.

Em termos de uma verdadeira pornografia de desastres aéreos, porém, é imbatível o site de nome nada sutil Plane Crash Info,[21] que mantém um banco de dados com todos os acidentes fatais envolvendo companhias aéreas comerciais, bem como fotos sombrias e até trechos de áudio de gravações de caixas-pretas – que são, no mínimo, perturbadores. Em 2011 foram registrados 44 acidentes, aproximadamente um por semana. Soa mal, mas é uma melhora em relação aos 70 de 2001 (incluindo, claro, os quatro aviões do 11 de Setembro).

Suas análises, vividamente ilustradas no Quadro 18, mostram que a etapa de cruzeiro – entre o fim da subida e o início da descida – é de longe a mais segura, que leva mais tempo e tem menos acidentes. Por minuto, decolagem e aterrissagem são 60 vezes mais perigosas que a fase de cruzeiro. Tente entoar esse mantra durante uma turbulência.

O Plane Crash Info estima também que as falhas humanas respondem por mais da metade dos acidentes – mas, seja erro do piloto, seja falha mecânica, não há nada que você possa fazer.

Talvez, porém, você possa fazer algo ao escolher a companhia aérea com a qual vai voar: o Plane Crash Info calcula que, nas trinta companhias mais seguras, existe uma média de um acidente para cada 11 milhões de voos; como existe chance de sobreviver, a probabilidade de morrer é de 1 em 29 milhões por voo. Em comparação, para as 25 piores companhias aéreas, a taxa de acidentes fatais é 10 vezes maior, e a chance de morrer em um voo é cerca de 20 vezes mais alta.

Quadro 18: **Em que momento do voo ocorrem mais acidentes**
Entre 1959 e 2008, em %[22]

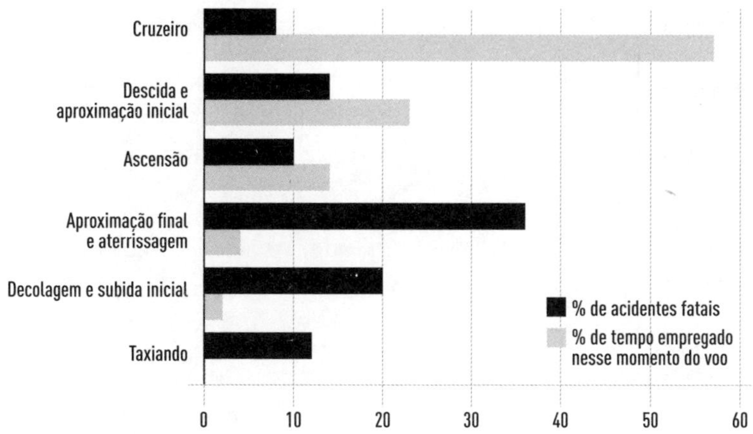

Para o cálculo de MicroMortes, os melhores dados vêm das estatísticas da US National Transportation Safety Board, sobre aviões transportando pelo menos dez passageiros.[23] Observando os dez anos de 2002 a 2011, as companhias aéreas comerciais nos EUA realizaram em média 10 milhões de voos. Durante esse período não houve grandes desastres, e uma média de dezesseis passageiros e tripulantes morreram anualmente, entre os 700 milhões que embarcaram em um avião – o que dá 0,02 MM por voo, ou uma média de 50 milhões de voos antes de ser morto. Então, se você tomar um avião por dia, o correspondente a 120 mil anos.

Sim, você pode reclamar que estamos deixando de fora o dia 11 de setembro de 2001. Se considerarmos, porém, o período de 1992 a 2011, em que houve um número maior de acidentes, o resultado é de 0,11 MM por voo, ou uma média de 9 milhões de voos antes de morrer.

Como podemos, no entanto, mensurar esses riscos de forma a compará-los com diferentes maneiras de viajar? Por viagem, por

Quadro 19: **Causas de acidentes fatais em companhias aéreas comerciais**
Entre 1950 e 2010, em %[24]

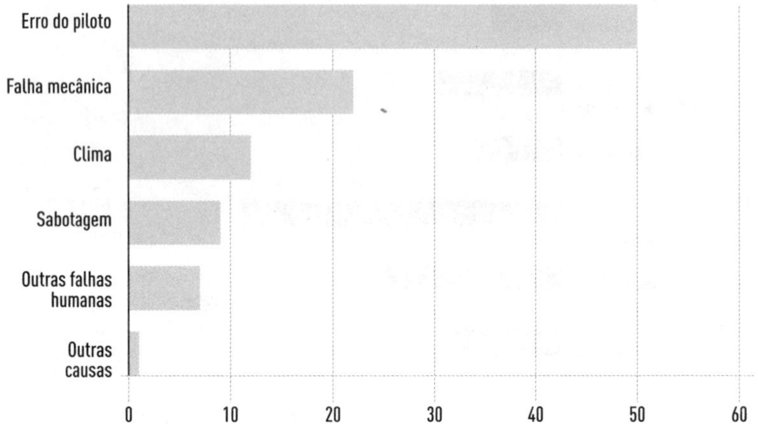

quilômetro ou por hora? Vamos usar como referência a probabilidade meio pessimista de 1 em 10 milhões de morrer por voo, que é de 10 voos por MicroMorte. Um voo comercial médio nos EUA dura 1,8 hora e percorre 1.200 quilômetros. É o mesmo que 12 mil quilômetros ou 18 horas por MicroMorte, mais ou menos 20 vezes a distância para alguém que dirige no Reino Unido, e o mesmo para o trem.

Como vimos, os riscos não se espalham por igual durante o voo. E se fosse realmente escolher um transporte para viajar baseado nesses dados, você precisaria levar em conta a locomoção de carro até o aeroporto, ou de bicicleta até a estação ferroviária e assim por diante.

Porém, um conjunto de estatísticas de voo se destaca das restantes e é de fato diferente: as pequenas aeronaves particulares, que fazem parte do que chamamos de aviação geral. Existem cerca de 220 mil aparelhos inscritos na aviação geral dos EUA, com aproximadamente 1.600 acidentes por ano, 300 deles fatais. Isso dá

6 por semana. Na média dos últimos dez anos, nada menos que 520 pessoas por ano morreram em pequenas aeronaves e helicópteros, 97% de todas as mortes.

Isso resulta em 13 acidentes fatais por 1 milhão de horas de voo, cerca de 150 vezes o índice das companhias aéreas comerciais. O que dá em torno de 1 MM para cada 6 minutos em um pequeno avião em um percurso de cerca de 24 quilômetros, mais ou menos o mesmo risco, por quilômetro, de caminhar ou andar de bicicleta.

Vemos o mesmo padrão no Reino Unido: entre 2000 e 2010 houve 9 mortes em linhas aéreas, 34 em helicópteros e 202 na "aviação geral".[25] Definitivamente, maior significa mais seguro. Então aí vai uma pergunta muito pertinente no embate estatísticas *versus* psicologia: será que pilotos de aviões menores se sentem mais seguros por estar no comando? Se você conhecer algum, pergunte.

Uma última reflexão. Turbulências podem ser perigosas mesmo se o avião se mantiver no ar: treze pessoas ficaram feridas durante turbulências por ano até agosto de 2012 em companhias aéreas comerciais dos EUA. Destas, doze eram tripulantes trabalhando a bordo.[26] Portanto, quando as luzes de segurança se acenderem, aperte o cinto e fique contente por ser um passageiro, e não estar empurrando um carrinho de bebidas no corredor.

16. Esportes radicais

Era uma lenta subida de carro, passando por onze curvas fechadas na estrada conhecida como Escada do Gigante, depois uma caminhada mais lenta ainda seguindo as demarcações de pedras empilhadas, evitando as pedras soltas, até chegar ao topo da enorme montanha cônica chamada Bispen, "o Bispo", imponente como uma imensa casquinha de sorvete de ponta-cabeça.

Aqui o ar era parado, claro, frio. Lá embaixo, bem longe, o lago era um manto reluzente de lantejoulas entre granito e montanhas. Nuvens altas e tênues pairavam sobre o vale. Aqui o mundo dos humanos desaparecia. Não havia nada além da vista e da encosta, da paisagem, formas e texturas distantes, matizes de cinza e verde.

Kelvin posicionou-se na beira, sozinho e amedrontado, tão atemorizado quanto qualquer um de pé diante de um precipício. Ele saltou.

Visto de cima, era um fragmento caindo em direção ao chão. Visto de baixo, era uma batuta em forma de homem estampada no fundo azul. No ar, Kelvin abriu os braços e pernas, estendendo as membranas do traje de voo que irromperam num turbilhão sonoro – e se sentiu livre.

— Você meio que vai para onde estiver olhando — diziam sobre saltar de uma montanha em um traje de *base jump*. — Você só precisa... abrir os braços.

Em velocidade quase terminal, Kelvin planou, descrevendo uma curva. Em saltos anteriores, ele tinha "saído do pedaço", como diziam, afastando-se depressa e voando para longe da encosta da montanha. Aquilo, porém, já tinha ficado chato. Ele então girou os ombros e deu uma guinada na direção da montanha, mantendo distância da ameaçadora face de rocha escarpada com arbustos passageiros e troncos de árvores, passando por lampejos de luz refletida e sombras repentinas enquanto o chão subia em forma de espetos e calombos, fendas e recôncavos, contornando a encosta, navegando na turbulência do ar agitado enquanto traçava uma longa e suave linha em direção ao solo.[1]

Zumbindo pelas paredes, como diziam, mãos esticadas, a um dedo de se despedaçar.

— Um descuido e você tá 100% morto — eles disseram. — Clique. Sem mais.

Kelvin sabia disso: isto é, sabia que sua morte era uma possibilidade real, como qualquer um de nós pode saber.

— Radical, cara, muito irado — estariam comentando, espantados, boquiabertos com a maneira como Kelvin passou pela turma que assistia a tudo lá embaixo: um torpedo numa curva fechada a mais de 150 quilômetros por hora, um projétil que poderia abrir um buraco numa casa, mas que era, surpreendentemente, um ser humano. Legal.

No minuto seguinte ele pairou sobre a floresta, um esquilo voador sustentado por um colchão de ar. Não voando, na verdade, "mas caindo com estilo", como diziam.

— A atividade mais extrema e radical do planeta — definiam.

Quando o lago se aproximou, Kelvin fechou os braços, juntou os calcanhares e se aprumou, ainda zunindo acima da água, mas reduzindo a velocidade antes de puxar a corda para abrir o paraquedas. Então, violentamente, fez-se a paz. Nada além do cacarejar suave da risada de Kelvin e uma alegria sem fim, o máximo do barato enquanto se dirigia para a margem.

Enquanto descia, pensava naqueles que diziam que aquilo era impossível. Ora, o que você acha? Ele simplesmente conseguiu. Gostava de que as pessoas achassem que ele era louco. Pensou em Graham Greene jogando roleta-russa com o revólver do pai, e uma lembrança que mal reconhecia como sua, envolvendo Dostoiévski e um piano.

— Radical! Kelvin é o cara! — diziam, quando ele voltou carregando o paraquedas.

— Meu!

— Radical!

— Isso aí!

— Legal!

Não havia dúvida: para viver de verdade, era preciso quase morrer.

Existe uma competição bienal de salto de penhascos usando traje de voo. Difícil acreditar, mas é uma corrida. O objetivo é ser o mais rápido na descida. Chama-se Base Race e é organizada pelo alemão Paul Fortun (nome perfeito para alguém que gosta de se arriscar). Você poderia pensar, ao contrário de Kelvin, que Paul é um destemido. Senão, como poderia saltar de uma montanha? Mas em 2012 ele declarou: "Eu fico aterrorizado cada vez que salto, todo mundo fica. Acho que se você não ficar com medo de uma coisa dessas, pra que saltar?".[2]

O que representa uma clara inversão do princípio da precaução – fazer uma coisa *justamente* porque pode dar errado. "Tem tudo a ver com o gosto pelo medo e a falta de controle", afirmou. "Eu adoro."

A maior parte deste livro discute os perigos de morte como se fossem uma coisa ruim. O perigo, porém, pode ser o maior barato. Estranhamente, os que amam e os que odeiam a ideia não precisam necessariamente discordar sobre os riscos quantificados. Não é que Paul Fortun e Kelvin façam isso por perceberem a probabilidade da morte de forma diferente das outras pessoas, mas por perceber exatamente da mesma forma. É por isso que eles gostam.[3]

Nos tempos em que a vida era mais curta e bruta, com riscos diários de doenças, fome e conflitos, você poderia imaginar que muita gente preferisse não se expor, não praticar esportes em que o perigo fosse o grande atrativo – pois já havia ameaças de sobra. No século XVI, porém, as pessoas já boxeavam sem luvas, jogavam ou, mais precisamente, lutavam em uma espécie de festival de futebol sem regras ou árbitros que às vezes deixava gente morta ou aleijada ou, se fossem ricas, participavam de justas (na era medieval) ou (tempos depois) galopavam se equilibrando na beira de precipícios.

Quando a vida ficou mais aconchegante e previsível para alguns dos cidadãos mais ricos na Europa do século XIX, surgiu o Alpine Club – critério para o ingresso: "um número razoável de picos respeitáveis" –, fundado em Londres, em 1857, quando os britânicos dominavam o alpinismo e escalavam os clássicos com roupas extravagantes e inapropriadas. Esses cavalheiros – e uma ou duas mulheres – tinham muitas motivações. Para alguns era a ciência, para outros uma união espiritual com a natureza, para uns poucos "os dedos afiados e frios do perigo".[4]

Escalar montanhas era arriscado naquela época e é arriscado até hoje. À parte a possibilidade de quedas, o oxigênio rarefeito, as temperaturas congelantes, a exposição ao vento e ao sol e a exaustão. É difícil, no entanto, atribuir números a esses riscos. Apesar de a contagem de mortos ser relativamente reveladora, devemos considerar essas mortes em proporção a todos os que escalam ou apenas aos que tentam alcançar altos picos por dia de atividade? Outro problema é que, seja qual for a medida, precisamos saber quantas pessoas decidem se entregar a práticas periclitantes, e esses dados são difíceis de compilar. Por isso, os números a seguir tendem a ser imprecisos e grosseiros.

Até o final de 2011, sabia-se de 219 pessoas que morreram escalando o monte Everest, 1 a cada 25 que chegaram ao cume. Dos 20 mil montanhistas que teriam passado dos 8 mil metros do Himalaia entre 1990 e 2006, estimava-se que 238 haviam morrido, uma taxa de cerca de 12 mil MMs por escalada.[5] Em outro estudo, de 533 montanhistas em expedições britânicas acima dos 7 mil metros entre 1968 e 1987, houve 23 mortes (1 em 23), o equivalente a mais ou menos 43 mil MMs por escalada.[6] O montanhismo nessas altitudes é mais arriscado do que uma missão de bombardeio na Segunda Guerra Mundial, ou aproximadamente igual a 117 anos de risco agudo.

A seguir, quedas com estilo. Enquanto alguns se sentem aterrorizados só de pensar em subir em um avião, outros curtem descer em pleno voo, ou se atirar no ar. Os perigos ficaram patentes desde que Ícaro vestiu asas falsas e descobriu que voar não era tão fácil quanto para os pássaros.

O paraquedas foi desenvolvido no final dos anos 1700, a asa-delta, cem anos depois. Era uma época em que se esperava que os inventores demonstrassem suas ousadas ideias pessoalmente. Um desses foi Franz Reichelt, alfaiate que, em 1912, inventou um paraquedas vestível, mistura de grande capa de chuva com bote inflável. Funcionou com manequins.

Reichelt garantiu às autoridades que faria um teste com um boneco na torre Eiffel. No último instante ele próprio subiu no parapeito usando seu paraquedas e ninguém conseguiu dissuadi-lo.

Um filme da época mostra o momento de suspense em que ele oscila para a frente e para trás, reunindo coragem para saltar, antes de tombar como um pássaro alvejado. A multidão, silenciosa no filme, mas sem dúvida aos gritos, corre para ver o corpo no solo gelado.[7] Depois aparecem policiais medindo a profundidade das marcas no chão.

Competições de paraquedismo começaram nos anos 1930, e a US Parachute Association estimava que cerca de 2,6 milhões de saltos haviam sido realizados por ano entre 2000 e 2010.[8] Existem riscos, porém: nesse período, 279 pessoas morreram, cerca de 25 por ano, uma taxa de 10 MMs por salto. O exame dos detalhes dos acidentes revela se tratar principalmente de entusiastas experientes, com milhares de saltos no currículo, forçando cada vez mais os limites. Os novatos estavam mais seguros.

Reichelt poderia ser considerado um dos primeiros *base jumpers*, um esporte em que os praticantes pulam de estruturas fixas e não de aviões. Nem é preciso dizer que isso é perigoso, ainda que, talvez surpreendentemente, possa ser menos perigoso saltar de certas montanhas do que escalar uma montanha muito alta. O Kjerag Massif, na Noruega, é um dos pontos de lançamento mais seguros, com uma queda de 1.000 metros. Na teoria, o trajeto permite um bom tempo para fazer algo para suavizar o inevitável encontro com o chão. Mesmo assim, ao longo de onze anos e 20.850 saltos, houve 9 mortes e 82 acidentes não fatais:[9] uma morte para cada 2.300 saltos, ou uma média de aproximadamente 430 MMs por salto. E trata-se de um dos pontos mais seguros: *base jump* não é um esporte de massa, por razões óbvias, mas já foram registradas 180 mortes, com trajes de voo cada vez mais aperfeiçoados, que abrem como um esquilo voador, mais ou menos como o pobre Reichelt pretendia.

Se mergulhar no ar não parecer atraente, é sempre possível mergulhar na água. O desenvolvimento do "Aqua-Lung" por Jacques Cousteau, em 1943, transformou o mergulho autônomo em uma atividade de lazer, e o British Sub-Aqua Club (BSAC) conta hoje com mais de 35 mil membros. O BSAC mantém um minucioso registro de mortes em mergulhos, tendo contabilizado 197 nos doze anos entre 1998 e 2009, uma média de mais ou menos 16 por ano.[10] Estima em cerca de 30 milhões o número de mergulhos durante esse período, o que resulta na média de risco letal de perto de 8 MMs por mergulho. Trata-se, porém, de uma média – para os membros do BSAC o número é de 5 por mergulho; para os não membros, 10.

Mergulho, assim como o montanhismo e o paraquedismo modernos, depende de desenvolvimentos tecnológicos para reduzir o risco desse passatempo inerentemente perigoso. Em comparação, correr parece natural e moderado, um esporte para os mais cautelosos. Corridas de longa distância, porém, como Fedípides descobriu 2.500 anos atrás, ao desabar e morrer depois de seu percurso de 42 quilômetros para anunciar a vitória na Batalha de Maratona, pode terminar em mais do que pés esfolados. Em 3,3 milhões de participantes de maratona nos EUA, entre 1975 e 2004, houve 26 mortes súbitas.[11] Mais ou menos 7 MMs por maratona na média, próximo de mergulho autônomo ou salto livre. O risco de beber muita água chamou atenção recentemente, depois de causar a morte de um participante na Maratona de Londres em 2007.[12]

A maioria dos esportes de fim de semana não mata ninguém, mas ferimentos são comuns. Segundo dados coletados em uma amostra de pessoas tratadas em hospitais por acidentes em atividades de lazer, segundo estatísticas do Leisure Accident Surveillance System (LASS), por exemplo, 620 pessoas se machucaram em escolas de equitação em 2002.[13]

Esses dados, no entanto, se baseiam em apenas dezessete unidades hospitalares no Reino Unido. Numa escala abrangente do país todo, a estimativa é de aproximadamente 12.700 acidentes em escolas de equitação. Da mesma forma, a LASS estima 6.500 acidentes em clubes de golfe e quase 700 mil lesões em todas as modalidades esportivas, a maioria – 450 mil – resultante de jogos com bola, o suficiente para fazer você ficar em casa assistindo ao futebol pela televisão. O LASS chega a identificar objetos específicos associados a cada ferimento: 200 com dardos (melhor nem perguntar), 1.600 com cordas de pular, 17 mil com bolas de críquete, 260 mil com bolas de futebol, 34 mil com pranchas de *skate* e patins, 3.200 com anzóis de pesca e 5.800 em pula-pulas. E 164 ferimentos em tropeços em traves de críquete.

MB perguntou a um amigo *traceur* – praticante de *parkour*, esporte urbano de saltos para ultrapassar barreiras – sobre riscos de ferimentos de rolar, saltar e contornar obstáculos públicos em velocidade; ele foi repreendido por não saber que *parkour* era uma técnica para evitar riscos, que ensina a se movimentar com rapidez e mais segurança. Ao que não se pode deixar de replicar: se a questão é segurança, por que não ir pela escada? (Embora as escadas também tenham seus perigos: ver Capítulo 18, sobre saúde e segurança.)

Claramente, não tem nada a ver com ser cauteloso. Também deve ser notado que a maioria das pessoas não deseja morrer. Considerando-se queda livre, mergulho autônomo, correr maratonas e outros esportes moderadamente radicais, parece haver um nível de risco natural – até mais ou menos 10 MMs – que a maior parte dos participantes está preparada para aceitar nos limites da sensatez. Isso não inclui *base jump* nem escalar altas montanhas.

Por isso, não é ilógico que pessoas falem de segurança ao mesmo tempo que flertam com o perigo. Esportes perigosos nem sempre implicam temeridade, pois os riscos parecem ser calibrados com cuidado, mesmo que nem sempre sejam conscientes. Os riscos agudos dessas atividades com certeza são maiores do que os de um dia normal no escritório, mas para a maioria dos participantes de esportes mais ou menos radicais um risco dez vezes acima da média diária parece se situar no ponto em que seus termostatos de riscos são ajustados nos fins de semana.

Estudo de Stephen Lyng sobre o que ele chama de *edgework*, um termo cunhado por Hunter S. Thompson em *Medo e delírio em Las Vegas* (ver também Capítulo 9, sobre consumo de drogas ilegais), define o termo no âmbito da linguagem de teoria social como "adquirir e utilizar aptidões finamente aperfeiçoadas e vivenciar intensas sensações de autodeterminação e controle, propiciando assim uma escapatória de condições estruturais que apoiam uma alienação e socialização excessiva".[14]

Não gosta do trabalho, se sente como uma engrenagem na máquina e cansado da MicroMorte cotidiana? Quer se sentir espontâneo e esquecer sua maneira de ser no dia a dia? Concentre dez dias de risco normal em um dia só – e salte.

Assim como com as drogas, a percepção do risco é capaz de transformar qualquer ameaça em atração. Em geral, porém, não chega a tornar a morte desejável. Alguns falam de falta de controle, outros de julgamentos minuciosos que permitam a manutenção do controle, no limite. De um jeito ou de outro, eles acham que vão sobreviver para contar a história, e sempre têm a opção de deixar o perigo para trás para fazer alguma outra coisa. Então, o grande elemento de controle que todos retêm é a liberdade de escolher se vão ou não fazer o que fazem. Levando esse raciocínio ao absurdo, Kelvin não se entusiasmaria com a proximidade radical da morte na velhice. Por alguma razão, artérias enrijecidas não são consideradas como *edgework*. Por isso a escolha é um grande fator nas atitudes diante do perigo. O fator medo[15] do risco involuntário, ou riscos dos quais as pessoas não podem fugir – exposição à poluição é um bom exemplo de risco que não conseguimos evitar –, costuma parecer bem pior do que os riscos que escolhemos, como os dos esportes de aventura. A Surfers Against Sewage [Surfistas contra Esgotos] é uma organização real, com uma justa medida sobre os riscos toleráveis. A Base Jumpers Contra Mudanças Climáticas – se existisse – não seria totalmente fora de propósito.

Se paraquedismo fosse tão seguro quanto um dia no escritório, será que provocaria o mesmo *frisson*? Para muitos, sim. A atração – para os que a sentem – não é somente o risco que aparece nas estatísticas, mas aquele vivenciado no momento do salto. O medo instintivo de alturas provavelmente é um ganho evolutivo. A evolução, porém, ainda não alcançou os paraquedas. Em outras palavras, o perigo não é medido só na cabeça, mas também na pele. Assim como acontece ao viajar de avião ou subir em uma montanha-russa, podemos sentir medo, até curti-lo, mas com uma pequena apreensão a mais.

Mensurações objetivas não deixam de ser relevantes para essa emoção subjetiva. Se soubesse que os brinquedos de um parque de diversões são uma armadilha mortal, você não subiria neles. Então dizemos a nós mesmos: "Eu sei que vou ficar bem, mas não me sinto assim tão seguro" – e aproveitamos o passeio com esse cauteloso equilíbrio. Para muita gente, um velho ditado tem de ser levado a sério: o risco é sua própria recompensa. Só não fique surpreso se as pessoas escolherem diferentes níveis de risco para diferentes aspectos da própria vida. A atitude diante do perigo varia até mesmo entre indivíduos, pois para qualquer um o risco é estranhamente compartimentado, mas não necessariamente uma loucura.

17. Estilo de vida

Norm está deitado na cama, olhos fechados, ouvindo o próprio corpo. Estava chegando à meia-idade e sentia isso. Seu corpo o informava das dores.

Recentemente tinha começado a fazer exercícios, depois de estudar alguns dados sobre doenças crônicas durante um almoço com Kelvin: um hambúrguer para este, uma salada para o outro. Correr era sua tentativa de reduzir o ritmo das gotas de chuva que escorriam pela janela. Embora houvesse também outros consolos. Por exemplo, a cerveja era mais saborosa depois, com o gosto agridoce da boa conduta.

Assim, durante vinte minutos diários e com 200 mg de acetato de flecainida para controlar sua arritmia cardíaca, barriguinha caindo sobre o elástico do calção, Norm acelerava os passos em alamedas ladeadas de moráceas ou folhagens úmidas perto do canal, soprando forte para impedir que a tampa de seu caixão se fechasse, aspirando o ar como um glutão. Impulsionando a própria carcaça até atingir o ritmo de corrida, até as dores se esvaírem com a adrenalina. Isso era o que tinha de ser feito. Essa era a batalha.

"Disciplina, Norm, disciplina!"

Avançava os limites até o corpo gritar que estava vivo e sentindo demais, tudo para contrabalançar as longas horas em que parecia só se sentir enfastiado. Movimentava as pernas finas e forçava os pulmões arquejantes para provar que sua estrutura poderia lançar mais um brado militante contra a idade, e que não estava disposto a ser ressequido ou silenciado. Quando estava correndo, estava vivo; era algo transcendente para sempre, por 22 minutos. E Norm sabia exatamente o quanto de vida teria a mais, na média, com aqueles 22 minutos de exercício.

Quando terminou, desabou, com todos os músculos dizendo que estavam exaustos, mas se perguntando se teria aguentado uma última arrancada ao estilo de Mo Farah para chegar ao portão em vez de parar na alameda. Olhou para o relógio e constatou – com um suspiro – que estava, afinal, na marca de 22 minutos e 18 segundos. Agora já podia ir ao pub.

Estilo de vida é um novo tipo de perigo na vida de Norm. Os perigos com que viveu até agora eram instantâneos, como violência ou acidentes, do tipo que nos atinge na cabeça e apaga todas as luzes. Norm, porém, está agora correndo um perigo mais sinistro, outro tipo de risco mortal com efeitos mais lentos, que se insinuam no sangue na forma de uma cancerígena fatia de bacon ou de uma venenosa caneca de cerveja de cada vez, assassinos potenciais em graus que podem nos alcançar mais tarde na vida, como alguma coisa sempre alcança.

O primeiro perigo mortal – o mais rápido – é conhecido como risco agudo; o segundo é crônico. Ser morto por uma serra elétrica é um risco agudo, obesidade é um risco crônico, que leva mais tempo para agir. Claro que o mesmo risco pode assumir as duas formas: bebida demais pode matá-lo rapidinho se você se jogar na frente de um ônibus, ou cozinhar lentamente os seus rins. Em geral, porém, é melhor separar as duas coisas.

Até agora, usamos a MicroMorte para definir riscos agudos. Para riscos crônicos, como obesidade ou as ansiedades de longo prazo típicas do estilo de vida de Norm, vamos introduzir um pequeno dispositivo que já chamamos de Micro*Vida*. Eis como funciona.

Imagine a duração de sua vida adulta dividida por 1 milhão de partes iguais. Uma MicroVida é uma dessas partes e dura 30 minutos. Baseia-se na ideia de que, como jovens adultos, todos temos aproximadamente 1 milhão de meias horas de vida, na média.[1]

Não parece muito impressionante, mas nós gostamos do conceito de MicroVida. É uma coisinha revolucionária. Assim como a MicroMorte, reduz a vida a um micronível fácil de ser pensado e comparado: porções de meia hora, das quais temos 48 por dia. Pense nisso como seu estoque de vida a ser usado do jeito que você quiser, 1 milhão de *microbits* de toda uma vida adulta, no valor de meia hora cada um, que você pode gastar como quiser. Vai assistir a um concurso de calouros na televisão? Pimba, lá se vão 6 MicroVidas (MVs), sem mais nem menos, que nunca mais serão recuperadas.

Assim, a simples passagem do tempo usa MicroVidas. Todo dia nos levantamos, andamos por aí, enfiamos coisas gostosas no corpo, descarregamos coisas fedidas do corpo e vamos dormir – talvez pensando, se estivermos tristonhos, que lá se foram outras 48 MVs pelo tempo decorrido.

Podemos, no entanto, usar também MicroVidas extras assumindo riscos crônicos. Assim, embora o tempo passe em seu próprio ritmo, nosso corpo pode envelhecer mais depressa ou mais devagar, dependendo da forma como o tratamos. Se nos mexermos mais, enfiarmos menos e melhores coisas na boca, quanto podemos reduzir do tique-taque regular que nos encaminha na direção da doença, da decrepitude e da morte? E se nos entregarmos à comilança, quanto nosso relógio pode andar mais depressa?

Em outras palavras, as MicroVidas medem a velocidade com que estamos usando nosso estoque de vida, mais depressa ou mais devagar, dependendo dos riscos crônicos a que nos expusermos. Se o seu estilo de vida for cronicamente deletério, provavelmente você vai queimar a sua quota de MicroVidas bem mais depressa e morrer mais cedo, na média.

Por exemplo, câncer no pulmão ou doenças cardíacas costumam ocorrer após uma vida de fumante, reduzindo assim a expectativa de vida – de novo, não para todo mundo, mas no geral. Tem gente que parece indestrutível, fuma como uma chaminé, bebe excessivamente e aparentemente nunca se sente mal por causa disso. Na média, porém, mesmo que não o matem na hora, os riscos crônicos tendem a matar você antes do que se os tivesse evitado. Também aqui, se contarmos os mortos, podemos estimar quantos anos são perdidos no total, seja por obesidade, cigarro ou linguiças, e podemos converter essas perdas em um número de MicroVidas queimado por uma vida insalubre. Dessa forma, a exposição a um risco crônico equivalente a 1 MV encurta a vida na média em apenas um dos milhões de meias horas que as pessoas possuem quando entram na idade adulta.

Um cigarro, por exemplo, reduz a expectativa de vida em cerca de 15 minutos na média, então dois cigarros custam meia hora, ou 1 MV. Quatro cigarros equivalem a 2 MVs.

Mais ou menos 1 litro de cerveja forte reduz a expectativa de vida também em 1 MV. Cada centímetro e meio na cintura custa aproximadamente 1 MV por dia, 7 por semana, ou 30 por mês e assim por diante. Segundo recente estudo, assistir a duas horas de TV custa o mesmo preço. Um hambúrguer a mais por dia também vale 1 MV. Vamos mostrar os cálculos por trás desses riscos logo mais.

Poderíamos simplesmente somar todas essas MicroVidas, de meia em meia hora, para ver por alto quanto tempo em média você perde do total do que poderia ser o seu tempo de vida. O fim da vida em geral, porém, está muito longe, como o fim da história, e pequenas perdas de meia hora proteladas até você estar caduco não parecem fazer diferença. Como disse um apresentador da mídia: "Prefiro comer um sanduíche de bacon de vez em quando do que chegar aos 110 anos babando farelo integral". Ao pensar na exposição aos riscos crônicos, entretanto, como um aumento da velocidade com que usamos a nossa porção diária de MicroVidas, podemos fornecer uma informação importante e imediata. Podemos mostrar quanto o seu corpo envelhece a cada dia, de acordo com a crônica dos riscos do estilo de vida que você adotar.

Lembre-se de que usamos normalmente 48 MVs por dia. Lembre-se também, no entanto, de que fumar quatro cigarros queima 2 MVs. Então, se você fumar quatro cigarros em um dia, terá usado não 48, mas 50 MVs nesse dia. Em outras palavras, depois de um dia (24 horas) em que fumou quatro cigarros, podemos dizer que você ficou 25 horas mais velho.

E não se trata de uma má representação do que pode acontecer biologicamente. O organismo realmente envelhece mais depressa quando fazemos coisas ruins com o corpo. Vinte cigarros por dia representam uma queima de mais 10 MVs por dia na média, o mesmo que ficar 29 horas mais velho a cada 24 horas que passam ou se aproximar da morte cinco horas mais depressa, todos os dias.

De repente, o risco crônico fica muito mais claro no aqui e agora do que no futuro longínquo em que, comumente e já tendo gastado tudo que tínhamos, deixamos para pensar em nosso acerto de contas. Ele contrabalança o que às vezes chamamos de desconto temporal. Ao trazer o risco crônico à pequena escala do que acontece hoje, em vez de pensar nisso apenas como um problema a ser encarado em um futuro distante, a MicroVida transforma esse risco em algo bem mais real e imediato.

Será, porém, que vale a pena? Você poderia contra-argumentar. Pode preferir não encarar os riscos do seu estilo de vida. Pode dizer que prefere não confrontar as consequências até que aconteçam de fato, mais tarde na vida. Por outro lado, pode-se replicar que o prejuízo está acontecendo agora, no momento das suas decisões, e que por isso deve ser medido enquanto ocorre.

MicroVidas nos permitem fazer comparações simples de riscos crônicos, da mesma forma que fizemos com os riscos agudos com as MicroMortes. Agora podemos comparar linguiças a bebida e cigarro, raios X a telefones móveis. Podemos comparar uma tomografia computadorizada a assistir à explosão da bomba de Hiroshima a partir dos subúrbios da cidade, engordar a ficar em forma, sexo protegido a tomar sol sem proteção – e é o que vamos fazer. No Capítulo 27, o Quadro 36 mostra uma seleção de perigos em termos de MicroVidas.

Se esses cálculos começarem a deixá-lo aterrorizado, pule direto para o próximo capítulo. Pois o que vamos ver a seguir é exatamente como eles são feitos e quais são as evidências que identificamos em seus custos e benefícios em MicroVidas. Você pode ler isso como uma história policial estatística.

Vamos começar com o custo de 1 MV de um hambúrguer a mais todo dia, mencionado anteriormente. Esse dado foi publicado no *Daily Express* em um artigo sobre os perigos da carne vermelha, baseado em estudo da Universidade Harvard.[2] O jornal dizia: "Se as pessoas reduzissem a quantidade de carne vermelha que ingerem – digamos, de bifes e hambúrgueres – para menos da metade de uma porção diária normal, 10% das mortes poderiam ser evitadas".

Oh, que bom estar entre esses 10% para quem a morte poderia ser evitada! Não é isso, porém, o que diz o estudo. Sua principal conclusão é que uma porção a mais de carne vermelha por dia

– representada por um naco de carne mais ou menos do tamanho de um baralho ou ligeiramente menor que um hambúrguer padronizado de 100 gramas[3] – está associada a uma "taxa de risco" de 1,13: isto é, um aumento de 13% no risco de morte. Ponha de lado suas dúvidas sobre a validade desse número por um momento e considere apenas seu valor absoluto. O que significa? Quando nosso risco de morte já é de 100%, um risco de 113% não seria um exagero?

Vamos considerar dois amigos com quarenta anos de idade – um que chamaremos de Kelvin e outro de Norm –, e só por um momento vamos fazer a irrealista suposição de que sejam bem parecidos a respeito de aspectos importantes em termos de estilos de vida, menos na quantidade de carne que comem.[4]

Kelvin Carnívoro come um hambúrguer de 100 gramas no almoço de segunda a sexta, enquanto Norm Normal não come carne no almoço durante a semana, mas nas outras refeições tem uma dieta semelhante à de Kelvin. Não estamos falando aqui de Prudence Particular, que deixou de comer carne e virou vegetariana depois de ler a matéria do *Daily Express*, mas que ainda assim pode sucumbir a uma semente de gergelim contaminada.

Todo mundo enfrenta um risco anual de morte, definido tecnicamente como "mortalidade", ou pelo termo mais arcaico e poético "força da mortalidade" (para uma discussão mais completa sobre isto, ver o Capítulo 26, "O fim"). Uma "taxa de mortalidade" de 1,13 significa que, para duas pessoas como Kelvin e Norm, semelhantes em tudo a não ser quanto à ingestão de carne, a que detém o fator de risco – Kelvin – está sujeita a um aumento de 13% no risco *anual* de morte – não um risco geral, obviamente – durante um período de acompanhamento de mais ou menos vinte anos.

Isso não implica que a vida dele vá ser 13% mais curta. Para um cálculo mais exato, precisamos ir às tabelas fornecidas pelo Office for National Statistics. Elas nos informam o risco de um homem médio – Norm, digamos – morrer a cada ano de sua vida. Em 2010 esse risco ou mortalidade era mais baixo aos sete anos (ver Capítulo 2, sobre a infância), com 1 chance em 10.000; depois sobe para 1 em 1.000 aos 34 anos; depois para 1 em 100 aos 62, até que, aos 85, 1 em 10 morrerá antes de completar 86 anos. Então, a chance anual de morrer aumenta mais ou menos 10 vezes a cada 27 anos, o que resulta no dobro a cada nove anos, ou cerca de 9% de risco a mais de morrer nos doze meses seguintes para cada ano que ficamos mais velhos. As tabelas também nos informam da expectativa de vida em todas as idades, dentro da mortalidade normal, e, tendo sobrevivido até quarenta anos, Norm tem a expectativa de viver mais quarenta anos, até os oitenta.

A partir disso, podemos analisar as perspectivas de Kelvin Carnívoro multiplicando todas as mortalidades de Norm por 1,13. Depois de algumas contas, descobrimos que a expectativa de Kelvin é de viver mais 39 anos na média, um ano menos que Norm. Assim, o almoço de Kelvin – se ele comer a mesma coisa a vida inteira e se acreditarmos nessa taxa de mortalidade – está associado à perda de um ano na expectativa de vida, de 80 para 79.

É uma perda? O escritor inglês Kingsley Amis disse: "Não vale a pena abrir mão de um prazer para viver mais dois anos em uma clínica geriátrica em Weston-super-Mare".[5] A decisão fica com os leitores. Não podemos garantir, porém, que haverá uma perda dessa exata quantidade de tempo. Não podemos sequer garantir que Kelvin vai morrer primeiro. Na verdade, a probabilidade de Kelvin morrer antes de Norm é de apenas 53%,[6] em vez dos 50% para cada um se os dois almoçarem a mesma coisa. Não é grande coisa.

Parece mais importante, no entanto, se dissermos que esse ano perdido (1/40 da vida que resta) se traduz em aproximadamente uma

Quadro 20: **Algumas MicroVidas ganhas ou perdidas em diferentes atividades**

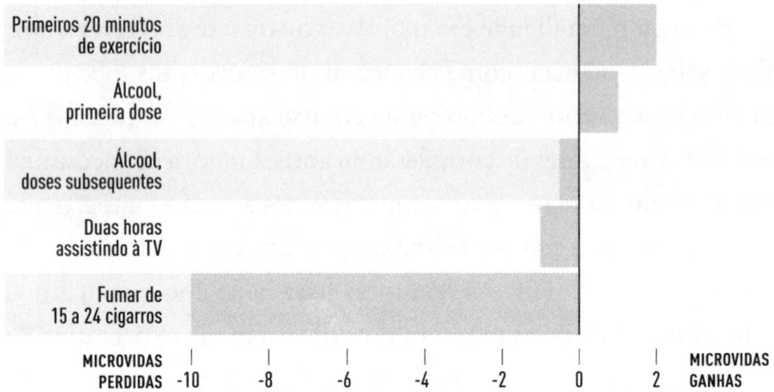

semana por ano, ou quase meia hora por dia. O equivalente a uma MV a mais queimada por cada hambúrguer diário. Por isso, se você não comer muito devagar, pode imaginar que está perdendo mais tempo de vida do que o que leva para comer o seu hambúrguer.

Nem ao menos, porém, podemos dizer que a carne será a causa direta dessa perda de expectativa de vida, que bastaria Kelvin mudar seus hábitos alimentares e parar de se empanturrar de hambúrgueres para sua expectativa de vida aumentar. Pode haver outros fatores que levem Kelvin a comer mais carne e que também resultem em uma vida mais curta.

O rendimento financeiro pode ser um desses fatores – a população mais pobre dos EUA tende a comer mais hambúrgueres e também a viver menos, mesmo se se levam em conta outros fatores de risco mensuráveis. O estudo de Harvard, porém, não considerou o rendimento financeiro, argumentando que as pessoas pesquisadas – enfermeiras e profissionais de saúde – realizam basicamente o mesmo trabalho. Achamos que muitas dessas pesquisas sobre dietas devem ser consideradas com uma pitada de sal (mas não muito, pois pode aumentar o risco de doenças cardíacas).

Podemos também nos aprofundar no cálculo de outros maus comportamentos sujeitos a muita censura. Então, vamos falar do tabagismo. As evidências contra o cigarro são muito mais sólidas do que as contra a carne vermelha. Em termos de encurtamento da vida, uma análise básica estima em 6,5 anos a diferença de expectativa de vida entre fumantes e não fumantes, que é igual a 3.418.560 minutos.[7] Nesse caso, foi considerado um consumo de 16 cigarros por dia entre os 17 e os 71 anos, o que chega a 311.688 cigarros. Partindo da suposição simples de que cada cigarro contribui igualmente para o risco, chegamos a 11 minutos de perda da expectativa de vida por cigarro, ou 3 cigarros por MicroVida.

Essa análise simples só compara fumantes com não fumantes, que podem se diferenciar de várias maneiras, que também podem influenciar a saúde. Uma análise mais sofisticada poderia considerar o efeito de parar de fumar, e felizmente isso foi feito em um estudo clássico com 40 mil médicos do Reino Unido. Muitos deles pararam de fumar durante o período do estudo, entre 1951 e 2001.[8] Foi estimado que um homem de quarenta anos que parou de fumar ganhou nove anos de expectativa de vida, ou 78 mil horas no total, e com base nisso podemos estimar cerca de 2 cigarros por MicroVida. Então, 2 cigarros são mais ou menos equivalentes a um hambúrguer, se consumido diariamente.[9]

Bem, e quanto à bebida? O efeito específico do álcool como causa de mortalidade é controverso, pois embora possa provocar acidentes (especialmente para motoristas e jovens farristas), causar doenças no fígado e aumentar o risco de alguns cânceres, também pode proteger o coração. Por isso, a curva da "resposta à dose" para o risco anual é em forma de J na meia-idade, o que significa que o risco cai levemente com a curva do J com um baixo consumo, aumentando com um consumo maior. *Grosso modo*, parece que a primeira dose do dia acrescenta 1 MV, mas as doses subsequentes retiram essa MicroVida e outras mais. Então, a primeira dose é remédio, a segunda é veneno, a terceira é veneno e assim por diante. *Não* existe uma alternância remédio/veneno/remédio/veneno... – isso seria ridículo e sugeriria a necessidade de tomar um número ímpar de doses.[10]

Tudo isso é deprimente, mas o que dizer dos benefícios de uma boa dieta e exercícios animados – comer granola e correr (não ao mesmo tempo)? Como disse A. A. Milne: "Um urso, por mais que ele tente, engorda sem exercícios". E podemos tentar calcular o que essa gordura pode fazer com a sua vida. Uma recente pesquisa estimou um risco[11] que se traduz em uma perda de mais ou menos 1 MV para cada dia que você estiver com 5 kg de sobrepeso.[12] Pessoas realmente obesas podem perder dez dias de expectativa de vida, o mesmo que os fumantes.

O estudo da European Prospective Investigation into Cancer and Nutrition (EPIC) em Norfolk comparou pessoas que comiam suas cinco porções de frutas e legumes por dia com quem não comia (e os pesquisadores conferiram a honestidade de suas dietas medindo os níveis de vitamina C no sangue).[13] A taxa de mortalidade foi de 0,69, mostrando cerca de 30% a menos de risco anual associado a uma dieta melhor, ou mais ou menos 3 MVs economizadas por dia, como se elas estivessem envelhecendo 22,5 horas em vez de 24.

E quanto a toda aquela correria? Os manuais do Reino Unido recomendam 30 minutos de atividade física moderada ou vigorosa durante cinco dias da semana – um total de 2,5 horas por semana, ou 22 minutos ao dia. Quando indagados em 2008 sobre suas atividades físicas, 39% dos homens e 29% das mulheres afirmaram que praticavam essa dose de exercícios por semana.[14] Contudo, exercícios, assim como sexo, tendem a ser exagerados, da mesma forma que o álcool é mal declarado – se acreditássemos no quanto as pessoas dizem que bebem, metade do álcool comprado no Reino Unido deveria estar ainda na garrafa ou ter sido despejado na pia. Coisa de que duvidamos. Quando as pessoas portam acelerômetros que avaliam seus exercícios, apenas 6% dos homens e 4% das mulheres cumprem os níveis de atividade recomendados pelo governo. Fazemos parte de uma população que é gorducha *e* iludida.

Uma grande avaliação, feita a partir de 22 estudos envolvendo quase 1 milhão de pessoas, concluiu que 2,5 horas de atividade "não vigorosa" estavam associadas a uma taxa de mortalidade de 0,81 comparada a uma atitude totalmente indolor – uma redução de 19% no risco anual de morte.[15] Isso representa mais ou menos uma hora por dia, ou 2 MVs, acrescentada à expectativa de vida para uma média de 22 minutos por dia de atividade, que deve ser a razão da duração da corrida de Norm – um belo retorno sobre o investimento de levantar do sofá.

Por isso é uma boa ideia não ficar ocioso largado num sofá, e um estudo feito na Suécia chegou a mostrar que nunca é tarde demais para começar, pois atividades físicas regulares na meia-idade podem reduzir o risco para o nível de pessoas que sempre foram ativas – benefícios semelhantes obtidos pelos que param de fumar.[16]

Uma extrapolação mais ingênua pode levar a crer que poderemos viver para sempre se fizermos bastante exercício, mas infelizmente existe uma forte lei de diminuição do retorno. Pessoas que praticam 7 horas de exercícios moderados por semana, 1 hora por dia, só reduzem o risco a 24%, equivalente a 1,5 hora acrescentada à própria vida por cada dia de exercício.

Então, de maneira geral, em comparação a não praticar nenhuma atividade física, os primeiros 20 minutos por dia são um excelente retorno de investimento, mas qualquer coisa a mais do que isso é mais ou menos *pro rata*: 20 minutos representam um ganho de 20 minutos na expectativa de vida. É como se o tempo parasse enquanto você está fazendo exercícios. Em uma esteira, essa é exatamente a sensação.

As circunstâncias em que nascemos – sobre as quais não podemos fazer muita coisa – também podem ser expressas em MicroVidas. Por exemplo, ser mulher e não homem (vale 4 MVs a mais, ou duas horas por dia), ser sueco em vez de russo (21 por dia para homens, ou mais de dez horas) e viver em 2010 e não em 1910 (15 por dia, ou 7,5 horas extras).

Claro que avaliar os efeitos do estilo de vida na saúde não é uma arte exata. É impossível conferir números exatos aos danos que fazemos aos nossos corpos com um cigarro, uma linguiça, uma caneca de cerveja ou taça de vinho a mais, ou a falta de cinco porções de frutas e legumes por dia ou – pelo lado virtuoso – os benefícios que podemos colher nos exercitando em uma bicicleta ou sendo puros e saudáveis.

Podemos, porém, fazer um cálculo aproximado desses efeitos tirando a média de muitas vidas, e vale a pena tentar, principalmente em um mundo de exortação ao culto da boa forma e de receitas de como ficar lindo e jovem para sempre – ou não.

Existe uma grande diferença entre MicroMortes e MicroVidas. Se você sobrevive a uma viagem de motocicleta, sua cota de MicroMorte é zerada e você começa no dia seguinte com zero na conta. Se, porém, você fumar o dia inteiro e viver de bolinhos de carne de porco, suas MicroVidas usadas se acumulam. É como uma loteria em que os bilhetes que você compra todos os dias continuam válidos para sempre – aumentando assim a chance de vitória. Só que nesse caso você não quer ganhar.

As pessoas gastam uma fortuna em cigarros, mas por que você venderia meia hora da sua expectativa de vida? Os governos conferem um valor às MicroVidas, assim como às MicroMortes. O National Institute for Health and Care Excellence (NICE) tem diretrizes que indicam que o Serviço Nacional de Saúde está disposto a pagar até 30 mil libras se o tratamento prolongar sua vida saudável por um ano. Isso representa perto de 17.500 MVs. O que significa que o NICE atribui a uma MicroVida, ou meia hora de sua expectativa de vida restante, um preço de mais ou menos 1,70 libra, quase exatamente o que o Departamento de Transportes diz que pagaria para evitar uma MicroMorte.

Será que isso significa que o governo deveria pagar a você 1,70 libra para cada dois cigarros que você deixar de fumar ou para cada dia que mantiver a cintura aquele centímetro mais fina? É possível, só que não funcionaria dessa maneira: todos poderíamos dizer que deixamos de fumar centenas de cigarros por dia, principalmente os não fumantes.

Agora que Norm chegou à meia-idade, cheio de arrependimento pelos hambúrgueres ingeridos na juventude,[17] resfolegando para pagar o tempo que deve ao banco, é interessante notar que ele não se tornou virtuoso, simplesmente ficou complacente. Uma corrida de 22 minutos pode render uma hora a mais de vida, mas um de seus efeitos é deixá-lo mais feliz para passar essa hora no pub.

Esse comportamento é conhecido como compensação de risco e está relacionado à ideia exposta no Capítulo 15, sobre transportes, de que todos temos um termostato de risco interno. Já tomou suas vitaminas? Ótimo. Pode comer mais batatas fritas!

Isso é confirmado por evidências experimentais.[18] Em um dos estudos, numa cultura de fumantes inveterados, alguns participantes receberam pílulas e tiveram licença de fazer intervalos para um cigarro. Todas as pílulas eram placebos. Os que pensaram, porém, que tinham tomado uma pílula de vitamina tendiam a sair muito mais vezes para fumar (89% contra 62%). Em outro estudo, que analisava a sensação de vulnerabilidade das pessoas, os que tomaram pílulas chegaram a pensar que as vitaminas reduziriam a possibilidade de se ferir em um acidente.

Assim, se você acumulou um pouco de saúde, pode se sentir livre para gastar essa poupança. A maneira como essas atitudes e comportamentos interagem – alguns benéficos, outros danosos e compensatórios – exige algum cálculo que não implique pílulas de vitamina, que afinal nem fazem tão bem assim. Sugere, no entanto, que o cálculo de risco para um comportamento saudável precisa também levar em conta o bolo com chantili que se segue.

Um resumo da pesquisa sobre exercícios indica que os benefícios continuam substanciais, embora com menos perda de peso do que se poderia esperar, talvez porque as pessoas comam mais.[19] A pesquisa não sugere que exercícios as levem a comer tão mais a ponto de engordar, na média, ao contrário do que apregoam as fofocas *on-line*. Fique sabendo, porém, que você não precisa de tanta sobremesa para compensar o seu esforço.

18. Saúde e segurança

Quando chegava em casa, Norm viu uma fileira de cones de tráfego em frente à sua calçada, onde a rua virava uma pequena ladeira em curva. Luzes de trânsito piscavam dos dois lados, com uma picape e um gerador no meio. Na traseira do automóvel estava escrito "Veículo de Resposta Urgente". Abaixo, dizia "Velocidade limitada a 90 quilômetros por hora". Ao lado, um homem estudava um mapa.

— O que está acontecendo? — perguntou Norm.

— Controle de trânsito nas duas mãos, senhor.

— Ah, certo. Por quê...?

— Cones. Não se pode fechar uma avenida sem controle do tráfego. É o mesmo que pedir uma colisão frontal.

— Certo, então o sinal de tráfego é para os cones. E os cones...?

— Para proteger o sinal.

— ...?

— Ora, não podemos deixar o sinal no meio da rua sem desviar o trânsito, não é?

— Então os cones são para o sinal e o sinal é para... Pode parecer uma pergunta boba, mas não dá pra simplesmente...?

— Retirar tudo? Não, senhor. Os sinais são para o controle do tráfego. Os cones são para proteção. Sem um, o outro fica em perigo, não é óbvio?

— Então vocês estão furando a rua?

— Por que nós faríamos isso?

— Certo. Mas, então, vocês estão fazendo o quê mesmo...?

— Regulamentos para prevenção de incêndios. No momento, não existe um ponto de reunião no local.

— Ponto de reunião para...?

— Eric e eu.

Apontou para outro homem, lendo um jornal.

— É necessário determinar um ponto de reunião — naquele local, por exemplo — para o caso de um incêndio ou explosão ou qualquer outra causa que leve a uma evacuação e possamos constatar que todo o pessoal esteja presente. Cuidado com esse fio, senhor.

— E o senhor está aqui para assegurar que está presente?

— Exatamente.

— Um e o outro?

— Isso mesmo.

— Quando um dos dois fizer a contagem?

— Como assim?

— Bem, e se simplesmente *não* vier ninguém?

— Por acaso o senhor é marxista?

— Não, só quis dizer para ninguém vir. Assim ninguém corre o risco de ficar de fora da contagem.

— Nesse caso, como iríamos saber?

— Saber o quê?

— Que eu estava aqui para inspecionar?

— Certo... hã... entendi... Obrigado.

— Meu trabalho é servir à comunidade, senhor.

A história de Norm e os cones de tráfego não reflete tudo o que você sempre pensou sobre sua saúde e segurança? Engraçado como adoramos quando uma história confirma que temos razão, não é?

Nós somos bons em filtrar evidências, como já vimos no Capítulo 10, sobre grandes riscos. Tanto que às vezes acreditamos em histórias absurdas – desde que se encaixem em nossas preconcepções.

Como a história de que foi proibido jogar doces para as crianças na plateia nas pantomimas na Inglaterra, para citar um exemplo maluco. Só que não foi.[1] Boatos que dizem o contrário são apenas mitos populares que a Health and Safety Executive (HSE) tem muito trabalho para desmentir, mas nos quais todo mundo gosta muito de acreditar. Lutas de *conker*[2] também não são problema: "Em termos reais, o risco de jogar *conkers* é incrivelmente baixo e não vale a pena se preocupar a respeito", diz a HSE. Os mitos, porém, persistem. Leis malucas sempre rendem boas histórias.

Assim, apesar de todos os esforços, a reputação da HSE provavelmente foi selada pelas histórias que se contam a seu respeito. A expressão "saúde e segurança" [em inglês, "health and safety"] pode ser uma maldição, uma piada. Na liga dos vilões de quadrinhos, é mais malvada que a madrasta. "Uma das expressões mais desgastadas e desanimadoras da língua inglesa", comentou Judith Hackitt, presidente da... Health and Safety Executive.[3]

E de vez em quando, em nome da saúde e da segurança, coisas estranhas que são ditas não ajudam muito na formação desses mitos. Vamos tomar como exemplo John Adams, a quem disseram que as janelas do seu apartamento tinham de ser forradas de plástico, para que, caso alguém passasse na calçada durante uma tempestade, no momento exato em que uma janela eventualmente se rompesse, não fosse atingido por uma chuva de cacos de vidro.[4]

As estatísticas oficiais registraram duas mortes naquele ano por ferimentos por vidro. Não dizem se foram provocadas por janelas quebradas durante uma tempestade. Parece improvável. Quando Adams perguntou se tinha sido realizada uma avaliação de risco, só responderam que "podia acontecer", o que podemos ver como um tipo de avaliação. Enquanto isso, o elevador em seu prédio de sete andares esteve quebrado por longos períodos. Houve 634 mortes em escadas naquele ano. A história de Norm e os cones de tráfego faz parte de uma longa e absurda tradição, com indícios suficientes para quase torná-la plausível. Na demonologia popular, o Homem da Saúde e Segurança poderia até ser um vilão da série *Doctor Who*.

Os psicólogos falam de um viés cognitivo pelo risco zero, de uma preferência pela eliminação inconteste de um pequeno risco em detrimento de uma provável redução de um risco maior. Afinal de contas, o que é segurança senão ausência de perigo? Então, se você acredita em um mundo mais seguro, escolher riscos que você acredita poder eliminar de vez pode parecer fazer certo sentido, custe o que custar.

Considerando-se tudo isso, saúde e segurança podem soar como prerrogativa de fanáticos. Note bem, pode ser igualmente tentador ver o outro lado da mesma forma, no estilo do *Daily Mail* e lenga-lengas do tipo "a burocracia das agências reguladoras enlouqueceu", que se apresentam como defensores da liberdade. Não dá para ser mais moderado?

É necessário dizer que há muitos furos nessa discussão. Afinal, o que você faria – forraria as janelas com plástico, consertaria o elevador, as duas coisas ou nenhuma? Nós consertaríamos o elevador, mas não só por segurança. Imaginamos que muita gente faria a mesma coisa. Por estranho que pareça, a própria Health and Safety Executive costuma ficar no meio do campo, enquanto outros brandem temores em relação à saúde e segurança para impedir coisas de que não gostam (ver no Capítulo 9, sobre drogas, as ideias da antropóloga Mary Douglas a respeito do risco como forma de controle social).

Nem tudo é piada em questões de saúde e segurança. Tampouco os seus apoiadores estão necessariamente lutando contra riscos triviais e residuais. A revista *Hazards* [Perigos] – o nome já diz tudo – declarou em 2012 que a HSE ignorava evidências de uma epidemia de câncer ocupacional que estava matando 15 mil pessoas por ano. A revista usou livremente expressões como "assassinos corporativos".[5]

Então, apesar de irritado com diretrizes extremas e absurdas, Norm tem razões para agradecer à saúde e segurança, principalmente pelas mudanças de longo prazo em relação a acidentes de trabalho. Ainda em 1974, quando a HSE foi fundada, registraram-se 651 mortes em acidentes de trabalho, um risco médio de 29 MMs por ano. Em 2010 essa taxa tinha caído para 120, equivalente a 5 MMs por ano, uma redução de 82%.[6]

O trabalho autônomo é mais perigoso. Em 2010, 51 trabalhadores autônomos morreram, o equivalente a 12 MMs por ano, mais do dobro do risco para os empregados formais. Os ferimentos também caíram drasticamente: dias de afastamento por acidente ou doença caíram cerca de um terço só nos últimos dez anos.[7]

A Grã-Bretanha também se sai bem em comparação a outros países da União Europeia: com exceção de mortes em acidentes de trânsito em rodovias, os trabalhadores na Grã-Bretanha foram na média expostos a 10 MMs por ano, comparadas com 17 na França, 19 na Alemanha, 26 na Espanha, 35 na Polônia e 84 na Romênia,[8] segundo a Eurostat.[9] Por mais que pareça tentador afirmar que isso acontece porque os trabalhos mais arriscados na Inglaterra nos dias de hoje são ficar em pé em uma loja ou sentado em frente a um computador, o país tem o mesmo número de fábricas que a França (ainda que bem menos que a Alemanha).

Nos EUA, o Bureau of Labor Statistics apresenta um extraordinário vislumbre do destino de 130 milhões de trabalhadores em 2010.[10] Os registros indicam a morte de 4.547 trabalhadores, uma taxa de 35 MMs por trabalhador por ano. A causa mais comum foi de acidentes nas estradas, excluídos dos números da Europa. Sem eles, a taxa dos EUA fica por volta de 28 MMs por ano, mais ou menos a mesma da Espanha.

A segunda causa mais comum de mortes nos EUA, maior até do que as quedas, são "atos de violência e agressão", que chegam a 18% de todas as mortes no trabalho. Isso incluiu 506 homicídios (abaixo dos 860 em 1997). Assim, todos os anos os trabalhadores dos EUA enfrentam um risco médio de aproximadamente 4 MMs de serem assassinados no trabalho, não muito menor que o risco médio dos trabalhadores do Reino Unido por conta de todas as causas. Talvez eles precisem mais de armaduras do que de capacetes.

Estatísticas confiáveis sobre o resto do mundo são difíceis de encontrar. Por exemplo, a Índia registrou 222 acidentes de trabalho fatais em 2005, o que foi muito subestimado segundo a Organização Internacional do Trabalho (OIT), que calculou o número verdadeiro próximo de 40 mil.[11]

Entre os 2 bilhões de trabalhadores do mundo em 2008, a OIT estimou em 317 milhões os feridos que requereram mais de quatro dias de afastamento, e em 320 mil os mortos no local de trabalho.[12] Somente 22 mil dessas mortes foram comunicadas por canais oficiais. O restante é resultado do "chutômetro", resultando em uma média de 160 MMs por ano por trabalhador, comparadas às 6 no Reino Unido.

Todos esses números são calculados pela média. Incluem exércitos de profissionais trabalhando em computadores, o que pode causar estresse, esforços repetitivos e lesões nas costas, mas que raramente são fatais, e por isso tendem a puxar o risco médio de mortalidade para baixo. Outras ocupações puxam para cima. A história da mineração de carvão, por exemplo, é pontuada por desastres como o dos 1.099 mineiros mortos em Courrières, na França, em 1906, ou da explosão de gás que matou 439 em Senghenydd, no País de Gales, em 1913. Por trás desses terríveis eventos existe um fluxo regular de mortes ou pequenos acidentes, com a assustadora assiduidade de fatores aparentemente específicos e imprevisíveis.

Os registros de acidentes em minas começaram no Reino Unido em 1850, e desde então mais de 100 mil mineiros de carvão foram mortos e centenas de milhares foram feridos ou sofreram com doenças ocupacionais. Os anos de 1910 e 1911 foram os mais dramáticos, com violentos confrontos entre mineiros e proprietários das minas. Quando eclodiram greves e tumultos em Gales do Sul, Winston Churchill mandou tropas do Exército. Houve 1.308 mortes entre 1,1 milhão de mineiros em 1911[13] – o equivalente a 1.190 MMs por ano, ou por volta de 5 por turno de trabalho, como se todos os mineiros praticassem paraquedismo com queda livre dia sim, dia não.

O Coal Mines Act de 1911 instituiu estações de resgate e tinha como objetivo aumentar a segurança no trabalho. Mesmo assim, cerca de 1.000 mineiros foram mortos ano após ano, e em 1938 a conta ainda estava em 858 mortes, ou 1.100 MMs ao ano. Depois da nacionalização, em 1947, a segurança nas minas começou a melhorar gradualmente, até que em 1961 houve "apenas" 235 mortes em acidentes, ainda um alto risco, se levarmos em conta a redução da força de trabalho, equivalente a 400 MMs ao ano, ou próximo de 2 por turno. Esse número melhorou ainda mais, mas, ainda que existam atualmente somente 6 mil mineiros de carvão no país,[14] uma série de acidentes nos últimos anos fez com que as taxas de mortalidade voltassem aos anos 1960: entre 2005 e 2010, foi o equivalente a 430 MMs por ano. As minas privatizadas foram acusadas de cortes de investimentos em segurança.[15] Acidentes em minas de carvão estão sempre na mídia. Quarenta e oito mineiros morreram no Paquistão em 2011. O crescimento econômico da China é impulsionado pelo carvão, que se encontra enterrado a uma profundidade média de 400 metros. Mesmo segundo os números oficiais, as perdas de vidas são altas: aproximadamente 250 mil desde 1949, cerca de 7 mil em 2002 e 2,6 mil em 2009.[16] Supondo-se que haja 4 milhões de mineiros no subsolo, trata-se de mais ou menos 650 MMs ao ano (números oficiais), que era o risco na Grã-Bretanha em 1950.

Estimativas não oficiais situam o total atual próximo de 20 mil, ou 5 mil MMs ao ano.[17] Pode ser um número insuperável de risco ocupacional no mundo moderno. É pior que o da Grã-Bretanha 150 anos atrás. Inúmeras pequenas minas são dirigidas por funcionários públicos locais corruptos, sob um mínimo de controle central. O Banco de Desenvolvimento da Ásia[18] encomendou relatórios mais confiáveis, mas tentativas de impor regras de segurança ou interdições só levaram a um aumento das minas ilegais.[19]

Hoje a ocupação de mais alto risco no Reino Unido é a pesca comercial. Recente estudo registrou 160 mortes entre 1996 e 2005, que resulta em 1.020 MMs por ano por pescador.[20] Quatorze morreram em naufrágios perto da costa, 59 afogados quando o barco afundou ou emborcou, principalmente por ser instável, estar sobrecarregado ou não preparado para o mar. Mais ou menos metade das mortes ocorre com pescadores solitários, resultado de uma cultura que valoriza resplandecentes embarcações individuais com autonomia de navegação. Talvez seja a única indústria em que esses riscos não diminuíram desde a Segunda Guerra Mundial, embora antes fossem ainda mais altos: 4.600 MMs por ano entre 1935-8, próximo ao risco não oficial das minas chinesas atualmente.

Taxas semelhantes de 1.000 a 1.160 MMs por ano se aplicam também às flotilhas de pesca do Alasca, Dinamarca, França e Suécia, enquanto os riscos são ainda mais altos na Nova Zelândia (2.600). Além da pesca comercial, outras ocupações de alto risco no Reino Unido entre 1996 e 2005 incluem estivadores (280 MMS por ano), trabalhadores de refugo e resgate (250) e motoristas de máquinas agrícolas (180).

Claro que não são só os trabalhadores que podem sofrer acidentes industriais – transeuntes também podem ser apanhados. Um famoso exemplo foi a grande enchente de cerveja de Londres no dia 17 de outubro de 1814, quando enormes barris explodiram na cervejaria Meux, na esquina da Oxford Street com a Tottenham Court Road.[21] Mais de 1 milhão de litros de cerveja forte – suficiente para encher 20 mil barris – rompeu as paredes de tijolos, demoliu duas casas, causou danos graves ao pub Tavistock Arms e inundou os porões ocupados pelos pobres locais. Nove pessoas se afogaram, e a balconista Eleanor Cooper, de quinze anos, foi esmagada pelos escombros no pub. Outros, é claro, correram para o local para encher panelas e chaleiras. A história de que um deles foi vítima de envenenamento etílico agudo pode ser uma lenda urbana. Em sua última passagem pelo tribunal, o desastre foi considerado um ato de Deus, e a cervejaria não foi responsabilizada pelo ocorrido.

Pouco mais de um século depois, esse evento bizarro foi eclipsado pelo desastre do melado de Boston, em 15 de janeiro de 1919.[22] Como num filme-catástrofe, um gigantesco tanque de 8 milhões de litros de melado explodiu – equivalente a três piscinas olímpicas –, lançando um *tsunami* negro, doce e pegajoso de 3 metros de altura viajando a 56 quilômetros por hora que demoliu edifícios, danificou os trilhos do trem, afogou muitos cavalos, matou 21 pessoas e feriu outras 150. A United States Industrial Alcohol Company foi considerada responsável e pagou indenizações.

Se existe certo humor negro nesses acidentes absurdos, os eventos em Bhopal em 1984 foram de outra ordem. Trinta toneladas de isocianato de metila (MIC) vazaram de um tanque pertencente a uma subsidiária da US Union Carbide Corporation.[23] O MIC é um gás, porém mais pesado que o ar. Não houve escapatória para as favelas próximas. Três mil morreram instantaneamente. Estimativas recentes sugerem uma contagem final de 25 mil mortos e meio milhão de feridos, muitos incapacitados permanentemente. O caso continua em julgamento nos tribunais.

As vítimas de Bhopal ilustram os perturbadores efeitos a longo prazo de acidentes e exposições industriais. A OIT estima que 2 milhões de pessoas morreram de doenças causadas por seus empregos em 2008. No Reino Unido, a HSE estima que em 2009 houve cerca de 8 mil mortes por câncer por razões ocupacionais, metade por amianto.[24] Enquanto as mortes por pneumoconiose, provocadas principalmente pela mineração, agora estão caindo – de 453 em 1974 para 149 em 2009 –, as causadas por asbestose e mesotelioma (câncer causado por asbesto) estão subindo, e espera-se que só atinjam o auge em 2016.

Trata-se de um risco crônico e não agudo. Quando a exposição ao asbesto mata, em geral é muito tempo depois do evento. Seria bom conhecer o risco crônico enfrentado pelos que trabalham com asbesto ou nas minas em termos de MicroVidas perdidas por dia no emprego. Às vezes, porém, acontecem coisas estranhas nesses cálculos. A mortalidade de longo prazo dos que trabalham com asbesto se mostra somente 15% mais alta do que a da população em geral,[25] correspondendo mais ou menos à perda de 2 MVs por dia, não pior do que fumar alguns cigarros. Ainda mais paradoxal é a descoberta de que a mortalidade de 25 mil mineiros de carvão britânicos foi 13% *mais baixa* na média do que a dos homens que moravam nas mesmas regiões.[26]

A explicação para essa descoberta é conhecida como "efeito do trabalhador saudável". Só os homens mais em forma e saudáveis descem às minas e, por isso, se comparados com a população em geral, os mineiros podem parecer ter melhor chance de sobreviver apesar da exposição ao pó de carvão, pois provêm da população mais saudável. Isso dificulta o cálculo de epidemiologistas dos prejuízos das más condições de trabalho a não ser em termos gerais – ou contando os mortos.

Vimos como algumas ocupações ainda são arriscadas, embora não tanto como nos tempos vitorianos. Quão alto, porém, o risco deve ser para a HSE decidir que algo deve ser feito? A filosofia da HSE baseia-se no que é conhecido como a estrutura de "Tolerância de Risco", podendo ser facilmente convertida em MMs.[27]

Perigos potenciais são considerados um espectro de riscos cada vez maiores, divididos em três categorias mal definidas. No topo estão os riscos "inaceitáveis": sejam quais forem os benefícios da atividade, algo deve ser feito para proteger os trabalhadores ou o público, ou ambos. Na base estão os riscos "geralmente aceitáveis": não exatamente zero, mas considerados insignificantes, o tipo de coisa que consideraríamos normal na vida cotidiana.

Entre esses dois extremos encontram-se os riscos "toleráveis": os que deveríamos estar preparados para tolerar se os benefícios forem suficientes, como propiciar empregos valiosos, conveniência pessoal ou manter a infraestrutura da sociedade funcionando: alguém tem de fazer o trabalho sujo. A HSE deixa claro que os riscos devem ser considerados toleráveis somente se forem cuidadosamente avaliados segundo dados confiáveis, que devem ser periodicamente revistos e mantidos "tão baixos quanto razoavelmente praticável", um conjunto de critérios conhecido como ALARP. (A HSE dispõe de outras grandes mnemônicas mais difíceis de pronunciar: deveres de reduzir o risco podem ser SFAIRP – "so far as is reasonably practicable".) Como, no entanto, alguém decide o que é inaceitável, geralmente aceitável ou tolerável? A HSE sugere algumas vagas regras básicas.

Primeiro, afirma que um risco ocupacional pode ser considerado "inaceitável" se a possibilidade de um trabalhador morrer na função for maior do que 1 em 1.000 por ano, ou 1.000 MMs por ano. Nessa métrica, os riscos enfrentados pelos mineiros antes da nacionalização seriam atualmente considerados "inaceitáveis", e a atual pesca comercial está perto desse nível. A HSE exclui "grupos excepcionais": supõe-se que servir em uma zona de guerra seja considerado excepcional, por exemplo, quando o risco médio enfrentado pelos 9 mil homens e mulheres servindo no Afeganistão chegou a 47 MMs por dia, ou aproximadamente 17 mil ao ano no final de 2009.[28]

Para o público em geral, não trabalhadores formais, a HSE considera aceitável um risco de 1 em 1.000 ao ano – equivalente a 100 MMs por ano. No outro extremo, riscos são considerados aceitáveis se forem menores que 1 em 1 milhão por ano, ou 1 MM – a estimativa atual de risco de ser morto por um asteroide.

Mesmo esse risco mínimo, se aplicado à população do Reino Unido como um todo, representaria cerca de 50 mortes ao ano. Isso revela outra curiosidade. Imagine as manchetes se 50 mortes acontecessem de uma vez só. Como vimos ao discutir os desastres ferroviários no Capítulo 15, os cálculos frios de MicroMortes são facilmente atropelados por "preocupações sociais" sobre desastres com múltiplas mortes, perigos que afetam grupos vulneráveis como crianças ou riscos impostos a pessoas só por causa do lugar onde moram.

A HSE oferece um guia em separado que reflete isso: o risco de um acidente envolvendo 50 mortes deve ser menor que 1 em 5.000 por ano. Dividido por uma população de mais de 10 mil, é menos que 1 MM por ano para cada. De uma perspectiva individual, isso pode ser considerado "aceitável", mas, como não gostamos de desastres (apesar de as pessoas realmente adorarem ler sobre eles nos jornais), grandes quantias de dinheiro são gastas para tornar riscos minúsculos menores ainda.

19. Radiação

Prudence observava as prateleiras de vitaminas, tônicos e remédios da drogaria. Com Pansy pendurada no braço. Acima, um feixe de animais de pelúcia amarrados pelos pés com um rótulo dizendo: "Sou um bicho-preguiça".

— O que é isso, mamãe?

Prudence olhou para cima.

— Bicho-preguiça.

— Eu quero um.

— Não.

— O que eles fazem, mamãe?

— Nada.

— Por quê?

— Só ficam parados.

— Por favor, mamãe.

— De pelúcia.

— Por favooor?

— Sem fazer nada.

— Deixa?

— Que nem seu pai.

Prudence era contra bichos de pelúcia. Pensava em ácaros e nos olhos de plástico. Também era contra a inércia do marido. A tosse dele, por exemplo.

Tirou da prateleira um frasquinho de 37 vitaminas vitais e

essenciais, minerais e nutrientes para a saúde e a vitalidade, inclusive extratos antioxidantes de ginseng coreano, e jogou no cesto ao lado de dois outros filtros solares orgânicos de alta potência.

— É só uma tosse — disse o marido naquela noite, enquanto assistiam às notícias sobre um acidente em uma usina nuclear e Prudence comia sua banana das 10 da noite. — Será que não se pode ter uma tosse que seja só uma tosse? — continuou, antes de acrescentar, misteriosamente: — Às vezes um incêndio se apaga sozinho.

A notícia na TV, entretanto, era de um incêndio que não se extinguia. "Derretimento", diziam, falando de excursões críticas, o que soava como uma viagem fatal de ônibus. Por que ele era a favor daquilo, no seu jeito moderninho de ser, ela nunca saberia. Os cientistas não sabiam o que fazer, não era natural, Prudence preferia viver num barraco de barro a ser "salva" por esse tipo de tecnologia. Coisa mais macabra.

— Então você deixaria um incêndio queimando para ver se se apaga sozinho? — ela perguntou.

— O quê? Não. Quer dizer...

— E se não for só uma tosse? *E se* não for? Imagine se nós perdemos você.

— Hummm — ele resmungou.

O marido tinha recusado a proposta dela de fazer uma tomografia de corpo inteiro em seu aniversário. A última palavra em sondagem preventiva de saúde, uma paz de espírito, uma jornada computadorizada em três dimensões pelo corpo, com uma colonoscopia de graça e um DVD para levar para casa e curtir com os amigos.

— Olha só isso — disse Prudence, lendo os testemunhos. — Só uma dorzinha e era um câncer nos rins.

Era uma foto de um médico bonito, bronzeado e sorridente, ao lado de tipos que pareciam técnicos de aventais brancos examinando computadores – e, no fundo, as pernas de um homem de meias pretas saindo de um tubo.

— Tumores, cistos, hemorragias, entupimentos, coração, ossos (as suas costas, por exemplo), infecções. Tudo muito abrangente.

— Eles põem a gente dentro de uma máquina — ele retrucou. Tosse.

— São profissionais.

— Médicos. Hah! — Tosse.

— Bem, é melhor passar por uma máquina do que se preocupar a vida toda.

— Eu não estou preocupado... — Tosse.

O marido de Prudence iria receber uma dose de radiação para fazer uma tomografia de corpo inteiro – para o bem da sua saúde. Ótima ideia, ela acha. Acha, porém, que energia nuclear é uma má ideia por causa da radiação. Será uma contradição?

Ele, por outro lado, admira os cientistas nucleares, tentando dominar a natureza pelo bem comum, mas acha que os médicos que usam tecnologias radioativas são charlatães. Será que é mais coerente?

No entanto, ao ouvir e contar histórias sobre riscos, as pessoas gostam de pensar que reagem de uma forma coerente e justificável. Será?

Desde que a exposição à radiação começou a ser mensurada em unidades padrão, sabemos como uma exposição se compara a outra. Sabemos mais ou menos o quanto são letais, na média, tanto uma boa radiação (raios X) como uma ruim (gás vazando em casa), até uma mistura das duas (um bronzeado). Isso faz da radiação um bom estudo de caso, em que diferentes percepções de risco de um mesmo nível de exposição, de diferentes fontes, são uma pista de como as pessoas avaliam o risco de acordo com critérios particulares.

No caso da radiação, o sentimento mais comum é conhecido como – sem medir palavras – "pavor". Para Prudence, no extremo desse escopo, a ameaça de ser cozida ou contaminada por um acidente em uma usina nuclear mexe com todos os seus fatores de medo: é um perigo invisível, misterioso, mal compreendido. Parece antinatural. É associado a casos particularmente desagradáveis de câncer e defeitos de nascença, implica preocupação com as futuras gerações e uma vaga sensação de potencial catastrófico. Tem gente que não consegue deixar de sentir medo – é involuntário.[1]

Tocamos em muitos desses assuntos em capítulos anteriores, mas separadamente. O "pavor" pode surgir associado a qualquer um deles, ou às vezes é definido como uma emoção totalmente à parte, relacionada com a maneira como as pessoas aprenderam a conhecer o risco, a julgar com calma ou a reagir com um terror visceral. De todo modo, o pavor decola quando esses fatores se misturam.

O sentimento de pavor costuma ser definido como "desproporcional", "excessivo" ou "irracional", termos que não tentam esconder certo desdém. Se as pessoas não fossem tão ignorantes quanto aos aspectos técnicos. E existem diferenças na reação a riscos de radiação semelhantes, sem dúvida. Será, porém, que essas atitudes são tolas, e até mesmo perigosas por si mesmas, ou a sensação de pavor abrange algo que os números não detectam?

Quando a radiação é utilizada para diagnosticar ou tratar problemas médicos, a maioria das pessoas reage como Prudence – relativamente tranquilas. A história do uso clínico da radiação mostra uma atitude bastante *blasé*. Desde os primeiros usos do raio X nos anos 1890, a capacidade mágica de enxergar dentro do corpo turvou os prejuízos que ele pode causar. Não fez diferença que Clarence Dally, assistente de Edison, e vários outros radiologistas tenham morrido tão cedo. Desde a descoberta do rádio pelo casal Curie, a radioatividade foi considerada uma fonte de cura e saúde. Em 1909, o dr. E. Skillman Bailey relatou à Southern Homeopathic Medical Association, de Nova Orleans, suas investigações sobre o Radithor, que permitia "fotografar objetos através de 10 centímetros de madeira". Ele usava o elemento para tratamento médico, embora não fosse médico, e dizia-se que demonstrava "sinais visíveis de desequilíbrio". Chegou a passar uma amostra pela plateia. Mesmo assim, o Radithor – "Água radioativa, uma cura para os mortos-vivos" – foi um sucesso e vendeu centenas de milhares de unidades até ser proibido em 1932 devido à má publicidade que se seguiu à morte do milionário e playboy Eben Byers, da indústria do aço, por envenenamento por radiação. Byers consumiu mais de 1.400 garrafas. A manchete do *Wall Street Journal* foi: "A água de rádio funcionou bem até sua mandíbula cair".

Até os anos 1920 não existiam padrões de segurança para a radiação. Desde então, seus usos foram cada vez mais restringidos: os "Pedascopes" de raio X para ajustar calçados de crianças foram banidos, assim como o "tratamento" com raio X de crianças com infecções cutâneas e com o elemento rádio para pacientes mentais. Mesmo assim, o raio X e as tomografias continuam sendo realizados em grande número.

Ninguém se preocupa também com a radiação de fundo emitida por fontes naturais como raios cósmicos e o radônio, um gás radioativo emanado pelo urânio de pedras como o granito. Estima-se que o radônio, que pode se acumular em ambientes mal ventilados, cause 1.100 mortes evitáveis de câncer pulmonar no Reino Unido por ano. Essas exposições, porém, não provocam grandes reações associadas à energia nuclear.

John Adams cita os telefones celulares como outro exemplo de aparente incoerência relacionada a sensações de pavor: escolha.

> Os riscos associados aos telefones são inexistentes ou muito pequenos. O risco associado às estações de retransmissão, medido em termos de dose de radiação, está em uma ordem de magnitude muito pequena, a não ser para alguém posicionado em cima da torre com o ouvido colado ao transmissor. Ainda assim, bilhões de pessoas no mundo fazem fila para assumir esse risco voluntariamente, e quase toda a resistência se resume às torres de retransmissão, que são vistas pelos críticos como uma imposição.[2]

Como os telefones são inúteis sem os transmissores, a coisa parece estranha. A não ser pelo fato de não podermos escolher onde estes são instalados.

Em um trabalho de 1989, hoje clássico, sobre as diferenças entre opiniões leigas e de peritos sobre o risco, Paul Slovic disse que o "pavor" expressava uma sutileza que os peritos às vezes não percebiam.

> Existem tanto sabedoria como equívocos nas atitudes e percepções do público. Pessoas leigas às vezes não dispõem de certas informações sobre os perigos. Entretanto, sua conceituação básica do risco é muito mais sofisticada que a de muitos peritos e reflete preocupações legítimas que costumam ser omitidas das análises de risco dos especialistas.[3]

Mesmo reconhecendo essas preocupações, continua sendo válido saber avaliar a magnitude desse perigo. Então, o que é uma exposição? As unidades são confusas. É mais fácil se concentrar no sievert, que é a medida do efeito biológico de uma exposição à radiação. Um sievert – ou 1 Sv – pode causar enjoo, que pode resultar em perda de cabelo, vômitos de sangue e disenteria, fraqueza, tontura, dor de cabeça, febre, vermelhidão na pele, coceiras e bolhas, infecções, dificuldade de cicatrização e baixa pressão sanguínea. Nada agradável.

Um sievert pode ser dividido em mil milissieverts (1 milissievert – ou 1 mSv – é o limite da Agência de Proteção Ambiental dos EUA para a exposição anual de um cidadão) e em 1 milhão de microssieverts. Um décimo de 1 microssievert corresponde mais ou menos à dose contida em uma banana grande – o lanchinho noturno de Prudence – ou a um escaneamento corporal em um aeroporto.[4]

A tabela de doses de radiação do Quadro 21 é um jeito engraçado, porém imperfeito, de comparar radiações de diferentes fontes ao converter sieverts em doses equivalentes de bananas, ou DEB (imperfeito principalmente porque a radiação da banana vem do potássio, e o corpo consegue metabolizar esse elemento). A virtude dessa unidade esquisita é mostrar a enorme variação de exposições em uma só escala. Quinhentos milhões de bananas – dependendo, claro, do tamanho delas – é de cerca de 50 sieverts, equivalente a dez minutos perto da usina nuclear de Chernobyl em pleno derretimento. Isso ajuda a demonstrar que muitos riscos não são perigosos se a dose for muito baixa. Afinal de contas, quem está preocupado com uma banana?

A divulgação dessa tabela, aliás, é um pequeno escândalo e pode nos meter em encrenca. Quase todas as orientações na comunicação de risco são para evitar misturar riscos voluntários com involuntários. Se, porém, uma das queixas sobre emoções como o pânico é de que deixam as pessoas refratárias à informação, talvez uma forma de superar isso seja tornar a informação emocionalmente chocante. Bananas, tomografia e Chernobyl? Exatamente. É a mesma coisa que comparar equitação com *ecstasy*, um exagero, porém fascinante, e acreditamos que realmente possa ajudar a colocar os riscos em perspectiva. Quando as percepções determinam os riscos, perspectivas surpreendentes podem ter algo a dizer.

Quase todo o nosso conhecimento sobre os efeitos prejudiciais da radiação vem de estudos detalhados das vítimas das bombas lançadas em Hiroshima e Nagasaki em 1945. Cerca de 200 mil pessoas morreram instantaneamente ou nos poucos meses seguintes, mas 87 mil sobreviventes foram acompanhados por toda a vida. Em 1992, mais de 40 mil haviam morrido, embora se estime que somente 690 dessas mortes tenham sido decorrentes da radiação. As vítimas das bombas foram expostas à radiação mais ou menos de acordo com a dosagem mostrada na tabela: a dose declina rapidamente, reduzindo-se à metade a cada 200 metros; portanto, segundo um relatório da Academia de Ciência Americana, alguém a cerca de 2,5 quilômetros do epicentro recebeu aproximadamente a mesma dose a que estaria sujeito em um tomógrafo moderno.[5] O que diria Prudence?

O número de vítimas do acidente de Chernobyl é mais controverso: um relatório da Organização das Nações Unidas afirma que 28 pessoas morreram de doença por radiação aguda, e que 6 mil crianças desenvolveram câncer na tireoide por terem bebido leite contaminado, um evento de fácil prevenção.[6] Destas, quinze morreram até 2005, mas o relatório acrescenta que "até esta data, não há evidências convincentes de que qualquer outro efeito sobre a saúde na população em geral possa ser atribuído à exposição à radiação".

Quadro 21: **Exposição aproximada à radiação de diferentes fontes**

Comparada ao equivalente em bananas, à distância do epicentro da explosão de Hiroshima, à perda média de expectativa de vida e ao consumo de cigarros

EXPOSIÇÃO	MILIS-SIEVERTS	BANANAS	DISTÂNCIA EQUIVALENTE DO EPICENTRO DA EXPLOSÃO DE HIROSHIMA	PERDA MÉDIA DE EXPECTATIVA DE VIDA	CIGARROS
Dez minutos perto do núcleo do reator de Chernobyl, depois da explosão e derretimento	50.000	500 milhões	100 m	50 anos	200.000
Dose de radiação que mataria cerca de metade dos que a recebessem em um mês	5.000	50 milhões	700 m	5 anos	20.000
Efeitos agudos da radiação, incluindo náuseas e redução de glóbulos brancos	1.000	10 milhões	1,1 km	1 ano	4.000
Limite de exposição anual para funcionários da indústria nuclear	20	200.000	2,2 km	7 dias	700
Dose efetiva nas áreas mais afetadas ao redor da usina nuclear de Fukushima	10 - 50	100.000 - 500.000	1,9 - 2,4 km	3 - 30 dias	300 - 1.500
Tomografia de corpo inteiro	10	100.000	2,4 km	3 dias	300
Média anual de radônio na população da Cornuália	8	80.000	2,4 km	3 dias	300
Tomografia de tórax	7	70.000	2,5 km	3 dias	300
Dose efetiva na prefeitura de Fukushima	1 - 10	10.000 - 100.000	2,4 - 3 km	10 horas - 3 dias	30 - 300
Um ano de dosagem de fundo, 85% da qual de fontes naturais	2,7	27.000	2,7 km	1 dia	100
Mamografia	0,4	4.000	3,2 km	4 horas	16
Exposição média anual de trabalhadores em usinas nucleares	0,18	1.800	3,5 km	2 horas	8
Dose total aproximada recebida na prefeitura de Fukushima nas duas semanas que se seguiram ao acidente	0,1	1.000	3,6 km	1 hora	4
Voo de Londres a Nova York	0,07	700	3,7 km	37 min	2
Raio X de tórax	0,02	200	4,1 km	11 min	1
Um saco de 135 g de castanhas brasileiras	0,005	50	4,4 km	3 min	0,2
Raio X dentário	0,005	50	4,4 km	3 min	0,2
Comer uma banana (ou passar pelo scanner de um aeroporto)	0,0001	1	5,5 km	3 min	Tragada
Dormir com alguém	0,00005	0,5	5,7	1 seg	Tragadinha

Nota: 1.000 microssieverts (10.000 bananas) = 1 milissievert; 1.000 milissieverts = 1 sievert [7]

Outros afirmam que os verdadeiros números são muito mais altos. Tudo depende daquilo em que você acreditar sobre os efeitos de baixos níveis de radiação. Quando especialistas dizem que não há evidências de maiores prejuízos, não deveria ser surpresa, pois, mesmo se tivesse havido um aumento de casos de câncer no sentido do vento em Chernobyl, teria sido impossível detectar devido ao grande número de casos que ocorre de qualquer jeito. Por isso, qualquer estimativa teria de se basear em um modelo teórico de danos.

Usando esses modelos, estima-se grosseiramente que uma média de um ano de vida seja perdido por exposição a 1 sievert.[8] No estabelecimento de regulamentações, esses efeitos são extrapolados para doses bem mais baixas, para as quais não existem evidências de danos; isso é conhecido como hipótese Linear sem Limites. Se adotarmos essa hipótese, 1 mSv equivale a 1/1.000 de um ano perdido, que são 9 horas de vida, ou 18 MVs. Então, uma mamografia vale 0,4 mSv, o equivalente a 8 MVs, ou cerca de 16 cigarros. A perda média de expectativa de vida e o equivalente em cigarros são mostrados na tabela.

A hipótese Linear sem Limites é controversa: os pesquisadores que estudam os efeitos de Chernobyl não a empregam, e alguns afirmam que baixas doses não têm um efeito proporcional, pois o corpo tem tempo para se curar. Se aceitarmos, porém, a ideia da Linear sem Limites, podemos chegar a algumas notáveis conclusões sobre o "bom" uso de radiação para ajudar pessoas doentes.

Por exemplo, uma tomografia de 10 mSv chega a 180 MVs, ou quase 360 cigarros. Pode não parecer tão grande para um indivíduo sendo diagnosticado, mas aumenta com o grande número de pessoas sujeitas a tratamento: o Instituto Nacional do Câncer nos EUA estima que os 75 milhões de tomografias realizadas só nos Estados Unidos podem acabar causando 29 mil cânceres.[9]

Nada disso foi discutido quando as visões apocalípticas da destruição provocada pelo terremoto e o subsequente *tsunami* no Japão, em março de 2011, foram substituídas em boa parte da mídia por relatos da luta para controlar a radiação de uma combalida usina nuclear de Fukushima. Era uma síntese de todas as características do pavor: invisível, incontrolável, associada ao câncer e a defeitos de nascença. Acrescente-se a essa mistura uma empresa de energia não confiável e as consequências psicológicas tornam-se previsíveis. O comissário de Energia do Reino Unido, Günther Oettinger, disse ao parlamento da União Europeia: "Existem referências a um apocalipse, e acho que a palavra é particularmente bem escolhida".[10] Foi mesmo? A partir de qual perspectiva?

Então, será que o marido de Prudence deve se submeter à tomografia? Será que Prudence ficaria tranquilamente a 1,6 quilômetro da bomba de Hiroshima?

Quando duas pessoas observam riscos comparáveis de exposição e consideram um com horror absoluto e o outro com satisfação, isso pode revelar uma irracionalidade total. Ou será que revela as limitações das probabilidades como uma medida do que seja realmente o perigo? Talvez simplesmente nos encoraje a ter clareza quanto à razão de por que não gostamos de alguma coisa. Responder "ora, é claro, por causa do perigo" é um argumento conveniente, mas às vezes não expressa toda a verdade.

20. Espaço

Quando o corpo do clandestino caiu na rua, pareceu o som de uma porta batendo. Estava congelado, e foi melhor assim, dentro das circunstâncias. Prudence, porém, não tinha essa opinião.

— E se essa coisa tivesse caído no jardim de inverno? — perguntou.

— Não é uma "coisa" — replicou Norm. — De qualquer forma, não caiu.

— Norm, é aqui que a gente toma o café da manhã. Pansy estava *ali*, naquela cadeira, *sozinha*, quando... meu Deus.

— Pru, a probabilidade...

— Probabilidade?! Quais eram as chances de um cadáver cair do céu?[1] Quer dizer, um — ela ergueu o dedo —, vindo do nada; dois — outro dedo —, no chão, despencado de cima; três, em Basingstoke; quatro, caindo do céu? Explique isso pra mim. E o que aconteceu? Aconteceu. Ora, se isso pode acontecer... Olha só. Todo dia a gente toma o café da manhã no jardim de inverno. De repente, tem o defunto de um argelino na nossa mesa. Só precisa uma vez, você sabe.

Alguns dias depois, foi a vez de Norm olhar para cima, ansioso.

— Veja só, asteroides podem ser um problema — disse a Prudence, mexendo o chá. Era uma loteria, totalmente, a chance de uma grande colisão entre os milhões de colisões possíveis de uma infinidade de detritos cósmicos.

Continuou mexendo o chá. Não era medo da morte que o preocupava; era o cálculo das probabilidades. Um dia alguma coisa cairia do céu, e a chance era ao mesmo tempo certa e invisível. Isso o deixava inquieto.

— Ah, eu sei — disse Pru. — Eu sinto a mesma coisa com os pombos.

— Não se pode calcular a probabilidade, não de forma razoável.

— Bom, seria uma pontaria incrível.

— E os estragos... a carnificina, o potencial.

— Seria uma limpeza, com certeza.

— Imagine só Londres.

— Incrível.

— Eu vou arranjar uma espécie de defesa de múltiplos propósitos.

— Um guarda-chuva?

— Tecnicamente falando, sim, um guarda-chuva.

— Eu sempre tenho um guarda-chuva.

— Custe o que custar.

— Até que é meio trivial, não?

— Totalmente.

Mais tarde, ao cair da noite, Norm olhou para o céu, as mãos na cintura. Ficou olhando um bom tempo, um homem sozinho sob as estrelas, procurando respostas. Onde ele estava, esse chão que tinha o nosso endereço, naquela vastidão, na escuridão do desconhecido? Em algum lugar, em algum trajeto, mas não se afastando. Rumando em direção à Terra, silencioso e invisível nesse... nesse... Universo insondável... nesse pequeno O. A caminho, num percurso atribulado, atravessando o espaço, o asteroide lançado por um Deus de poder ilimitado, que um dia reduziria todos os caminhos da humanidade a um percurso improvável, mas possível... uma possibilidade entre incontáveis outras possibilidades... caminhos e possibilidades possíveis, prováveis. Um caroço, um grão – porque tudo é relativo – numa tormenta sem limites, sim, e duas trajetórias, da Terra e da rocha, predestinadas pela loteria infinita a se encontrarem num ponto cósmico. Era a catástrofe final, o resumo e a soma de todos os medos.[2]

— E o que isso significa para o mercado imobiliário? — perguntou Kelvin no pub mais tarde.

— ?

— Coisas práticas, Norm, vamos.

E-mail de Prudence para Norm
Assunto: *Apocalipse*
Norm querido,
O asteroide foi notícia, como você disse. Cedo demais para dizer, falaram, mas pode haver uma chance. Perguntaram se você soube de mais alguma coisa daquela fraternidade de observadores de estrelas, se a devastação vai ser global, pois estamos pensando em passar as férias em Portugal.

— Eu estava pensando sobre o asteroide, amor — disse a sra. Norm poucos dias depois. — Será que não valeria a pena fazer uma nova hipoteca... quer dizer, nós não teríamos que pagar, não é...?

Não muito tempo antes, Norm descobrira que era *l'homme moyen* e chegara ao auge da esperança e da autoconfiança. Agora se encontra diante de uma crise existencial. Por quê? Porque o perigo dos asteroides o coloca diante de uma das mais absurdas médias nos cálculos definitivos de vida ou morte. Trata-se não apenas de uma distante ameaça à sobrevivência, mas uma ameaça imediata a tudo que Norm defende. Vamos chegar a essa estranha média e aos cálculos que a baseiam em um minuto.

Em primeiro lugar, quem tem mais razão para sentir medo: Norm ou Prudence? Corpos celestes caindo do espaço ou corpos humanos despencando de aviões? E por quê?

Prudence tem uma vantagem: a familiaridade. Ela consegue imaginar corpos, aviões e pombos com mais facilidade que um apocalipse – por razões óbvias. Com mais facilidade, talvez, do que desviar o pensamento do cataclismo cósmico para pensar em termos de preços de imóveis.

Segundo notícias da imprensa, a pista de pouso do aeroporto de Heathrow já viu alguns corpos caindo ao longo dos anos, resultados trágicos de uma atitude desesperada e da atmosfera congelante e desoxigenada acima dos 10 mil metros de altura. Em 2001, o corpo de Mohammed Ayaz, um paquistanês de 21 anos, foi encontrado no estacionamento de uma filial de uma loja da Homebase em Richmond. Quatro anos antes, um clandestino caíra do compartimento de bagagem de um avião em um gasoduto próximo. Ninguém foi atingido.

Também não havia ninguém na casa da família Comette – que nome perfeito – em Paris, no verão de 2011, quando um meteorito do tamanho de um ovo entrou queimando pelo teto.[3] A pedra, enegrecida na travessia pela atmosfera da Terra, quebrou uma telha e se alojou no encanamento. Só quando Martine Comette notou a goteira e chamou alguém para consertar é que a causa foi descoberta. Estimou-se que a pedra tinha 4 bilhões de anos e tinha origem em um cinturão de asteroides localizado entre Marte e Júpiter. Quando o filho de Martine, Hugo, levou o asteroide para a escola embrulhado em papel-alumínio, um amigo disse que parecia um pedaço de concreto.

Alguns meses depois, em setembro de 2011, um satélite da Nasa caiu em um ponto na Costa Oeste americana – levantando preocupações sobre a probabilidade de atingir uma cabeça humana. Na mesma época, Lars von Trier lançou seu filme *Melancolia*, em que "duas irmãs veem a relação entre elas, já naturalmente tensa, abalada quando um misterioso novo planeta ameaça entrar em colisão com a Terra", tudo sob o tema *Tristão e Isolda*, de Wagner.

Isso dá a impressão de que existe um monte de detritos celestes por aí. Então, qual é o risco de um objeto sólido aparecer do espaço e aterrissar em sua cabeça?

Para corpos celestes o cálculo é capcioso, em parte devido à chance de um impacto realmente grande. E é isso que Norm acha tão perturbador. Um analista de seguros avaliando a possibilidade de uma colisão automobilística tem abundantes dados históricos para calcular os riscos. Os astrônomos não têm quase nada. Só dispõem de equações relacionadas ao tamanho do asteroide, quantos estão por aí, com que frequência poderiam colidir com a Terra e qual seria a força explosiva. Essas estimativas são revisadas continuamente e sujeitas a discussões esotéricas. O risco médio que produzem é tão baixo que parece realmente absurdo. Vamos chegar lá em um momento.

Existem duas principais considerações no cálculo de um perigo potencial. Primeiro, o tamanho do objeto; segundo, onde pode cair. Se uma árvore cair numa floresta e não houver ninguém por perto para ouvir, será que produz algum ruído? E quando um asteroide entra na atmosfera com uma velocidade de 15 quilômetros por segundo e explode 10 quilômetros acima de uma floresta da Sibéria, destruindo uma área de árvores equivalente a um quadrado de 40 quilômetros de lado e quase ninguém vê, será que tem alguma importância? Quando isso aconteceu, em 30 de junho de 1908 em

Tunguska, as poucas testemunhas que se dispuseram a falar descreveram um calor tão intenso que parecia que suas roupas estavam queimando, ainda que estivessem a 60 quilômetros de distância daquele céu em chamas dividido ao meio; foram arremessadas no ar e fugiram em pânico, achando que o fim estava próximo. Foi um evento dramático, que deixou 80 milhões de árvores carbonizadas no solo; fora isso, houve alguma confusão, não muitos feridos e nenhuma evidência direta de que alguém tivesse morrido.

Se o meteorito tivesse chegado 4 horas e 47 minutos mais tarde, teria atingido São Petersburgo, ou pelo menos foi esse o cálculo.[4] Uma estimativa de uma detonação desse tipo sobre Nova York hoje projeta um custo de 1,19 trilhão de dólares em seguros de danos à propriedade, sem mencionar algo como 3,2 milhões de mortos e 3,76 milhões de feridos.[5]

Por isso, o local onde o objeto cai é pelo menos tão importante quanto suas características. Tem muita coisa voando por aí: asteroides feitos de rocha, cometas de gelo e gases congelados. Em escala menor – de acordo com o interessante documento chamado *Defending Planet Earth: Near-Earth Object Surveys and Hazard Mitigation Strategies*,[6] do Conselho Nacional de Pesquisa dos EUA (em inglês, National Research Council – NRC) –, algo em torno de 50 a 150 toneladas de "objetos muito pequenos", principalmente poeira, caem na Terra todos os dias. Um simples olhar em uma noite de céu sem nuvens revela traços de rocha ou pó queimando na atmosfera.

Asteroides maiores – só um pouco mais ameaçadores –, com diâmetros de 5 a 10 metros, passam por perto uma vez por ano, liberando uma energia equivalente a cerca de 15 mil toneladas de TNT quando explodem na alta atmosfera, mais ou menos o mesmo que a bomba de Hiroshima. A maior parte não é vista nem registrada.

Ocasionalmente, alguma coisa deixa uma cratera visível ou desaparece no mar sem causar danos. Não existe registro recente de uma morte humana por queda de meteorito, embora alguns automóveis nos EUA tenham sido atingidos no último século e um deles – o famoso carro do meteorito de Peekskill, um Chevrolet Malibu com o porta-malas que parece ter sido marretado – já tenha excursionado pelo mundo. Uma vaca foi morta no dia 15 de outubro de 1972 em Valera, na Venezuela, e devidamente comida. Pedaços do meteorito foram vendidos a colecionadores.

Aumentando um pouquinho, a explosão aérea de um asteroide de 25 metros – mais ou menos o volume de 60 ou 70 ônibus de dois andares – liberaria uma energia de cerca de 1 milhão de toneladas (1 MT) de TNT, equivalente a mais ou menos 70 bombas de Hiroshima. Estima-se que o meteorito de Tunguska tivesse 50 metros de diâmetro, ainda que alguns astrônomos acreditem que eventos como esse possam ser causados por objetos de apenas 30 metros.[7] Mesmo assim, se um asteroide dessa dimensão se chocar com a Terra, existe mais ou menos 70% de chance de que caia sobre a água. Então, ainda estamos com sorte. Sem sorte, poderia matar milhões.

Asteroides maiores são classificados como "eventos de escala continental", apesar de continuar sendo difícil dizer quais danos tal impacto causaria. Em terra firme, seria devastador. As chances continuam sendo de 70% de que caia no oceano, mas agora com maiores consequências. Modelos projetam que um asteroide de 400 metros de diâmetro poderia provocar um *tsunami* de 200 metros de altura – quase duas vezes a altura da catedral de São Pedro[8] –, embora existam grandes dúvidas se essa onda se chocaria com a plataforma continental, se a população conseguiria ser evacuada e assim por diante.

Na categoria dos pesos-pesados, um asteroide com mais de 1 quilômetro de diâmetro liberaria cerca de 100 mil megatons de energia: equivalente a 700 mil bombas de Hiroshima, e teria um potencial catastrófico global. Colisões ainda maiores podem ocorrer e já ocorreram. Mais de uma vaca morreu quando uma bólide de 10 quilômetros de diâmetro e 100 milhões de MT caiu na península de Yucatán, no México, 65 milhões de anos atrás. Deixou uma cratera de mais de 180 quilômetros de diâmetro e provavelmente acabou com os dinossauros.

Dá uma boa medida do potencial do estrago. O passo seguinte é descobrir quantas dessas coisas estão por aí e então extrair uma estimativa da probabilidade de que a Terra esteja no caminho.

Felizmente, o Programa de Objetos Próximos da Terra, da Nasa, está cuidando de nós, e relata por exemplo que o objeto 2009 TM8, de 10 metros de diâmetro, estava para passar mais perto que a Lua na segunda-feira, 17 de outubro de 2011.

Objetos Próximos da Terra (em inglês, Near Earth Objects – NEOs) são os que podem passar a um terço da distância até o Sol – cerca de 46 milhões de quilômetros –, o que mostra que "próximo" é um termo relativo. Nos anos 1960, quando Perry Como cantava "Catch a Falling Star and Put it in Your Pocket", havia somente 60 NEOs conhecidos, mas em dezembro de 2011 já haviam sido localizados mais de 8.500 e devidamente batizados pelo Minor Planet Center. A cada ano, mais 500 são acrescentados à lista. Os dados são suficientes para o programa estimar um impacto equivalente à devastação do meteorito de 50 metros de Tunguska, na Sibéria, a cada 2 mil anos na média. Se considerarmos que eventos semelhantes aos de Tunguska possam ser causados por objetos de até 30 metros,[9] eles ocorreriam com uma frequência 10 vezes maior, com a chance de 50% de uma colisão dessa dimensão durante o período de uma vida. Uma chance meio a meio de que um bebê nascendo hoje possa ver algo equivalente ao evento de Tunguska, capaz de destruir Nova York, é o mais assustador que as estatísticas sobre asteroides conseguem indicar. Mas é discutível.

Dos grandes NEOs arrasa-quarteirões, de mais de 1 quilômetro de diâmetro, a Nasa identificou 834 asteroides e 90 cometas, e o Programa de Objetos Próximos estima que existam mais uns 70 rondando por aí que nós desconhecemos.[10]

Um pouco mais perto de casa que os 46 milhões de quilômetros qualificados como "próximo da Terra", em um limite equivalente a 20 vezes a distância até a Lua (um total de 7,5 milhões de quilômetros), qualquer pedaço de rocha encontrado com pelo menos 150 metros de diâmetro ganha status de Asteroide Potencialmente Perigoso (em inglês, Potentially Hazardous Asteroid – PHA). Até agora, foram identificados 1.271 PHAs, dos quais 151 têm mais de 1 quilômetro de diâmetro, com potencial de causar o "fim do mundo como o conhecemos".

Mesmo assim, a quantidade ainda é pequena, sugerindo uma probabilidade de colisão com detritos desse calibre a cada alguns milhões de anos. O NRC estoicamente aponta que "apesar de essa possibilidade apocalíptica ser extraordinariamente pouco provável de acontecer na vida dos que estão vivos no momento, qualquer abordagem tradicional de preparação para o desastre seria irrelevante". Será que eles nunca ouviram falar do Bruce Willis? Estima-se que meteoros capazes de uma extinção em massa como a causada pela rocha de 10 quilômetros que dizimou os dinossauros ocorram a cada 100 milhões de anos ou algo assim; então não há razão para se preocupar agora.

São todos cálculos médios, é claro, dentro de uma perspectiva de milhares de milhões de anos, mas o catálogo de NEOs da Nasa nos permite deixar um pouco de lado os cálculos meramente teóricos e falar sobre a possível ameaça de alguns pedregulhos específicos aos que estão vivos no momento, todos com nomes próprios e números personalizados. Cada NEO é classificado segundo seu tamanho e probabilidade de impacto: não há nada de aleatório nessas probabilidades, pois partem do pressuposto de que o asteroide vai ou não vai nos atingir, e as incertezas advêm apenas da ignorância de suas trajetórias exatas.

A escala Torino[11] – que recebeu esse nome pelo local na Itália em que foi adotada durante uma conferência – expressa o nível apropriado de preocupação:

> Nível 0 (branco) quer dizer sem problema;
> Nível 1 (verde) é uma passagem de rotina;
> Nível 2 (amarelo) merece atenção dos astrônomos, mas não do público;
> Nível 3 significa que o público deve ser informado.

E assim por diante até o nível 10 – uma colisão definitiva ameaçando a civilização global.

Os mais rotineiros estão nos primeiros níveis, mas o Apophis, com cerca de 200 a 300 metros de diâmetro, recebeu alerta de nível 2 em 2004, quando foi descoberto, e ficou no nível 4 por um período, quando foi estimada uma chance de 2,7% de impacto em 2029.[12] Novas informações esclareceram que estamos a salvo, embora o asteroide vá ser visível a olho nu em 13 de abril de 2029, quando passar a apenas 29.500 quilômetros da Terra. Interessante notar que 13 de abril desse ano vai cair numa sexta-feira.

O atual catálogo não indica nenhum risco sério entre os asteroides que conhecemos. Em novembro de 2012, o maior perigo que a Nasa podia indicar era 1 chance em 500 de uma colisão com o 2011 AG5 em alguma data dos anos 2040. A maioria dos asteroides com menos de 500 metros de diâmetro, porém, continua sem ser descoberta. Apesar da pouca probabilidade de causarem o fim do mundo, eles podem nos pegar de surpresa: o 2008 TC3 tinha de 2 a 5 metros de diâmetro e pesava 80 toneladas quando explodiu acima do deserto do Sudão em 7 de outubro de 2008. Foi o primeiro asteroide desse tipo a ser detectado antes do impacto, mas apenas 19 horas antes da chegada, e os danos só poderiam ser imaginados se o trajeto previsto apontasse na direção de uma grande cidade. A explosão foi equivalente a cerca de 2 mil toneladas de TNT, e 10 quilos de fragmentos foram recolhidos depois. Ninguém foi ferido.

Então, qual é o risco de ser morto por uma dessas rochas vindas do espaço no seu tempo de vida? É impossível fazer uma avaliação precisa, e é aí que Norm pira. Pois, apesar do nosso entendimento cada vez maior das possibilidades de um impacto, prever as consequências exige muitas suposições (ou adivinhações, dependendo do ponto de vista). Mesmo assim, o NRC cita o número maravilhosamente exato de 91 mortes esperadas por ano. Claro que isso é uma média entre todos os anos com zero morte e uns poucos eventos, calculados por milênios, com grandes mortes, o que mais uma vez mostra o problema inerente nos cálculos médios. Na verdade, esses 91 são um equilíbrio tênue entre os impactos de pequena escala mais comuns e os impactos catastróficos globais improváveis. Como existem 7 bilhões de habitantes na Terra, isso representa 1/77 de MicroMorte por pessoa por ano – o equivalente a um trajeto de 5 quilômetros de carro –, o que se arredonda em um delicioso número de 1 MM por tempo de vida. Não é muito. É um número quase ridículo, sem utilidade prática. Não surpreende que Norm se sinta perturbado.

O que poderia ser feito a respeito de uma ameaça iminente? O relatório do NRC identifica quatro principais estratégias atenuantes, enfatizando uma grande incerteza sobre os estragos, a tecnologia disponível e como a sociedade reagiria. A primeira, *defesa civil*, envolve procedimentos padronizados para desastres e se aplica a pequenos eventos, ou qualquer coisa meio imprevisível. Por exemplo, se fosse descoberta uma alta probabilidade de impacto do Apophis em 2029, seria identificado um "corredor de risco" e as populações seriam alertadas. O NRC – assim como Prudence, Kelvin e a sra. Norm – identifica possíveis "preocupações quanto ao valor de propriedades".

Com um grande aviso antecipado e um grande orçamento, a tecnologia espacial poderia ser usada para evitar a colisão. Para asteroides maiores, de mais de 100 metros de diâmetro, com décadas de preparativos, poderia ser utilizado um *empurrão lento* para alterar a órbita do NEO, o que é feito de forma mais eficiente reduzindo ou aumentando a velocidade da bólide, não empurrando para o lado. A utilização de uma "tração gravitacional" – a atração gravitacional de uma nave espacial adjacente – pode ser mais viável do que empurrar a rocha. Espaçonaves já tiveram encontros próximos com asteroides: a missão Hayabusa chegou até a aterrissar nele por pouco tempo, coletou partículas e voltou à Terra.[13]

Com o período de décadas entre o alerta e o acontecimento, asteroides de mais de 100 metros e de até 1 quilômetro de diâmetro poderiam ser deslocados por métodos de *impacto cinético* – ou seja, com bombardeio de várias espaçonaves. Qualquer coisa com mais de 1 quilômetro exigiria centenas de espaçonaves nessa colisão, ou, como alternativa, uma *detonação nuclear* nas proximidades. Para asteroides de até 500 metros, isso poderia ser preparado em anos e não em décadas, se houver vontade política e disposição.

Qualquer coisa com mais de 10 quilômetros de diâmetro, do tamanho do asteroide que eliminou os dinossauros, é considerada basicamente incontrolável. Embora esses cenários apocalípticos rendam filmes bons, ou pelo menos populares, o NRC conclui que o principal risco vem de um impacto inesperado com um objeto pequeno, com menos de 50 metros, mas acrescenta: "Contudo, como nem todos os NEOs ainda foram detectados e classificados, é possível (embora muito improvável) que um NEO 'desafie as probabilidades' e destrua uma cidade ou uma região costeira no futuro próximo". E não haverá muito que se possa fazer a respeito.

Quanto ao lixo espacial gerado pelo homem, 5.400 toneladas de detritos caíram do céu nos últimos quarenta anos, com 28 reentradas de satélites em 2011. Até agora ninguém saiu ferido, nem mesmo no momento em que quarenta toneladas se precipitaram nos EUA quando o ônibus espacial Columbia se fragmentou. Depois do ocorrido, a Nasa estimou que havia uma em quatro chances de alguém ter sido atingido. E quando os restos do Satélite de Pesquisas da Atmosfera Superior chegaram à Terra, em setembro de 2011, a Nasa declarou que havia "1 chance em 3.200 de alguém ser atingido".

Como, porém, são feitos esses cálculos? O satélite ficou lá em cima por vinte anos. Parou de funcionar em 2005 e pesava 5.700 quilos, mais ou menos o mesmo tamanho e peso de um ônibus de dois andares. A Nasa disse que ele se fragmentaria em 26 objetos que resistiram à reentrada, pesando 532 quilos no total, equivalente a oito máquinas de lavar. Os fragmentos se espalhariam em aproximadamente 450 quilômetros, e a área de estragos totais seria de aproximadamente 22 metros quadrados (mais ou menos três estacionamentos), mas ninguém fazia ideia de onde cairiam os detritos. Como afirmou um comentarista, seria de esperar que os cientistas malucos controlassem melhor os seus satélites – afinal, eles são especialistas em foguetes.

O maior objeto pesava 158 quilos, mais ou menos o peso de um gorila adulto (mas o gorila parece mais macio – é melhor pensar em duas máquinas de lavar amarradas, em uma velocidade de 160 quilômetros por hora). Não parece muito animador, mas a Terra é um lugar grande, com uma área de superfície de 500 milhões de quilômetros quadrados (ou 500.000.000.000.000 de metros quadrados). Assim, supondo-se que 22 metros quadrados possam cair em qualquer lugar, há 1 chance em 23.000.000.000.000 (23 trilhões) de qualquer ponto específico ser atingido.

Então, se um indivíduo – vamos dizer, Norm – por acaso estiver ocupando esse ponto, cuidando da própria vida em um suposto local aleatório de impacto, existe 1 chance em 23.000.000.000.000 de Norm ser atingido – a mesma de lançar uma moeda 44 vezes em seguida e obter coroa em todas as vezes, ou pouco melhor que ganhar na Loteria Nacional duas vezes seguidas.

Existem, porém, 7.000.000.000 de outras pessoas na Terra, por isso a chance de qualquer um ser atingido é de 7.000.000.000/23.000.000.000.000, que é 1 em 3.200, exatamente o número citado pela Nasa.[14]

É uma chance pequena, principalmente porque as pessoas não ocupam uma grande porção da Terra. Não é a impressão que se tem em um vagão de metrô na hora do pico, mas qualquer um a bordo de um voo intercontinental pode ver que o globo terrestre tem grandes espaços vazios. Se cada um de nós ocupar 1 metro quadrado, são 7 mil quilômetros no total, que é apenas 1/70.000 da superfície da Terra. Então, se toda a população do planeta for ao festival de Glastonbury, a área ocupada cobriria a região entre Somerset e Wiltshire juntas, ainda que não se possa imaginar em que condição ficariam os toaletes.

O cálculo para cadáveres que caem do céu seria semelhante. Vamos supor a queda de um defunto, ocupando cerca de 2 metros na horizontal, a cada sete anos, e vamos supor uma área de risco mais ou menos do tamanho do bairro de Richmond, em Londres (cerca de 60 quilômetros quadrados, com uma população de quase 200 mil pessoas). Isso nos fornece uma probabilidade direta, embora rudimentar. Norm se sente confortável com isso. Prudence não, ainda que de alguma forma seja mais real que o fim do mundo. A probabilidade é de mais ou menos 1 em 150 que um dos 200 mil habitantes esteja na linha de tiro, a cada sete anos. Se você por acaso morar lá, terá 1 chance em 30 milhões de essa pessoa ser você, ou 1 chance em 210 milhões a cada ano.

Será que alguma dessas estimativas é preocupante? Como sempre, depende do tipo de pessoa que você é, tanto quanto dos dados. No filme *Melancolia*, de Lars von Trier, uma das irmãs fica alarmada diante da perspectiva do Apocalipse; a outra continua tranquila. Trier se declarou fascinado por um comentário de seu terapeuta, de que pessoas deprimidas costumam permanecer calmas quando confrontadas com situações tensas e ameaçadoras – conformadas pelo fato de a vida ser mesmo terrível. O filósofo alemão Schopenhauer fez disso a base de uma visão pessimista da vida em que a única escapatória de um fracasso eterno e sem sentido para gratificar a vontade humana reside na contemplação estética, idealmente da música, como a de Wagner.

Para Norm, que não se sente nem tão infeliz para ignorar os riscos de morte nem tão feliz para ser tomado por um grande otimista – ele é o tipo de cara mediano –, o medo de objetos que caem do céu deve-se mais à enorme incerteza gerada pelos próprios dados disponíveis.

Sendo um tipo na média, ele deve ser especialmente vulnerável ao risco médio de morrer no impacto de um asteroide. Norm sabe que está sujeito a um confortável risco de 1 MM durante a vida. Ele também compreende que isso é uma das demonstrações mais assustadoras das deficiências de estar na média, sujeita a uma bólide que venha do nada – ou seja lá do que for feito o espaço. Um pedregulho que pode amassar um carro ou arrancar uma telha é tão raro que a mídia mundial corre para tirar fotos, e só pode aniquilá-lo se por acaso escolher o seu metro quadrado nos 500.000.000.000.000 de metros quadrados do planeta. E Norm combina essa probabilidade com a chance teórica de uma destruição total ao redor. Em outras palavras, é quase nada combinado com tudo o mais.

O prognóstico de risco de 1 MM de qualquer um ser atingido por um asteroide em seu tempo de vida é aritmeticamente preciso, mas totalmente sem sentido na vida cotidiana. Ou seja, esse risco médio nos diz quase nada, mesmo para *l'homme moyen* Norm. Ele não tem medo de morrer, tem medo do próprio destino.

21. Desemprego

— Lamento dizer, Norm, mas você se tornou supérfluo.

— O quê?

— Você se tornou...

— Sim, eu ouvi...

— ... supérfluo.

— ... o que você disse, mas estou dizendo que não. Quero dizer, eu não posso...

— Norm, você é um bom profissional, mas...

— Não, eu estou dizendo que não posso me *tornar* supérfluo. Ou eu sou supérfluo, ou não sou, mas não posso me *tornar* supérfluo.

— ...?

— Vocês não podem *tornar* desnecessário alguém que é necessário, é uma condição predefinida, não pode ser imposta, é... ilógico, completamente ilógico, é como dizerem que vocês vão me deixar...

— Norm...

— ... com dois metros de altura. É até contra a lei, o que significa que nem mesmo é permitido. E vocês precisariam me consultar antes, e aí *se* eu me tornasse supérfluo porque o trabalho deixou de existir...

— Norm...

— ... aí vocês poderiam se livrar de mim, me descartar, mas vocês não podem me *tornar* supérfluo. Não podem.

— Norm, nós estamos mandando você embora porque o seu trabalho já era e você não serve mais para nada. Que tal?

— Ah, tudo bem... entendi.

— Ótimo. Você está dispensado.

— Certo... Sei... Entendi... Quando? — quis saber Norm.

— Que tal amanhã?

Então lá estava ele, sendo demitido. Era o que se chama de um evento de baixa probabilidade e alto impacto, disse a si mesmo. E, pelo visto, Norm tinha calculado mal a probabilidade, bem como o impacto.

Enfim. Muito bem. Ele se sentou à sua mesa e ajeitou as meias. Pôs uns papéis no reciclador, deletou alguns e-mails, certificou-se de que uma ou duas pessoas ficassem cientes de uma ou duas coisas importantes e foi falar rapidamente com a moça dos Recursos Humanos; qual era mesmo o nome dela? Ele fez umas ligações. Tomou um drinque no almoço com alguns funcionários mais jovens, que lhe deram uma bela caneta e um cartão. Bateu na porta de seu chefe para se despedir. "Tudo de bom, Norm", ouviu em resposta. Vestiu seu paletó de lã. Passou pelas outras mesas. "Felicidades, Norm" – e deixou o crachá na recepção. Passou pela porta giratória e de repente estava lá fora, na calçada.

Houve duas ocasiões em sua vida em que ele realmente tentou se sentir infeliz, mas seu coração não havia consentido. Talvez agora? O pensamento o animou um pouco. Mais tarde, naquela noite, ele sonhou com um homem de paletó de lã circulando pelo escoadouro. Foi meio inesperado, só isso. E tão... hã.

Ele entendeu mal. Achou que o pior nunca aconteceria. É o mesmo erro que, segundo alguns, arruinou o mercado financeiro global em 2008 e contribuiu para uma profunda recessão – uma incapacidade, como diz Norm, de levar a sério eventos de alto impacto e baixa probabilidade. Agora, quão mal ele entendeu depende do que acontecer em seguida, pois, como veremos, em casos extremos desemprego pode até matar.

Qualquer um pode errar um número, especialmente ao tentar calcular uma probabilidade de algo que nunca aconteceu antes. E como nunca havia sido rejeitado até então, Norm não pensava muito nisso. Não era normal.

Quando se refere a perder o emprego como um evento de alto impacto e baixa probabilidade, ele toma emprestada a linguagem do livro *A lógica do cisne negro*, de Nassim Nicholas Taleb: "Eu não ligo muito para o comum", diz o autor.

> Se você quer ter uma ideia do temperamento, da ética e da elegância pessoal de um amigo, precisa observá-lo em circunstâncias das mais adversas, não sob o brilho róseo normal da vida cotidiana. É possível avaliar o perigo que um criminoso representa observando apenas o que ele faz em um dia comum? Podemos compreender a saúde sem considerar doenças e graves epidemias? De fato, o normal costuma ser irrelevante. Quase tudo na vida social é produzido por choques e saltos raros, porém importantes.[1]

É mais fácil ignorar alguns eventos do que outros. Se forem incomuns ou parecem muito improváveis, ou se for difícil imaginar como poderiam ocorrer, não será tentador não pensar a respeito? Desemprego, porém, é algo que acontece com os outros. E já houve outras crises financeiras. A questão é que nos habituamos um pouco demais ao que estamos acostumados. De forma que na verdade não se trata de uma falha de cálculo (como com os asteroides do último capítulo). Dessa vez é uma falha da imaginação. Como não podemos prever tudo o que pode dar errado, o caminho mais fácil é supor que isto nunca vai acontecer. A solução não está apenas em números mais precisos, mas em histórias mais variadas que possam nos tirar, de forma imaginativa, da nossa zona de conforto – uma razão pela qual algumas pessoas gostam de planejar diversos cenários como forma de pensar em potenciais perigos futuros.

Os números, porém, poderiam ter ajudado. No início de 2008, havia cerca de 1,6 milhão de desempregados no Reino Unido, um pouco acima de 5% da força de trabalho. Quatro anos mais tarde, depois de uma profunda recessão, havia 1 milhão de desempregados a mais, elevando a taxa de desemprego a aproximadamente 8,5%.

Essa é a forma normal de saber como anda o desemprego e, por implicação, o risco que você corre de não ter um emprego: basta olhar para a taxa corrente. Como esperado, esse risco sobe quando a economia se retrai. O efeito da recessão foi que cerca de 3 ou 4 pessoas de cada 100 que queriam trabalhar não encontravam emprego.

Essa maneira de falar sobre o risco, no entanto, pode ser equivocada. Não houve 1 milhão de empregos a menos no decorrer desses quatro anos. O número está mais para 15 milhões, e mais ou menos metade dessas pessoas queria outro emprego. E o número de pessoas demitidas, as que se tornaram redundantes, encerraram o contrato ou foram postas no olho da rua, foi muitas vezes maior do que o número de pessoas registradas como desempregadas.

E não porque os números eram enganosos. Tampouco porque estamos contando pessoas que foram direto de um emprego para outro, mas sim porque, em qualquer economia, o mercado de trabalho é uma gigantesca porta giratória por onde passam milhões de pessoas nas duas direções, demitidos e admitidos, que ficam períodos variáveis em cada lado. Assim, esses 15 milhões são as pessoas que ficaram sem emprego tempo suficiente para serem contadas.

Quando medimos o desemprego, calculamos o número de pessoas que estão do lado errado da porta em determinado momento.

Elas, porém, são apenas a mudança líquida na reserva de desempregados, os milhões a mais que estão fora do mercado de trabalho no momento, comparados a quatro anos antes. Esses números não captam a imensidade do fluxo, os grandes números que sentiram o desalento de estar do lado errado da porta por algum tempo.

Isso não vale apenas em recessões. Também ocorre em tempos bons. Pensar na grande escala das mudanças de emprego dá uma medida melhor do número de pessoas que vive o desemprego, e é uma maneira melhor de descrever o que para muitos é um estado de risco grande e contínuo.[2]

As estatísticas que captam esse fluxo e indicam a chance média de uma pessoa perder o emprego são experimentais. O Departamento Nacional de Estatística não rastreia a mesma pessoa por tempo suficiente para saber ao certo se os números são precisos. Eles servem, porém, como um guia rudimentar.

Esses dados sugerem que antes da recessão de 2008-9, quando o consenso indicava que a economia ia bem, o risco de perder o emprego estava entre 1% e 1,5% a cada semestre, como havia sido por anos: isso é conhecido como o risco de desemprego, o mesmo "risco" usado em caso de morte (ver Capítulo 17, sobre estilo de vida). Isto é, uma ou duas pessoas em cada cem empregadas perderiam o emprego a cada três meses. Sendo uma média, algumas tendiam a perder o emprego mais do que outras – profissionais menos qualificados, por exemplo, ou em negócios menos formais – e algumas perderam o emprego mais de uma vez.

Além disso, mais uma ou duas em cada cem pessoas perdem o emprego para se tornar inativas – desempregadas, mas sem estar à procura de novo emprego. Às vezes as pessoas são classificadas como inativas não por não quererem um emprego, mas sim por terem desistido de buscar uma colocação.

Arredondando essas porcentagens trimestrais em totais anuais e transformando-as em números de pessoas reais, descobrimos de onde vêm aqueles dados espantosos: perto de 4 milhões de empregos são perdidos a cada ano por desemprego ou inatividade. Quatro anos disso resultam em um total aproximado de 15 milhões de empregos perdidos desde o início da recessão, em 2008, até 2012.

Há outra surpresa ao ver como esse risco muda. Antes da recessão, o risco médio de perder o emprego girava em torno de 1,5%. Ele atingiu 2% e se estabilizou, mas logo voltou a cair. A diferença de antes da recessão para depois, de um cenário de crescimento econômico constante para um cenário de baixo ou nenhum crescimento, foi de aproximadamente 0,2% somente, o equivalente a uma pessoa adicional em quinhentas perdendo o emprego a cada três meses.

Um risco adicional de 0,2% não soa assustador, mas as pessoas se sentiram ameaçadas. Pesquisas sugeriam que o temor da redundância estava disseminado. De fato, o risco de desemprego não muda tanto quanto poderíamos esperar. O risco de inatividade também não mudou muito. Este pode até mesmo ter caído um pouco, implicando um risco mais baixo de se tornar inativo.

Isso é um enigma. Por que o desemprego sobe tanto se o risco para o trabalhador médio não sobe? A resposta, em parte, vem do fato de estarmos olhando para o lugar errado. Mais significativo é o que aconteceu na outra ponta da história, com a chance de encontrar um novo emprego se você estivesse desempregado, de voltar a entrar pela porta quando estivesse fora. Isso é conhecido, curiosamente, como “risco de emprego”.

Nos anos que antecederam a recessão, até um terço dos desempregados conseguia um novo emprego em cerca de três meses. Depois da recessão esse número diminuiu para um quarto ou menos.[3]

Quadro 22: **Risco de desemprego: porcentagem de empregados que perdem o emprego a cada três meses**[4]

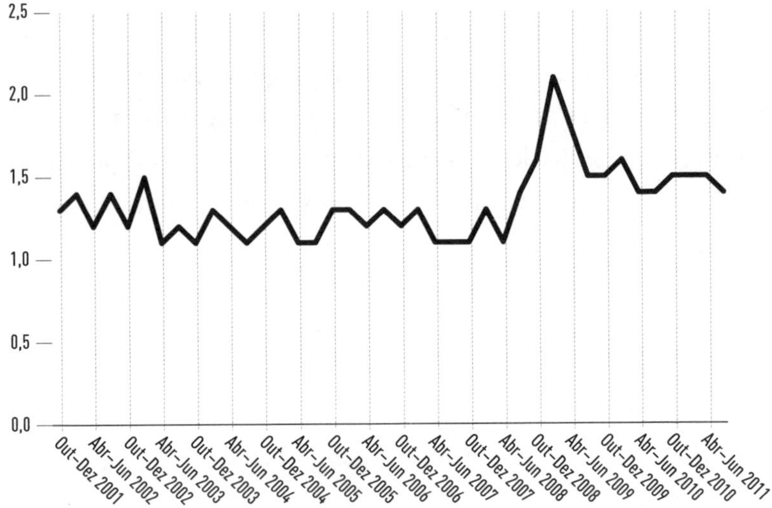

O hábito de registrar o aumento de desemprego como se fosse equivalente a empresas perdendo clientes ou abrindo falência é enganador; boa parte da história tem a ver com negócios que não abrem nem se expandem. É difícil, porém, relatar o não surgimento de novos empregos. É muito mais fácil mostrar um negócio fechando as portas. Donde a "Lei de Becker": "É muito mais difícil achar um emprego do que mantê-lo".[5]

Uma razão dessa dificuldade é que o número de pessoas tentando encontrar trabalho aumenta o tempo todo em uma população crescente. Normalmente, os recém-chegados são absorvidos por um número crescente de empregos. Não foi o caso entre 2008 e 2012. A maioria da crescente força de trabalho ficou do lado errado da porta.

É perante a vasta e constante agitação do mercado de trabalho, no entanto, que o perigo extra de perder o emprego em tempos

Quadro 23: **Risco de emprego: porcentagem de desempregados procurando um novo emprego durante três meses**

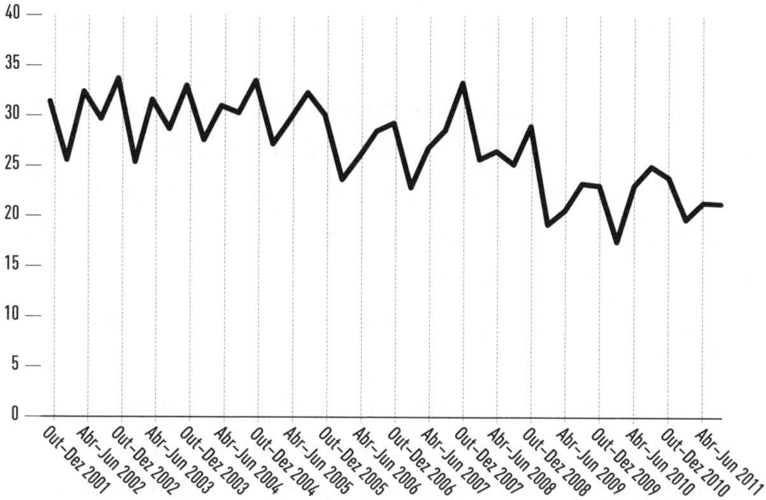

difíceis – afetando uma pessoa em quinhentas, a cada três meses – parece pequeno. Para mudar a metáfora, estamos observando uma mudança nas ondas de um oceano que está sempre agitado.

Assim, o aumento no número de desempregados é a pequena diferença entre enormes fluxos de pessoas em ambas as direções, entrando e saindo do mercado de trabalho, um desequilíbrio em função tanto da dificuldade de encontrar um emprego quanto do risco de perdê-lo, além das pessoas adicionais procurando trabalho o ano todo e reduzindo a chance para qualquer indivíduo. Em meio a esse fluxo grande e constante, a *mudança* no risco de uma pessoa média perder o emprego – se ela estiver empregada – é pequena. Se você pensa que esse risco era muito alto em 2012, teria que dizer que sempre foi muito alto.

Outra maneira de falar sobre desemprego é dizer que o risco é a infelicidade (a diferença entre probabilidade e consequência mostra a cara de novo). De acordo com um estudo, ela é tão ruim para nossa saúde como fumar. Para o jovem, especialmente, deixa uma cicatriz permanente em termos de perspectivas de emprego e salários.

Uma medida das consequências é se o desemprego realmente se torna sucata: isto é, quanto dura. No início de 2008, cerca de 400 mil pessoas passaram mais de 12 meses desempregadas. No início de 2012, esse número chegou a 800 mil. O risco dobrou. Sua chance de se tornar uma dessas pessoas, mesmo tendo perdido o emprego, era ainda pequena, mas as consequências podiam ser desesperadoras.

Isso é uma coisa que só você pode julgar. Perder um emprego pode ser a chance que você estava esperando para dar uma escapada e se dedicar a um novo passatempo, ou aproveitar o cheque da rescisão e esbanjar a herança dos filhos em uma viagem ao exterior, e nesse caso o risco consequente é você acabar se divertindo.

Ou então pode ser catastrófico. Em 2010 a Trades Union Congress (TUC), uma federação de sindicatos no Reino Unido, divulgou a história de Christelle Pardo para servir de alerta aos custos do desemprego. Sem emprego nem benefícios, grávida e com um bebê de cinco meses nos braços, ela se matou pulando do terraço do apartamento da irmã em Hackney, Londres.

Seu auxílio-desemprego havia sido interrompido devido à gravidez, e isso significava que ela também perdera seu auxílio-moradia: a autoridade local exigia que ela reembolsasse 200 libras de pagamentos indevidos de auxílio-moradia. Ela também havia tido outros benefícios retirados – seus apelos foram negados duas vezes; sua última visita ao DWP [Department of Work and Pensions] foi feita na véspera do suicídio. A sra. Pardo morreu quase imediatamente; o filho, mais tarde, no mesmo dia.[6]

Terrível, mas será uma reflexão razoável sobre o risco? Perder o emprego não tende em si à morte de alguém, mas as consequências podem matar. Além da perda de rendimentos, existe uma tendência maior a se divorciar, cometer um crime, sofrer problemas de saúde e morrer cedo. Suicídio costuma ser mencionado como um fator no aumento da taxa de mortalidade; outros são doenças cardíacas e álcool. Em suma, o desempregado tende a estar mais estressado, deprimido, sem dinheiro e doente.

Estimativas do risco extra de morte prematura variam amplamente. Um estudo não encontrou efeito;[7] outro o situou em torno de 20%, com aumento na probabilidade de suicídio por um ano, mortalidade cardiovascular aumentando nos dois anos seguintes e se estendendo por mais de uma década.[8] Um terceiro mostrou que o aumento geral de mortalidade resultante de desemprego está mais próximo de 60%.[9] É um valor imenso, equivalente a cerca de 6 MVs todos os dias e semelhante ao risco de um fumante médio.

Será que o impacto sobre a saúde de um dia de desemprego equivale mesmo a uma dúzia de cigarros, causando uma morte tão mais precoce, como se cada dia (24 horas) sem trabalho envelhecesse a pessoa em 27 horas?

O problema, porém, não é tão simples como comparar mortes de empregados e desempregados. É complicado desemaranhar causa e efeito nesses casos. E se pessoas com problemas de saúde e infelizes tiverem mais tendência ao desemprego e, por isso, puderem morrer mais cedo pela mesma razão que as faz não ter um emprego, não *porque* não têm emprego? Ou será o desemprego que as torna infelizes e causa os problemas de saúde?

Um estudo tentou separar os dois fatores ignorando as mortes até uns poucos anos depois do desemprego, tentando eliminar da equação qualquer pessoa que perdesse o emprego por já não ser saudável.[10] Nota-se também que pessoas desempregadas por doença costumam receber benefícios de saúde, e não figuram mais como desempregadas. A conclusão do estudo foi que a mortalidade extra entre os desempregados era, ampla e diretamente, causada pelo próprio desemprego.

A proporção desse efeito fatal ainda é muito incerta, mas com base nas evidências disponíveis sua existência é provável. Há também provas de que jovens que passam seis ou mais meses desempregados têm salários muito mais baixos nos anos subsequentes, e mesmo vinte anos depois ainda ganham 8% a menos do que os que se mantiveram empregados.[11]

Estudos sobre jovens que ficaram desempregados por mais de seis meses nas recessões de 1980 e 1990 mostraram que, cinco anos mais tarde, eles ainda passavam mais de 20% do tempo desempregados e, doze anos depois, 15% do tempo.[12]

Impactos altos podem resistir. Como Norm percebeu, o risco pode assumir outras formas além de acidentes, e não somente linguiças e cigarro causam efeitos que serão sentidos no futuro distante; nem são apenas incidentes fatais que podem resultar em mortes – e que não só os perigos conhecidos, esperados ou calculáveis são perigosos. Assim, no todo, cisnes negros podem ser ainda mais desastrosos do que podemos supor. Primeiro, não podemos prevê-los; segundo, geralmente não os reconhecemos quando eles chegam. Isto é, podemos ficar sabendo que o que acabamos de ver era um cisne negro apenas quando ele já passou e percebemos claramente seus efeitos. A crise bancária de 2008 ainda continuava cinco anos depois, em 2013, e provavelmente vai continuar por anos. Da mesma forma, Norm pode não conhecer os riscos do desemprego, mesmo depois de demitido, até anos mais tarde. Então, qual era o risco?

22. Criminalidade

Prudence conferiu seus e-mails, deletou duas "oportunidades" financeiras na Nigéria, fechou o laptop e guardou-o na prateleira do pequeno armário embutido. Deu uma última olhada lá fora e trancou a porta da frente, pôs a corrente, ligou o alarme, apagou as luzes e subiu. Voltou a pensar num cachorro, especialmente agora que estava sozinha, depois que o marido morreu de câncer na próstata, só para chegar de novo ao mesmo conflito entre uma casa cheia de pulgas e lama *versus* ao menos um latido de aviso – e descartou a ideia. Do lado de fora, no vento, um galho de árvore balançou na frente do sensor de segurança e acendeu a luz de alerta. Ao ver o brilho súbito na janela do banheiro, ela estremeceu e se encolheu na camisola. A casa tinha sido assaltada dois anos antes. Prudence sabia que não ia mais dormir.

Diário de K2[1]

Nada de emprego. Vou pra balada, claro.

Oito cervejas = pouca grana.

Viagem cara com Kate + chance de dar uma.

Velho na rua com cachorro. Cachorro mal-encarado.

Cachorro rosna. Velho chuta cachorro. Cachorro mal-encarado morde a mão do cara.

Corte grande. Jorra sangue.

Também chuto o cachorro.

Velho diz que ninguém chuta o cachorro, me chuta o joelho + palavrões.

Kate se ajoelha para me ajudar. Decote. Bacana.

Velho me dá uma cuspida, mas derruba grana.

Levando em consideração que o cara é um canalha chutador de joelhos/escarrador, e velho, derrubo o cara com um empurrão quando ele tenta pegar a grana, pego a grana e falo pra Kate correr.

Por falta de previsão de eficácia de sair correndo com perna machucada, cara no chão consegue agarrar perna machucada.

Com perna livre/boa chuto a cabeça do cara. Palavrões.

Um dos pés está livre, dou outro chute. O outro pé está livre, ele agarra a perna machucada.

Nenhum pé no chão, caio em cima do cara.

Cachorro morde perna boa. O cara morde minha cabeça.

Dor/sangue.

O velho é um canalha brutal. Esfrega minha cara no chão.

Sangue.

Kate bate várias vezes a cabeça do velho com salto alto.

Sangue.

Velho pisa na minha mão, pega a grana, chuta várias partes do corpo incluindo o estômago, a primeira perna ruim, as costas. Rouba o celular e a carteira, inclusive cartões.

Velho sai correndo + cachorro. Velho ágil para um velho. Depois concluo que devia ser um criminoso. Ruas não são seguras.

Kate me ajuda a levantar de novo.

Coincidência incrível... Emily aparece.

Kate ainda com braço ao meu redor, olho o decote de perto. Oi, Em.

Em não dá oi. Pega salto alto de Kate, bate em Kate.

Sangue.

Em e Kate brigam no chão. Legal. Me dá uma ideia.

Em morde Kate. Esquece a ideia. Preciso ajudar. Chuto Em.

Kate diz que ninguém chuta uma mulher, o que está tecnicamente incorreto, pois acabei de chutar.

Kate me bate com salto alto na cabeça. Em me bate com salto alto na cabeça.

Sangue.

Kate e Em vão embora juntas. Cuspindo em mim.

Deito na mistura de sangue/saliva ponderando sobre o estranho final de noite. Levando em consideração deterioração no relacionamento e recente desfiguração facial, concluo que sem chance de dar uma.

Levanto muito devagar. Vou até o pub, também muito devagar. Reparo coincidência incomum de duas pernas mancas. Reparo muito difícil andar com duas pernas mancas.

Incrível... sujeito no pub vendendo cartão de banco e celular. Reluto, mas resolvo comprar meu próprio celular.

Sem grana.

Qual de nossas vítimas é mais típica? Prudence, idosa, sozinha e ansiosa, ou K2, jovem, bêbado e estúpido? Certamente Prudence se sente em maior risco na própria casa do que K2 vagueando pela cidade tarde da noite. Enquanto ela está apreensiva atrás de portas trancadas, ele se sente indestrutível. Reflita sobre suas impressões a respeito desses riscos relativos e de como eles são formados, e chegaremos à resposta em um momento.

Enquanto isso, eis aqui duas maneiras pelas quais você pode avaliar a criminalidade: 1) examinando os números; ou 2) lendo notícias de crimes nos jornais.

Os números são imperfeitos e de difícil interpretação. As notícias, por outro lado, são rápidas e envolventes, cheias de "psicopatas", vilões, vítimas e gente violenta, locais não frequentáveis da cidade, trilhas de sangue e vômito no pub, seriados na TV, assaltantes no metrô, maníacos sexuais à espreita, fraudadores clonando cartões e trapaceando velhos, gangues de garotas e gangues de facas e traficantes na porta das escolas. Indagadas por que acham que a criminalidade vem aumentando nos últimos dez anos (quando todos os dados disponíveis mostram que tem se mantido estável ou tendido para baixo no longo prazo), as pessoas comentam as notícias na mídia.

Precisamos dessas histórias para entender as características da criminalidade. Como no caso de violência contra crianças no Capítulo 3, porém, eventos dramáticos distorcem nosso senso de probabilidade. Ao ler essas notícias ou assistir ao noticiário, a impressão é de decadência moral, que ninguém mais consegue dormir em paz etc. Relatos de crimes vis contra bebês e aposentados, tumultos. Um simples exemplo é o suficiente para estarmos todos condenados.

Nada disso tem a menor graça, no entanto, se você for a vítima.[2] Mais ou menos uma pessoa em cada sete declara ter muito medo de crimes violentos,[3] como Prudence, e isso não surpreende.[4] Estamos muito sintonizados com as histórias assustadoras da mídia, como bem sabem os editores. Medo vende. Também estamos muito mais sintonizados com a última informação e a última história chocante do que com notícias velhas ou tendências de longo prazo. E medo é útil, até certo ponto. Em geral é bom para a sobrevivência. Descuido e deleite nunca salvaram ninguém de um tigre.

Então talvez estejamos certos em acreditar em cada pequena informação atrás de pistas sobre como devemos sentir medo, para tomarmos cuidado, novamente como Prudence. Pelas mesmas razões, ficamos também alerta a rumores locais – "Aquele sujeito do número 33 não é meio pedófilo?"[5] – ou a incidentes do mesmo tipo de crime ocorrendo por perto – "todos esses ataques de faca" – e prestamos especial atenção à experiência pessoal – qualquer coisa que sobressaia, qualquer alarme grande e pequeno que engatilhe nossa vigilância e nos leve a julgamentos rápidos.

O psicólogo Daniel Kahneman descreve o cérebro como uma máquina de tirar conclusões, funcionando de acordo com a lei do menor esforço. Isto é especialmente verdadeiro sobre medo.[6] Se houver algo assustador, é melhor sair do pedaço. Ele diz que esse hábito mental é um viés cognitivo, e histórias de crime parecem apelar perfeitamente a isso. Paul Slovic, um colega de Kahneman nos anos 1970, também mostrou que eventos vívidos são lembrados não apenas com mais nitidez, mas com a convicção de não estarem sozinhos (ver Capítulo 4). E lembranças de crimes costumam ser intensas.

O poder do exemplo único que se destaca em meio a grande volume de dados já foi bem estudado. Como diz Slovic: "A vítima individual identificada, com um rosto e um nome, não tem rival". O mesmo vale para animais, diz. Durante um surto de febre aftosa no Reino Unido, milhões de bois foram mortos para impedir a disseminação. "A doença decresceu, e os ativistas de direitos dos animais exigiram um fim à matança. As mortes continuaram, até uma foto de jornal mostrar um lindo bezerro de doze dias, chamado Phoenix, sendo marcado para morrer, o que levou o governador a mudar sua medida."

O plural de "anedota", porém, não é "informação", diz um velho ditado estatístico, assim como o corolário de "vivo" não é "provável". Um crime pode ser devastador para a vítima ou família, mas é improvável que revele se estamos todos condenados, ou que diga muito sobre o risco geral de nos tornarmos vítimas. Isso é tão óbvio que chega a ser trivial, e é um fato bem conhecido.

Não impede, no entanto, uma grande manifestação de milhares de pessoas *on-line* por um pardal abatido por derrubar uma fileira de dominós em uma competição, enquanto a agência holandesa de proteção aos pássaros lamentava a falta de interesse em salvar a espécie toda.[7]

Se desejamos reações um pouco mais equilibradas a fulgurantes histórias individuais, talvez devamos tornar a nossa definição de riscos tão transparente e convincente que traga "imunidade à anedota". De fato, isso tem sido investigado por psicólogos que estudam preferências de pessoas por tratamentos. Eles descobriram que gráficos mais claros e nítidos, usando coleções de ícones como os do Capítulo 4, podem funcionar melhor para tornar as pessoas menos influenciadas por histórias de curas maravilhosas e experiências fantasmagóricas.[8]

As histórias costumam tratar de eventos e pessoas específicas (ver nossa definição na Introdução). De fato, geralmente se diz que narrativas carecem de credibilidade se não tiverem uma boa dose de especificidade. Isto é, a autenticidade de uma história em geral depende dos detalhes – aqueles que possam ser aplicados nessa instância e não em outra qualquer. Assim definido, o detalhe é o chute de realidade nas canelas da generalização ou da abstração. Detalhe é o lenço que Otelo dá a Desdêmona, que Iago usa para fazer com que ela seja acusada de infidelidade. Esse pequeno detalhe, revelador e "da vida real", é a história precisa do assassinato dela. O crítico literário James Wood já apontou a importância da "estidade" ["*this-ness*"] – ou "forma individualizante" – para a ficção. Por "estidade", ele diz, "refiro-me ao momento em que Emma Bovary acaricia os chinelos de cetim com que dançou semanas antes no Grande Baile em La Vaubyessad, 'com as solas amareladas da cera da pista de dança'".[9] Bem usado, o detalhe é uma declaração de realismo.

Tudo isso talvez seja a maneira mais fundamental pela qual histórias, tanto ficcionais como anedóticas, diferem da abstração das probabilidades, que falha nos detalhes porque suas circunstâncias específicas tornam os riscos médios difíceis de serem aplicados a você, ou a qualquer outro indivíduo.

Por outro lado, a probabilidade nos diz verdades de outra ordem. Em particular, mostra que a "forma individualizante" pode também falhar quando extrapolada para outras pessoas. É por isso que ela era originalmente individualizante. Pela mesma razão que a estatística nos estimula a sermos imunes à anedota.

Essas duas versões da verdade falam uma linguagem diferente, mas o problema também poderia ser visto como uma simples questão de escala. Uma versão, a verdade da história, ganha credibilidade por ser pessoal e particular; a outra, a probabilidade, depende de duvidar da evidência de uma experiência específica, precisamente por ser uma experiência específica, até ser agregada à de todos os outros. Em cada caso, o que torna uma verdadeira transforma a outra em uma serpente. Será que são inconciliáveis?

Vamos considerar uma das anedotas mais radicais imagináveis sobre criminalidade, a do dr. Harold Shipman. Ele era o que pode ser definido como profissional de saúde de alto risco, especialmente se batesse na sua porta no início da tarde para uma visita. Shipman era um assassino em série, protagonista de uma história de crime tão grande e vívida quanto se pode imaginar. Registros de nomes de suas vítimas invadiram a mídia. Um punhado de casos aterradores contrariava a imagem rematada de um tio simpático, que ganhava a confiança de seus pacientes e os assassinava em suas casas. Posteriormente, estimou-se que ele deve ter matado mais de duzentas pessoas, a maioria idosas em boa saúde, com injeções de diamorfina.

Para o resto de nós, porém, ele não representava uma tendência, tampouco ilustrava o comportamento de outros clínicos gerais, nem representava algo em termos de nível de criminalidade. Somente em Manchester, onde todos esses assassinatos foram registrados em um ano – o ano em que foram descobertos –, o dr. Shipman fez muita diferença aos altos e baixos comuns das estatísticas.

Manchetes que jogam com nossos mais profundos temores costumam ser enganadoras. Por exemplo, a imagem de perigosos e desconhecidos assassinos de nossos filhos povoa as aflições do público, mas metade desse risco vem dos próprios pais e padrastos das crianças. Quatro em cada cinco mulheres adultas vítimas de assassinato conheciam seus assassinos.[10] A violência relacionada ao consumo de álcool na Inglaterra tem caído em anos recentes, o oposto do que a mídia nos faria imaginar, sempre atrás de notícias retratando sujeitos com feições retorcidas e garrafas à mão. O fenômeno existe, é verdade, mas a cobertura da imprensa não constitui uma amostragem equilibrada desse comportamento (ver também Capítulo 25, sobre a representação de perigo na mídia).

E quando várias notícias aparecem de uma vez, como no caso de quatro homens assassinados – todos esfaqueados – em incidentes separados em Londres no mesmo dia, 10 de julho de 2008? Já não era apenas uma manchete sensacionalista. A matéria falava de uma epidemia de assassinatos à faca. Não estamos falando de anedotas, estamos falando de dados... não estamos? Mesmo assim, Andy Tighe, da BBC, noticiou: "Quatro esfaqueamentos fatais em um dia poderiam ser uma aberração estatística".[11] Será?[12]

Cada assassinato é um crime individual que não pode ser previsto. Essa mesma aleatoriedade, porém, significa que em alguns casos o padrão geral de assassinatos é previsível. Isso soa estranho, mas não é (ver Capítulo 14, sobre acaso). É a probabilidade fazendo o que faz melhor, em grande escala. DS perguntou ao Ministério do Interior quantos homicídios haviam ocorrido em Londres no ano passado: 170, eles disseram. Então DS calculou o número de homicídios esperado até a data atual daquele ano, assim como o padrão provável de assassinatos no decorrer dos três próximos anos, supondo que ocorressem ao acaso. Também incluiu na conta em quantos dias haveria um assassinato, dois, três ou quatro, e com que frequência não haveria nenhum. O padrão que ele elaborou combinou quase exatamente com os dados reais.[13]

DS nega ter consultado uma bola de cristal. Admite, no entanto, ter feito uso de uma pequena teoria básica das probabilidades.[14] DS fez o equivalente matemático de espalhar os assassinatos no calendário como grãos de arroz, como se eles caíssem ao acaso. O resultado é que quatro assassinatos em um dia (quatro grãos de arroz em um espaço) é algo incomum, mas não extraordinário, mesmo supondo que o nível subjacente de violência permaneça o mesmo. Nenhuma tendência nova ou aterradora é necessária para produzir esse resultado. Poderíamos esperar que ocorresse em Londres em torno de uma vez a cada três anos. Poderíamos esperar cerca de 705 dias sem nenhum assassinato, 310 dias com um e aproximadamente 68 com dois. De fato, os números eram 713, 299 e 66 – bem próximos. Também podemos calcular com qual frequência deveríamos esperar longos períodos entre assassinatos – um período de 7 dias poderia ocorrer cerca de 18 vezes durante os 3 anos, e de fato ocorreu 19 vezes.

Não surpreende que relatos possam não ser confiáveis como medidas de risco. O que esse trabalho mostra é menos intuitivamente óbvio: que o mesmo pode ocorrer com súbitos aglomerados de eventos. Uma história não é uma tendência, e quatro histórias no mesmo dia também podem não ser. Esses aglomerados são eventos

Quadro 24: **Número de dias nos quais ocorreram homicídios**
Em Londres, entre 2004 e 2007

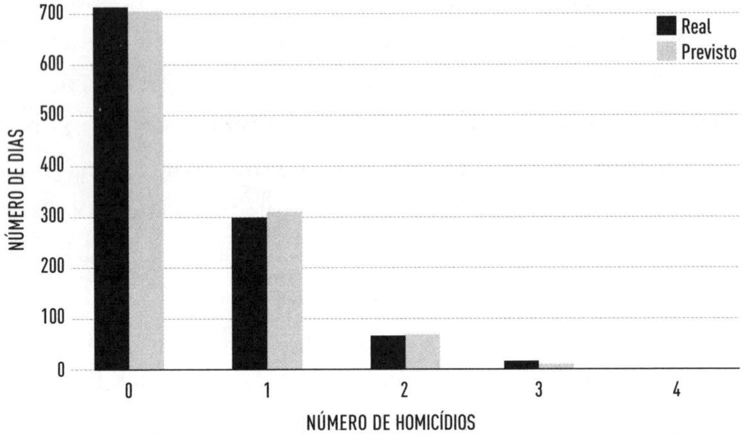

normais e previsíveis, e podem ocorrer simplesmente por acaso. A alternativa – um padrão perfeitamente regular de assassinatos com igual número de mortes toda semana – é absurda. O Ministério do Interior já adotou a mesma análise para verificar mudanças na taxa de homicídios, comentando que "a ocorrência desses aparentes 'acúmulos' não é tão surpreendente como se poderia supor".

No trem, voltando de uma reunião no Ministério do Interior, na qual DS dissera que o esperado até aquela altura do ano em Londres seria que tivessem ocorrido uns 92 assassinatos, ele pegou um exemplar de *The London Paper* com a seguinte manchete: "Número de assassinatos em Londres chega a 90".

Portanto, não podemos prever assassinatos por indivíduo, mas sim sua quantidade e padrão. E se soubermos que padrão esperar, conseguiremos perceber quando algo realmente incomum estiver acontecendo, quando os altos e baixos forem maiores do que os indicados pelo mero acaso. Quando o número de assaltos em um dado local parece casual, e quando parece haver uma nova gangue na região? Quatro assassinatos em Londres em um dia não eram uma surpresa, mas quatro assassinatos pelo mesmo método – facadas – provavelmente surpreendiam. Da mesma forma, o tipo de assassinatos de Shipman nos dizia pouco a respeito do risco subjacente de ser assassinado na população como um todo, mas se na época tivéssemos melhores dados, poderia ter sido possível localizar naquele padrão a chance muito maior de Shipman ser um assassino múltiplo.

Será que o Quadro 25 é o mais aterrador de todos? O gráfico mostra as horas do dia em que as pessoas morrem, e uma comparação entre o horário em que aquelas sob os cuidados de Shipman morriam e o horário em que aquelas sob cuidados de outros clínicos gerais morriam. Os pacientes de Shipman tinham um hábito improvável de morrer no meio do seu horário de visitas, durante a tarde. Padrões são instrutivos, se sabemos o que esperar.

Enquanto detetives examinando uma morte de cada vez lutavam para decidir se aquela em particular era assassinato, estatísticos podiam usar os dados para descobrir a escala dos assassinatos de Shipman e nos dizer onde procurar por ela. E o essencial da investigação estava na simplicidade de uma busca de padrões entre os pacientes (e as anormalidades nesses padrões) perguntando, quase trivialmente: "A que horas eles morreram?". Essa "estidade" da hora da morte na história de um paciente teria pouco a nos dizer nessa instância. No conjunto, a "hora da morte" é reveladora. A "estidade" do comportamento de Shipman, as particularidades de seu *modus operandi* – a batida na porta para uma visita à tarde a uma mulher idosa, mas ainda razoavelmente saudável – combinadas com os números, em relação a ele e aos outros, capacitam os estatísticos a deduzir muito mais do que os detetives. O Quadro 25 exerce um forte efeito em qualquer um a quem seja apresentado.

Quadro 25: **Porcentagens de mortes registradas em diferentes horários do dia ou da noite para Harold Shipman em comparação com outros clínicos gerais na área**

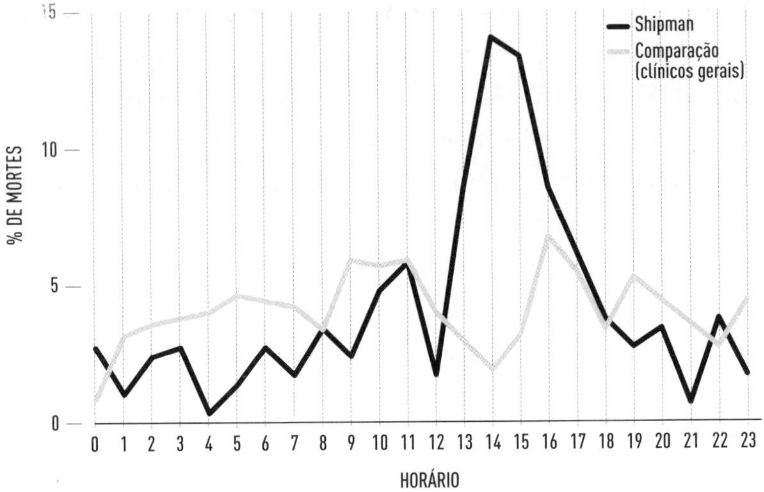

Os dados revelam uma verdade que histórias particulares comumente perdem, porque a verdade aqui está contida no padrão de repetição em muitas histórias, não em apenas uma delas.

Agora que sabemos da importância de ter cuidado ao relatar histórias de crime chocantes, mas isoladas, e de compreender o tipo de padrão que ocorre por acaso para discriminarmos quais são significativos, vamos dar um passo adiante e observar os números gerais. Se eles forem altos, isso deve ter algum significado.

Existe sentido caso a variação seja significativa e venha ocorrendo há tempo suficiente. Caso contrário, ocorre o mesmo problema que vimos nos aglomerados. O número de crimes sobe e desce por acaso de qualquer forma, especialmente na British Crime Survey, pesquisa baseada em uma amostra que reflete apenas aproximadamente o que está de fato acontecendo. Certas variações entre altos e baixos

Quadro 26: **Número médio de vítimas por 100 pessoas atacadas (ou porcentagem média de chance de ser vítima uma vez ou mais)**
Na Inglaterra e no País de Gales

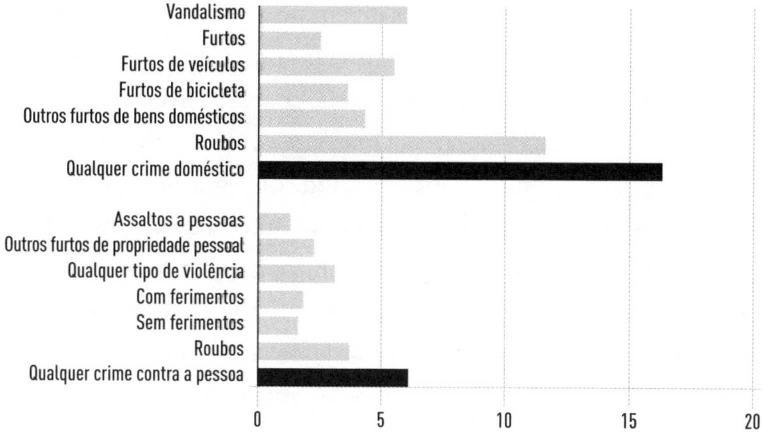

Fonte: British Crime Survey: atualização trimestral em setembro de 2011.

não indicam necessariamente novos padrões de comportamento criminoso, nem uma decadência ou revitalização moral. Os "altos" podem ser por acaso. Os "baixos" podem ser uma aberração.

Uma enorme quantidade de energia política e da mídia é despendida na análise de mudanças de curto prazo nos números da criminalidade. Se o que eles querem é descobrir tendências, estão perdendo tempo. Furtos subiram 5% neste ano... crimes violentos caíram 3%, e assim por diante. Essas informações raramente nos dizem alguma coisa que não possa ser explicada pelo acaso ou por mudanças na forma de relato. Desde 2005, por exemplo, os furtos vêm aumentando ou diminuindo todos os anos, mas não o suficiente em qualquer direção para indicar que a taxa tenha sofrido uma mudança significativa nesse período – ao passo que furtos de veículo vêm diminuindo todos os anos e realmente devem ter caído muito. As verdadeiras mudanças na criminalidade só costumam ficar mais evidentes a longo prazo.

Altos e baixos também nos dizem pouco sobre o risco de ser uma vítima. "Subiu 5%", mas quanto era antes? Há provas psicológicas abundantes de que as pessoas são mais sensíveis à mudança do que a níveis básicos de risco. Quarenta e cinco quilômetros por hora pode parecer uma velocidade rápida ou lenta, dependendo do que você estava fazendo alguns segundos antes. Percebemos muito mais a mudança do que o nível absoluto. Quanto à mudança na criminalidade, os números totais de 2011 foram os mais baixos em trinta anos. Tanto nos crimes registrados como na British Crime Survey (BCS), as tendências caíram ou permaneceram estáveis desde meados dos anos 1990.

Tudo isso trata de alterações nas impressões que temos dos crimes, ou em mudanças nos números, mas não nos diz quais são os números em si. Então, finalmente, que tal aquele nível básico de risco subjacente à criminalidade?

Se usarmos, em vez de anedotas ou aglomerados de eventos, dados – muitos deles –, podemos calcular o risco da exposição ao crime simplesmente pegando o número de vítimas e dividindo pelo número de pessoas. Cerca de 3 em cada 100 pessoas tiveram a casa assaltada em 2011; cerca de 3 ou 4 em cada 100 sofreram violência. É importante notar, porém, que a definição de crime violento abrange uma ampla gama de delitos, desde ataques menores, tais como empurra-empurras, que não resultam em nenhum dano físico, até incidentes sérios incluindo ferimentos e assassinatos. Cerca de metade dos incidentes violentos identificados pelas estatísticas da BCS e pela polícia não envolve ferimentos às vítimas.

Algumas pessoas sofrem mais de certa modalidade de crime, às vezes mais de uma vez. No todo, a chance de um indivíduo médio ser vítima de um crime em 2010-1 foi cerca de uma em cinco.[15] O medo da criminalidade não é estatisticamente absurdo.

Isso, porém, ainda não é tão útil. Seria um bom guia para o que poderia ter acontecido com Norm, sendo um indivíduo médio, mas não com você, nem com Norm de agora, mais velho. Aos 65 anos, o risco de ser vítima de um crime violento é menos de um décimo do que para um homem com vinte e poucos anos. Assim, o seu risco depende de quem você é e com qual crime está preocupado. Por exemplo, homens têm, em relação às mulheres, o dobro de chance de serem vítimas de crime violento. Se você já foi uma vítima, tem mais chances de ser novamente em muitos tipos de crime. Etnia também faz diferença.

O local onde você está também faz diferença. Pode parecer estranho, mas em 2010-1 uma pessoa teve cerca de 16 vezes mais chance de ser assassinada em Cumbria do que em Dyfed Powys. Mais uma vez, foi um problema de aglomeração. O fato sinistro subjacente à questão foi que em Cumbria, naquele ano, o número de homicídios subiu drasticamente quando um homem chamado Derrick Bird matou doze pessoas a tiros. Sempre há o risco de singularidades, mas elas não determinam o risco de crime.

Um padrão geográfico mais significativo é que os habitantes de Londres têm duas vezes mais chances de serem vítimas de crimes violentos do que moradores de Dyfed Powys ou Wiltshire. Quase metade dos roubos registrados na Inglaterra ocorre em Londres.[16] E vemos ainda outro risco geográfico quando nos deparamos com o fato de que alguns tipos de crime são bem mais comuns em áreas pobres.

Em todo caso, um cara jovem como K2 caminhando à noite é mais representativo de vítimas de crime do que Prudence, já mais velha, classe média, casada, em sua casa nos subúrbios de Basingstoke em Hampshire. O hábito de K2 de ir a clubes noturnos

Quadro 27: **Risco de sofrer crime violento, por grupo**
Em 100 pessoas, quantas são vítimas a cada ano[17]

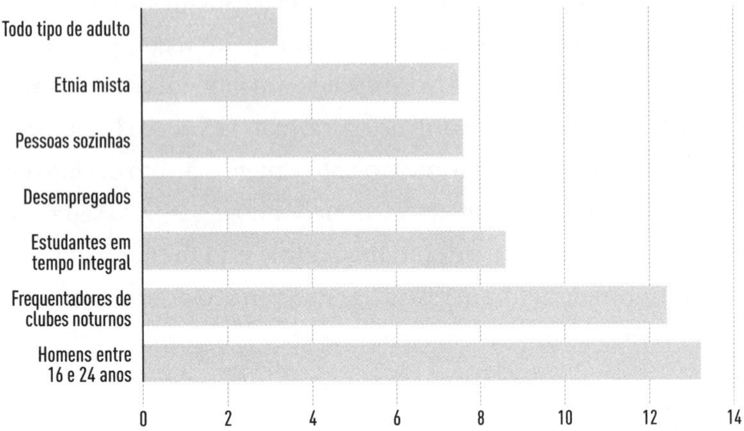

é surpreendentemente relevante, embora parte do risco associado seja apenas resultado da idade. O garoto é um fator de risco ambulante.

Quanto à taxa subjacente de assassinato, se o registro dos 172 cometidos por Shipman em 2002-3 forem excluídos, os índices de homicídio atingiram seu ponto máximo em 2001-2, chegando a 15 incidências por 1 milhão de pessoas. Em 2010-1 a taxa havia caído para 12 por 1 milhão de pessoas.

Homens – 16 homicídios por 1 milhão naquele ano – tiveram novamente mais de duas vezes mais chance de serem vítimas do que mulheres – 7 por 1 milhão. São 7 MMs por ano. Comparados a outros riscos, esses números são minúsculos, uma pequena fração da média de 1 MM por dia para todas as causas externas de mortalidade. Nós adotamos a MicroMorte por sua pequena escala, mas nessa taxa individual o risco médio de se tornar uma vítima de assassinato está tão próximo de zero quanto seria possível para um risco real. Será, porém, que isso deixaria Prudence mais tranquila?

23. Cirurgias

O paciente estava em estado crítico: homem branco, cerca de 85 quilos, histórico de doença cardíaca, queixando-se de dor no peito e falta de ar.

— Pressão sanguínea: 85 por 60 e caindo — disse a enfermeira. — Respiração errática.

E o pulso? Onde estava o maldito pulso?

Não havia tempo. Nenhum tempo para exames, nenhum tempo a perder. Kieran Kevlin, o cirurgião brilhante, embora um tanto excêntrico, cinquenta anos, cabelos grisalhos, irmão gêmeo de um famoso ex-professor da Sorbonne e no auge de seus poderes, sabia que teria de operar – imediatamente. Hemorragia? Uma válvula? Seus pensamentos estavam a toda.

— Será que podemos salvá-lo, doutor? — perguntou Lara, a enfermeira cirúrgica, preparando o paciente com hábeis mãos enluvadas. Uma mecha de cabelos loiros caía no rosto ansioso, mas ainda belo, sob a máscara cirúrgica verde.

— Vai ser arriscado — alertou Kieran, perscrutando os olhos azuis cheios de compaixão da enfermeira, o maxilar rijo pela determinação férrea que havia tanto tempo ela amava em segredo. — Mas por ele, pela família dele, pelo bem deste hospital e pelos valores que partilhamos, vamos fazer o melhor possível.

Do anfiteatro da sala de operações vieram murmúrios de assentimento. Kieran era conhecido como um sujeito audaz, mas também um virtuose da medicina, um homem capaz de lidar com uma bateria de técnicas cirúrgicas antes do café da manhã e depois correr 15 quilômetros.

— Obrigada, doutor — disse Lara, pousando a mão no avental dele e sentindo o musculoso antebraço por baixo. — Talvez você nunca saiba o quanto todos nós admiramos seu... seu...

— Não, não, obrigado a *você*, Lara. Agradeço os seus belos pensamentos, mas não há tempo para isso agora. Temos uma vida para salvar.

Embora ele conhecesse a gravidade da situação, era para momentos assim que o dr. Kieran vivia: o de decisão e incisão, o teste da confiança em si mesmo. O momento de enfiar uma faca na pele humana, muito consciente de sua própria falibilidade, naturalmente, e de tudo o que poderia dar errado, por má sorte ou julgamento errôneo, mas contrabalançado por muito treinamento – ao menos era o que dizia a si mesmo. Treinamento que felizmente no seu caso combinava-se a um talento natural. Nascido para ser um salvador de corpos debilitados, um artista esbanjando arte, um músico transcendente em sua vocação, preparado para ferir aquela carne macia com um instrumento de lâmina afiada, para fazer o primeiro corte e ver aquelas deliciosas e delicadas pérolas vermelhas, rearranjar, cinzelar, remendar, cutilar e rasgar e queimar e fatiar como uma manga madura, ah, sim, e costurar e restaurar e restituir e *recriar* um corpo humano dado por Deus – esse era o sentido de sua vida.

Kieran fez o corte, rápido e profundo, lançando um olhar para Lara, vendo seus olhos azuis meigos e dóceis ainda sobre ele. Sentiu que ela acreditava nele. Não podia decepcioná-la, mas também sabia que seria por pouco. Estava à beira do penhasco, confiando no instinto. Mesmo assim, abriu aquele seu sorriso maroto de covinhas e deu uma piscadela.

O coração de Lara encheu-se de uma alegria aflita. Se ao menos, pensou, Kieran não fosse tão bom e dedicado à esposa e à família. Mas sentiu-se envergonhada assim que o pensamento apareceu – e censurou-se por um sonho tão egoísta, tão doloroso. Não era para ser. Não poderia ser. Ela nunca seria feliz ao lado dele, só lhe restando a felicidade de estar com ele agora, vendo-o em seu universo, salvando vidas.

Quando afinal Kieran deixou o paciente com um colega para os procedimentos finais, esperando uma recuperação tranquila, suas mãos encontraram as de Lara quando tiravam os aventais e os dois pararam e olharam um para a alma do outro pelo que pareceu uma eternidade. Pouco depois, de repente, estavam no banco traseiro do carro dele num canto distante no estacionamento, onde fizeram amor pela primeira vez, com uma intensidade suave que estranhamente a fez se lembrar da cirurgia, sob a perícia das mãos fortes do médico. Seu próprio sentimento de culpa pareceu cruel ante um ato de tal breve perfeição – extremamente breve, na verdade. O glorioso mundo de Lara desmoronou no dia seguinte, quando Kieran foi suspenso (pouco antes de ela descobrir que estava grávida) e depois demitido, com seu registro médico cassado por negligência pela morte do paciente, sujeito a um procedimento condenado como "ridiculamente mal diagnosticado" e, para citar o relatório do grave incidente no litígio resultante, "arrogante em seu obstinado descaso pela medicina básica e pelo bom senso, como se o dr. Kieran Kevlin tivesse sido mais motivado por um temerário golpe de bisturi".

O médico e filósofo Raymond Tallis diz que, graças à medicina moderna, desfruta de um privilégio jamais sonhado por seus ancestrais. Trata-se de uma afirmação audaciosa, porém justa, e Tallis é um excelente defensor dos benefícios dos cuidados com a saúde.[1]

As séries dramáticas hospitalares vão ainda mais longe. Os médicos na ficção são sábios. Pessoas doentes são curadas por milagres tecnológicos, por sua genialidade. Quando pacientes morrem, é por consequência do inevitável ou de um fracasso heroico. De forma geral, nossos médicos fictícios não nos matam cortando os pedaços errados.

Quando uma médica de verdade, porém, prescreveu um remédio para epilepsia – fenitoína – para Bailey Ratcliffe, um menino de seis anos sujeito a convulsões que pareciam não responder a outras drogas, ela ministrou uma dose seis vezes maior. Bailey morreu. "Sinto muito", disse a médica no inquérito, em dezembro de 2012. "Eu cometi um engano."

Médicos se enganam. Apesar de todos os heroísmos da medicina, de todas as suas contribuições extraordinárias e genuínas, nem sempre a confiança no avental branco como a mostrada por Kieran é tão merecida quanto os médicos gostam de acreditar, ou como seus pacientes gostam de imaginar. Assim, eis aqui uma questão: será que a ficção popular sobre os riscos de vida e morte nos dramas médicos reflete a vida real? Ou será que, ao assumir suas próprias convenções, ela distorce a noção popular e profissional sobre os perigos implícitos na prática médica?

Kieran é um insulto calculado à medicina, em parte – e perversamente – só para mostrar como a coisa funciona, uma paródia do herói médico que mata pessoas por acidente e incompetência. Não é assim que a história costuma ser contada. Não estamos sugerindo que ele seja a norma, mas será que a história da medicina não deveria ser contada desse modo com mais frequência?

Atualmente a medicina está chegando a uma aceitação mais ampla do erro e da incerteza, mostrando-se mais disposta a reconhecer os riscos, os equívocos e a falta de conhecimento sobre o que realmente nos faz bem, ou não. Em consequência, está se aproximando mais do que Raymond Tallis descreve. Ainda pode, no entanto, ser culpada daquilo que o *British Medical Journal* satirizou uma vez como as sete alternativas para uma medicina baseada em evidências, entre elas: a "medicina baseada em eminência", em que quanto mais sênior for o colega menor a necessidade de algo tão rudimentar quanto provas de que o tratamento funciona; "medicina baseada em veemência", ou a substituição da evidência pelo altissonante; e "medicina baseada em eloquência", para a qual o "bronzeado durante o ano inteiro, o cravo na lapela, a gravata de seda, o terno Armani e a língua devem todos ser igualmente elegantes".[2]

A crescente popularidade do uso de dados estatísticos para descobrir quem comete mais enganos, e se as pessoas realmente melhoram ou pioram devido ao tratamento que recebem (e quanto melhoram), é surpreendentemente recente. Só em 1992 o *Journal of the American Medical Association* anunciou a chegada de uma "Evidence-Based Medicine – A New Approach to Teaching the Practice of Medicine" [Medicina baseada em evidência – uma nova abordagem para ensinar a prática de medicina], que "tira a ênfase da intuição [e] da experiência clínica não sistemática".[3] Um crítico continua afirmando que a *maioria* das descobertas de pesquisas publicadas é falsa,[4] pois os estudos são tendenciosos e só os que parecem mais interessantes tendem a ser publicados. Nada disso é muito tranquilizador para quem está prestes a entrar na faca.

Algumas séries médicas têm demonstrado essa humildade. Uma em particular – a comédia americana *Scrubs*, que acompanha um grupo de médicos novatos, todos bastante imperfeitos[5] – foi parcialmente inspirada em um comovente relato de erros médicos escrito por um cirurgião, Atul Gawande, em seu livro *Complications: A Surgeon's Notes on an Imperfect Science*.[6]

Gawande é fascinado pela falibilidade. Seus livros transbordam erros médicos, e ele não hesita em admitir seus próprios enganos, inclusive ter errado na inserção de um cateter central no principal vaso sanguíneo do coração de um paciente. Em sua versão da narrativa médica, trapalhadas, grandes ou pequenas, são parte da rotina do aprendizado clínico, até mesmo uma parte necessária.

"As apostas são altas, e são tomadas liberdades tremendas", ele escreve. "O que você vê quando chega perto, contudo – perto o suficiente para ver os semblantes sulcados, as dúvidas e os passos em falso, os fracassos bem como os sucessos –, é o quanto a medicina se revela desordenada, incerta e também surpreendente."

Gawande define a medicina como uma ciência imperfeita, "uma aquisição de conhecimentos em constante transformação, informações incertas e indivíduos falíveis, quase sempre com vidas em jogo".

Será essa, porém, a percepção do público? Ou será que nosso modelo mental é dominado por simples histórias e noções de tratamentos e curas? Se for esse o caso, podemos estar subestimando os riscos. Por isso a nossa história anterior. Quisemos brincar com a tradição retratando um herói de pés de barro, com falhas morais e sujeito a um imenso erro de julgamento.

Assim, depois de sentir a desgraça de Kieran, será que você sente alguma diferença em relação a riscos médicos? Provavelmente não. É apenas uma história. E, para serem críveis, as histórias precisam – como dizem os advogados em casos de difamação – de um substrato de probabilidade. Isto é, também precisam de provas, ou ao menos de convicção em relação ao que os fatos e dados dizem na verdade.

Como sempre, então, vamos a alguns fatos e dados.

Cirurgia é um processo simples. O corpo humano é macio, portanto basta uma faca afiada para nos fatiar e uma serra para talhar uns pedaços. A complicação é como impedir que o paciente morra por perda de sangue, sofrimento, infecções etc. Dado o que sabemos atualmente sobre esses perigos, é difícil ler sobre as cirurgias do passado sem recuar aterrado: a rudeza dos instrumentos, a falta de higiene e de anestesia e, não menos, uma pretensão insana.

Tomemos a trepanação, na qual parte do crânio é removida para descobrir o cérebro, que já foi amplamente praticada como alívio para dores de cabeça ou tratamento de ferimentos. A cabeça sempre foi particularmente sujeita a ataques de bodoques, porretes e outras armas primitivas. A meta da trepanação era aliviar o que costumava ser relatado como uma sensação de pressão extrema, para liberar sangue e "ar ruim" e deixar o cérebro bem arejado.[7]

Escavações revelam que, na era do Neolítico, um crânio em cada três mostrava buracos perfurados ou abertos por raspagem. Mais notável foi descobrir que os donos originais de muitos desses crânios – entre 50% e 90%, segundo algumas fontes – sobreviveram. Sabemos disso porque o contorno da perfuração foi cicatrizado. O procedimento foi popular na Europa até o século XVIII, como tratamento para epilepsia e doenças mentais, e depois para ferimentos na cabeça. Consta que, no século XIX, mineiros da Cornualha insistiam em ter seus crânios perfurados como medida preventiva, mesmo após pequenos ferimentos.

Foi com o surgimento dos hospitais, porém, que fazer buracos na cabeça se tornou especialmente perigoso. O problema – assim como ocorreu com a mortalidade materna, vista no Capítulo 11 – era de higiene, que tornava o risco de infecção dentro de um hospital tão alto que os médicos conseguiram pegar uma má ideia e torná-la ainda pior. A taxa de mortalidade disparou para cerca de 90%. Mais uma vez, profissionais e instituições conseguiam matar ainda mais que o próprio procedimento, sendo responsáveis por até 80% mais mortes entre seus pacientes. É por essa razão que o alto número de sobreviventes encontrados nas escavações do século XIX pareceu tão inacreditável. Como podiam os antigos nativos peruanos levar a cabo essa operação com sucesso?

Era muito mais seguro ter um buraco perfurado na cabeça em casa do que em um hospital – assim como ocorria com partos no século XIX.

Além de ter a cabeça escavada com uma pedra afiada, o único alívio disponível para a dor para os chamados primitivos era a intoxicação. Álcool, maconha e ópio eram os anestésicos básicos até Humphry Davy fazer experimentos com o óxido nitroso, ou gás hilariante. Em 1800, ele teve a clarividência de escrever: "Como o óxido nitroso em sua operação extensiva parece capaz de eliminar a dor física, provavelmente pode ser usado com vantagem durante operações cirúrgicas nas quais não ocorra grande efusão de sangue". Naturalmente, nenhum médico prestou atenção a essas palavras por cinquenta anos, período em que o gás hilariante e o éter eram usados como truques em festas. "Galhofas com éter" eram bem populares nos EUA. Finalmente alguns estudiosos da medicina perceberam que os galhofeiros pareciam não se incomodar com machucados. Será que isso poderia ter algum uso prático? – eles se perguntaram.

O primeiro anestésico público à base de éter foi apresentado por William Morton em 16 de outubro de 1846, no Massachusetts General Hospital. A ideia logo se difundiu, especialmente após a rainha Vitória ter inalado clorofórmio para o nascimento do príncipe Leopoldo em 1853, embora o produto tenha perdido prestígio mais tarde devido a mortes súbitas por arritmia cardíaca, conhecida então como "morte súbita por aspiração" entre adolescentes que abusavam de solventes.

Adormecer entorpecido antes de uma operação é agora rotina – a Organização Mundial da Saúde relata que a cada ano 230 milhões de procedimentos cirúrgicos importantes são conduzidos com uso de anestesia – com taxas que dependem bastante de gastos no setor de saúde.[8] Hoje em dia os anestésicos são razoavelmente seguros – de acordo com o Royal College of Anaesthetists, do Reino Unido, reações alérgicas que podem provocar a morte ocorrem em menos de 1 em 10 mil pessoas, e a maioria se recupera.[9] Mas nem todas. Cerca de 1 em 100 mil anestesias gerais ainda leva à morte do paciente. É um risco de 10 MMs (equivalente a cerca de 105 quilômetros em uma motocicleta, ou a um salto de paraquedas). Mais ou menos metade desse risco, 5 MMs, advém de erros cometidos na administração do anestésico, o que é bom saber. Os riscos de anestesia em cirurgias programadas são os mais baixos, aumentando para pacientes mais velhos e quando se trata de operações de emergência.

Os anestesistas gostam de dizer que o risco é menor do que ir de automóvel até a cirurgia, o que só é verdade se você fizer um longo percurso de motocicleta ou for um motorista espetacularmente imprudente. Se as taxas declaradas no Reino Unido se aplicarem a todos os 230 milhões de operações relatadas pela Organização Mundial da Saúde a cada ano, isso significaria 2.300 mortes por anestesia – quase certamente um número muito subestimado.

E os hospitais podem feri-lo de outras maneiras, não só nos procedimentos cirúrgicos, mas por meio de uma infecção ou de um escorregão em uma poça asquerosa. Podemos fazer um cálculo aproximado dos riscos gerais de um acidente fatal durante uma internação em um hospital se considerarmos as 135 mil pessoas que ocupam um leito hospitalar a cada dia na Inglaterra e notarmos que, embora algumas morram por causa de suas doenças, nem todas essas mortes são inevitáveis. Entre janeiro e junho de 2009, 3.735 mortes decorrentes de lapsos de segurança foram relatadas à Agência Nacional de Segurança ao Paciente, e suspeita-se que o número verdadeiro seja substancialmente mais alto. São cerca de 10 mortes por dia, o que significa um risco médio de 1 morte em 14 mil pessoas, supondo que poucas dessas mortes evitáveis tenham ocorrido com pacientes em ambulatórios. Assim, ficar em um hospital por um dia e uma noite expõe as pessoas, em média, a pelo menos

75 MMs de uma morte evitável – mais ou menos o mesmo risco de dar à luz ou de uma viagem de motocicleta de Londres a Edimburgo.

Dessa forma, a história das complicações de Kieran transmite uma verdade sobre hospitais: eles permanecem perigosos à nossa saúde, mesmo enquanto nos ajudam de formas jamais sonhadas por nossos ancestrais.

Na medicina, o risco é inevitável. A margem de erro, porém, aumenta-o ainda mais, assim como a simples má sorte. Por isso não é surpresa que os riscos de uma operação variem entre hospitais e cirurgiões. O conceito de medir esse desempenho começou com Florence Nightingale: depois de abordar essa questão nos miseráveis hospitais militares na Crimeia, ela se animou a fazer o mesmo na Inglaterra. Obcecada por estatísticas e ardorosa admiradora de Quetelet, ela via o acompanhamento dos dados como uma indicação da obra de Deus. Estudá-los era um empreendimento espiritual.

Ela propôs a coleta de "estatísticas uniformes em hospitais" para "nos capacitar a verificar a mortalidade relativa de diferentes hospitais".[10] Sabia, no entanto, que eles tendiam a manipular os números responsabilizando outras instituições pelos casos sem esperança. "Sabíamos de casos incuráveis descartados de um hospital, que deveria ter contabilizado essas mortes, e tais pacientes eram recebidos em outro estabelecimento, para morrer ali um dia ou dois após a admissão, reduzindo assim a taxa de mortalidade do primeiro à custa do segundo." Hoje em dia chamamos essa prática de "maquiagem". Os vitorianos, porém, sabiam ser implacáveis na hora de esconder um mau desempenho, da mesma forma que alguns hospitais atuais, como indicam diversos escândalos, e o grande plano de Nightingale fracassou.

Quarenta anos depois dela, o cirurgião Ernest Codman, de Boston, adotou uma abordagem diferente para verificar a qualidade do atendimento. Em vez de publicar estatísticas gerais, sua "Ideia de Resultados Finais" requeria que os hospitais preenchessem um pequeno cartão para cada paciente, explicando publicamente e em detalhe se o tratamento fora bem-sucedido e se erros foram cometidos. O próprio Codman começou a seguir esse procedimento a partir de 1900, e até abriu seu próprio hospital particular em 1911. Ele afirmava que suas ideias "não ser[iam] excêntricas dentro de poucos anos"[11] e, ao contrário de Nightingale, gostava de controvérsias, causando alvoroço em uma reunião pública ao exibir uma imensa caricatura satirizando o *establishment* médico de Boston por realizar procedimentos dispendiosos e sem eficácia comprovada, ficando com os "ovos de ouro" botados por um avestruz que representava um público crédulo. Codman foi demitido de Harvard, e seu hospital fechou em 1918.

Houve tentativas modernas de imitar o exemplo de Nightingale e Codman, notavelmente em cirurgias cardíacas, mas a qualidade dos dados sobre desempenho hospitalar provavelmente não é tão boa quanto o público acredita. Observemos mais de perto uma das exceções, em que os dados não são maus, e com uma pequena incursão podemos começar a descobrir os limites do que é possível saber sobre os riscos médicos. Tomemos a cirurgia de revascularização do miocárdio, conhecida como CRM. Esse procedimento é usado para aliviar a angina, melhorando o fluxo sanguíneo do coração com um pedaço de artéria ou veia tirado de alguma outra parte do corpo. Esse tipo de operação começou ser realizado nos anos 1960, e a mortalidade nos EUA foi reduzida para 3,9% em 1990 e para 3,0% em 1999.[12] O Reino Unido atualmente registra uma "taxa de sobrevivência de 98,4%", baseada em 21.248 operações em 2008.[13]

Note a diferença entre o enfoque da informação nos EUA e o do Reino Unido. No primeiro as pessoas morrem de cirurgia, enquanto no segundo elas não sobrevivem. Essa mudança de enfoque é um elegante dispositivo que tende a fazer o desempenho parecer melhor e a escamotear diferenças: a discrepância entre dois hospitais com 98% e 96% de sobrevivência, como os classificaríamos no Reino Unido, parece de pouca importância, enquanto a mesma comparação expressa nos EUA, como 2% *versus* 4% de mortalidade, parece dobrar o problema.

Alguns estados nos EUA exigem um relatório de mortalidade. Por exemplo, todos os hospitais de Nova York que realizam cirurgia cardíaca devem registrar detalhes de seus casos junto ao State Department of Health.[14] Em 2008 ocorreram 10.707 operações de CRM em 40 hospitais, e 194 pacientes morreram no hospital ou até 30 dias depois – uma taxa de mortalidade de 1,8%. Ou, como diriam no Reino Unido, uma taxa de sobrevivência de 98,2%.

Cirurgias em válvulas cardíacas apresentam um risco mais elevado: de 21.445 operações realizadas entre 2006 e 2008, 1.120 pacientes morreram – uma taxa de mortalidade de 5,2%, ou pouco mais de 1 pessoa a cada 20. É uma média de 52 mil MMs por operação, equivalente a cerca de 5 mil saltos de paraquedas ou duas missões de bombardeio da RAF na Segunda Guerra Mundial. Desnecessário dizer que é um risco grave, mas deve ser considerado que seria ainda mais elevado sem uma cirurgia.

Isso é um exemplo de que, quando temos os dados, podemos definir os riscos, o que nos permite fazer comparações entre hospitais. Quão úteis, porém, podem ser essas informações? Parece uma pergunta boba. Se os dados são verdadeiros, o que poderia haver de errado em utilizá-los?

O que se segue é uma tentativa escorregadia de demonstrar as dificuldades em calcular quais são os reais perigos em um grupo de hospitais – mesmo com base em dados relativamente bons. Acompanhe se puder. É uma lição prática na dificuldade de chegar a conclusões claras sobre o risco, e outro lembrete da incerteza que a medicina tem acerca dos próprios méritos.

Diante dos números absolutos, você pode preferir o hospital com o menor número de mortes, que por acaso é o Vassar Brothers Medical Center, com apenas 8 mortes em 470 operações (1,7%). No outro extremo, encontramos o Hospital Universitário de Stony Brook, com um registro de 43 mortes em 512 operações (8,4%). Será, porém, que sua escolha estaria certa?

Talvez o Stony Brook estivesse tratando de pacientes em condições mais graves. Foi por essa razão que Florence Nightingale concluiu, 150 anos atrás, que taxas rudimentares de mortalidade não eram confiáveis para comparações, visto que os hospitais diferem nos casos que tratam. Desde então tem havido tentativas para um "ajuste de risco" nos dados, para verificar se a diferença no número de mortes poderia ser justificada pelo tipo de paciente.

Em Nova York coletam-se dados sobre a idade e gravidade da doença dos pacientes e elabora-se uma equação estatística, que tenta estimar quais são as chances de cada paciente morrer em um "hospital médio". Para o tipo de paciente do Stony Brook, seriam esperadas 35 mortes, em vez de 27, se lá fossem tratados somente pacientes médios, o que mostra que aquele hospital revela tendência a cuidar de pacientes mais velhos ou com doenças mais graves.

Como mencionamos acima, porém, o Stony Brook teve 43 mortes, oito a mais do que o esperado, por isso mesmo essa variação não parece explicar inteiramente o alto número de mortes. Com 43 mortes em vez das 35 esperadas, podemos dizer que tiveram 43/35 = 123% da mortalidade esperada. O Departamento de Saúde do estado de Nova York toma esse risco em excesso de 123% e o aplica à taxa geral de mortes em Nova York, de 5,2%, para produzir uma "Taxa de Mortalidade Ajustada ao Risco" geral de 6,4% [123% da taxa geral do estado, de 5,2%], um valor que supostamente representa o risco para um paciente médio tratado naquele hospital.

Mesmo um bom cirurgião, no entanto, pode ter uma sequência de casos ruins inesperados. O paciente de Kieran morreu, mas e se tiver sido apenas uma infelicidade? O médico pode ter tido um dia ruim, distraído pela adorável Lara? O Stony Brook pode ter registrado uma taxa de mortalidade (ajustada ao risco) de 6,9% por azar, se comparada à média estadual de 5,2%? A questão está se tornando cada vez mais sofisticada: como podemos medir a má sorte?

Felizmente, os métodos estatísticos se prestam a fazer uma tentativa. Será necessário estabelecer uma distinção, mencionada no Capítulo 1 ("O começo"), entre a *taxa* de mortalidade observada – a proporção histórica dos que morreram – e o *risco* de mortalidade subjacente, que é a chance que um futuro paciente similar tem de morrer. As taxas não vão se igualar perfeitamente aos riscos, assim como 100 moedas lançadas para cima dificilmente irão resultar em cinquenta caras e cinquenta coroas. Existe sempre o elemento de acaso.

Podemos verificar o papel dos altos e baixos comuns de boa e má sorte usando um *gráfico de funil*, que mostra as taxas de mortalidade para os quarenta hospitais mapeados em relação ao número de pacientes tratados. Hospitais menores ficam à esquerda, os maiores à direita. As áreas dentro dos "funis" mostram onde devemos esperar que os hospitais estejam se o risco real para cada paciente for igual à média geral e as únicas diferenças entre hospitais sejam devidas ao acaso. Os funis são mais largos para os hospitais menores, pois tratam de menos casos, e portanto um pouco de má sorte pode fazer uma diferença maior no desempenho aparente. Se todos os hospitais fossem médios e a única diferença entre eles fosse o fator sorte, 95% deles (38 em 40) deveriam se situar na parte interna do funil e 99,8% (40 em 40) estariam na parte externa.

De fato, cinco hospitais estão acima do funil de 95% e cinco estão abaixo, oito a mais do que esperaríamos apenas pelo acaso;

Quadro 28: **Cirurgias de válvula cardíaca em adultos**
Em hospitais do estado de Nova York, de 2006 a 2008

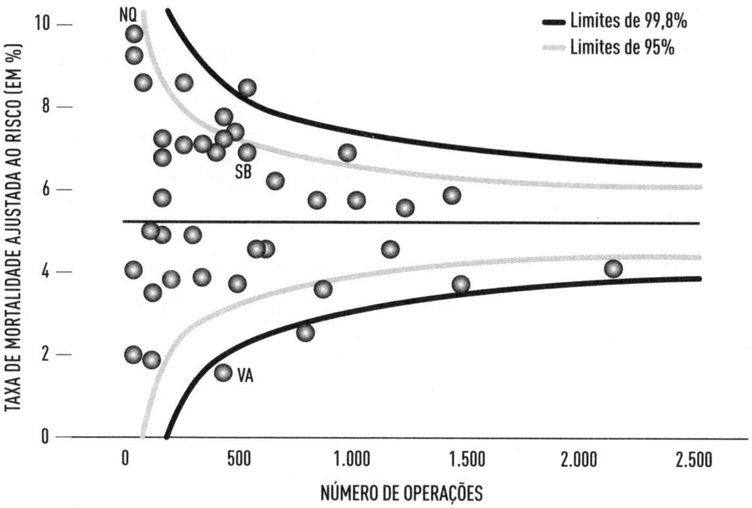

"Gráfico de funil" comparando as "taxas de mortalidade ajustadas ao risco" de hospitais de Nova York em cirurgias cardíacas em adultos. Os hospitais que realizam mais operações tendem a ir para a direita do quadro. Se um hospital estiver fora do funil, há razão para pensar que seu risco de mortalidade é realmente diferente da média. Os hospitais Vassar (VA), Stony Brook (SB) e o New York Hospital Queens (NQ) estão assinalados.

e dois estão abaixo do funil de 99,8%, sugerindo um desempenho surpreendente. O Stony Brooks (SB) está bem dentro do funil, indicando que seu aparente excesso de mortalidade pode ser inteiramente devido à má sorte, sem evidência confiável de que seja um lugar excepcionalmente perigoso para se tratar. O Vassar (VA), por outro lado, tem um número bastante baixo de mortes. Parece ser um hospital genuinamente bom.

O "pior" hospital parece ser o New York Hospital Queens (NQ), com uma taxa de risco ajustado de mortalidade de 9,5%, quase o dobro da média estadual. O que, porém, é baseado em apenas 6 mortes em 93 operações, e não podemos descartar que isso tenha sido uma sequência de má sorte – e também está dentro do funil.

Atualmente o Reino Unido produz gráficos de funil na forma de um Sumário Indicador de Mortalidade em Hospitais (Summary Hospital-Level Mortality Indicator), que compara os estabelecimentos segundo o número de pacientes mortos em trinta dias de internação, ajustado de acordo com o tipo e a gravidade de suas condições.[15] A mensuração é controversa. Por exemplo, como ficam pacientes muito doentes admitidos para cuidados paliativos, mesmo que suas mortes sejam esperadas? Essas internações têm de ser realizadas, a menos que os hospitais passem a usar o truque de Nightingale, recusando sua admissão ou livrando-se logo de pacientes muito doentes.

Uma forma de abordagem tem sido permitir que hospitais façam uma marcação especial quando admitirem pacientes apenas para cuidados paliativos, mas é uma tentação usar essa marcação tanto quanto possível, pois isso eleva os números "esperados" de mortes, fazendo com que o desempenho pareça melhor. No extremo, há evidências de que alguns hospitais registraram até 30% de suas admissões como cuidados paliativos.[16] Esse tipo de marcação foi eliminado do sistema atual.

A mensuração dos riscos hospitalares é um exemplo fascinante do poder e das limitações da estatística. Os riscos de cada instituição devem ser calculáveis – e em uma certa medida o são. Por outro lado, embora seja possível mensurar diferenças, e até mesmo estimar a extensão de sorte e má sorte, e ainda que possamos usar técnicas como o gráfico de funil para visualizar todos esses dados, inseri-los em um contexto e exibi-los de forma que sejam de compreensão mais fácil, não podemos ter certeza, assim como Florence Nightingale, de que eliminamos as artimanhas humanas para maquiar o sistema. O fator pessoal continua presente, para confundir as contas. Se você quiser saber qual é o lugar mais seguro para fazer a sua cirurgia, veja as estatísticas, mas não espere uma resposta tão simples.

24. Exames preventivos

Era melhor fazer, certo? Prudence estava com setenta anos. O chamado para fazer o exame de câncer de mama estava sobre a mesa. Junto com um folheto que dizia mais ou menos que ela devia ir; aquilo poderia salvar sua vida. Ela já tinha feito isso no passado. Agora, porém, havia esses rumores. Deus, essas pessoas sabiam como fazer uma mulher idosa sofrer.

— É cerca de três para uma — aconselhou Norm.

— Já passa de duas horas — retorquiu Prudence.

— A proporção — explicou Norm.

— Ah, sim — disse Prudence —, a proporção.

— O número de pessoas tratadas sem necessidade quando o caroço é inofensivo, comparado ao número de vidas salvas.

— E se o teste der positivo, significa que eu sou essa uma?

— Não sei dizer. Se soubéssemos, seria simples.

— E quando ficamos sabendo?

— Nunca.

— Nunca? Mesmo depois de eles terem extirpado?

— Mesmo depois... — desviando o olhar — ... então a decisão é sua, realmente, como pesar na balança entre uma vida salva e três vezes mais chances de um falso diagnóstico com... hã... dano colateral.

— Sim, Norm. Mas eu estou assustada. Mesmo sendo velha.

— Ah — falou Norm, olhando para baixo. — Talvez você precise aprender a viver com a incerteza — palpitou, erguendo os olhos — e relaxar.

— Relaxar?

— Relaxar.

Ele sorriu.

— Eu não quero arriscar, Norm. É tarde demais. E não quero sentir medo. Por favor, como eu posso não ter medo?

— Ah, hã... hum...

Está se sentindo doente? "Tudo bem, obrigado", você diz. Não acha que talvez esse aperto no seu peito possa ser... alguma coisa? "Nunca me senti melhor", você diz. Ah, então talvez esse bem-estar oculte um risco ainda por vir, um assassino invisível, algo escondido em seus genes ou no sangue. Tem certeza de que não prefere ter a confirmação de um médico?

— Bem, já que você mencionou...

Confirmação – paz de espírito – é muitas vezes a mensagem da indústria de saúde. É o que Prudence quer. E o exame soa como uma boa maneira de obter isso. Esse seu forte impulso por "descobrir", "verificar", é fundado na vontade de eliminar a dúvida. E hoje em dia é fácil encontrar clínicas para nos examinar e escanear em busca de uma preocupante gama de doenças que podemos ter sem saber. Há testemunhos efusivos de pessoas sorridentes que foram "salvas" por esses testes. Qual é o problema em fazer um *checkup*? Talvez vários.

A história dos exames preventivos lembra o enredo de uma cura que mencionaremos no último capítulo e transcorre assim: Mulher (Prudence) está preocupada. Mulher vai fazer *checkup*/exame. O *checkup* descobre câncer. O câncer é tratado. Mulher é salva. Exames preventivos salvam vidas de mulheres.

Há aqui uma linearidade simples de causa e efeito. Será, porém, tão linear assim? Ou seja, essa história está certa? De repente Prudence não tem mais tanta certeza, e é difícil viver sem a confirmação. Essa sensação se deve a relatos recentes de outras histórias sobre exames preventivos – de que às vezes também podem causar danos. O grande problema é que não sabemos quem será lesado e quem será salvo. Assim, de alguma forma, os exames preventivos criam um novo tipo de incerteza e uma nova ameaça de dano.

Como? E quantos problemas, se compararmos com os benefícios de salvar vidas?

Considere outro sistema de prevenção: segurança. Eis aqui algo para se pensar a respeito enquanto você avança aos poucos na fila para entrar em outro país. Vamos supor que 1.000 suspeitos de terrorismo foram presos, todos declarando inocência, e alguém afirme ter um detector de mentiras que tem 90% de precisão. Os suspeitos são submetidos ao teste e a máquina declara que 108 provavelmente estão mentindo. Estes são levados embora, recebem uniformes laranja e ficam anos sem ser vistos. Não há dúvida de que um ou dois poderiam ser inocentes, mas estavam no lugar errado na hora errada.

Então, com o passar dos anos e o acúmulo nos tribunais de casos de inocentes presos por engano, começamos a pensar naqueles 90% de precisão. Quando voltamos e lemos as letrinhas miúdas, vemos que dizem que, se alguém estiver falando a verdade ou mentindo, a máquina fará a seleção correta em 90% dos casos.

Isso significa, porém, acredite-se ou não, que o mais provável é que houvesse apenas 10 terroristas entre os 1.000, mesmo com "90% de precisão". São cálculos elementares: o teste vai pegar 9 em 10 dos verdadeiros terroristas, deixando um livre. Havia, no entanto, 990 inocentes, e o teste selecionaria incorretamente 10% do total como "terroristas" – ou seja, 99. Com isso, temos 9 + 99 = 108 pessoas enviadas a uma prisão remota, 99 delas totalmente inocentes – o que resulta em 91% dos acusados encarcerados injustamente por um teste com "90% de precisão".

Você pode pensar que essa história é exagerada, mas é exatamente o que acontece em uma mamografia para detectar um câncer no seio: apenas 9% dos resultados positivos são de fato câncer, e 91% dos resultados aparentemente "positivos" – muitos dos quais vão causar um bocado de ansiedade às mulheres, que em alguns casos terão de ser submetidas a biópsias e outros exames – são falsos positivos.[1] Esses 10% de imprecisão atormentam uma enorme quantidade de pessoas saudáveis.

Como exame médico, a mamografia não deixa a desejar, pois faz um diagnóstico correto em 90% dos casos. Somente cerca de 10 em cada 1.000 mulheres examinadas, porém, terão câncer de mama, por isso a maioria dos testes positivos se aplica a pessoas saudáveis: alarmes falsos. É como procurar uma agulha em um palheiro feito de palhas que parecem agulhas, e isso explica por que a vasta maioria das pessoas para quem os alertas de segurança em aeroportos são acionados é inocente.

Claro, podemos dizer que atrasar alguns passageiros, deixar mulheres meio ansiosas e trancafiar pessoas de aparência suspeita é um preço que vale a pena pagar. Esse, porém, não é o único problema com os exames preventivos.[2]

Há também os possíveis prejuízos causados pelo próprio exame. Se acreditarmos nos limites de segurança estabelecidos para doses de radiação, podemos estimar os efeitos colaterais causados em pessoas supostamente saudáveis. Vimos estimativas segundo as quais tomografias computadorizadas causam milhares de cânceres, mas podemos dizer que a maior parte terá algum propósito de diagnóstico. Já o escaneamento em aeroportos é mais controverso, e cada varredura de raios X é limitada a 0,1 microssievert (1 banana). Isso equivale a poucos minutos de radiação de fundo, mais ou menos 1% da exposição em um voo de cinco horas. Um viajante frequente que tenha passado por 4 mil desses escaneamentos seria exposto à radiação equivalente a um exame de mamografia, e se realmente acreditamos na hipótese Linear Sem Limites para danos por radiação (ver Capítulo 19), 100 milhões de viajantes frequentes acabariam com 6 cânceres causados pelo escaneamento, como parte dos 40 milhões de cânceres que teriam de qualquer modo.[3]

Os danos da radiação por mamografia têm sido estimados como se segue: o NHS Cancer Screening Programme reporta que, se 14 mil mulheres forem examinadas por dez anos (três exames de mamografia), os exames poderão causar um câncer fatal.[4] Se estimarmos que cada câncer fatal custa a uma mulher vinte anos de vida, são cerca de 8 MVs por mamografia, em torno de dezesseis cigarros, exatamente o número a que chegamos no Capítulo 19, quando discutimos radiação.

Um estudo recente nos EUA calcula um risco um pouco menor, estimando que, se 100 mil mulheres forem examinadas a cada dois anos, entre as idades de 50 e 59 anos, isso vai levar a 14 cânceres e 2 mortes, embora a frequência de exames recomendada nos EUA possa resultar em 86 cânceres e 11 mortes.[5]

O principal problema, porém, com os exames preventivos é aquele causado pelo excesso de zelo, inerente aos diagnósticos clínicos.[6] É um conceito simples: são tratadas coisas que nunca teriam se tornado um problema.

Essa é a preocupação de Prudence. Recente relatório publicado no Reino Unido reportou que, para cada mulher cuja morte precoce foi evitada por um exame de câncer de mama, três receberam tratamento completo para um câncer da mama que nunca as incomodaria se não tivessem realizado o exame.[7]

Quadro 29: **O que pode ser esperado por 250 mulheres que realizam ou não exames preventivos de mama a cada três anos entre as idades de 50 e 70 anos e os repetem até os 80 anos**

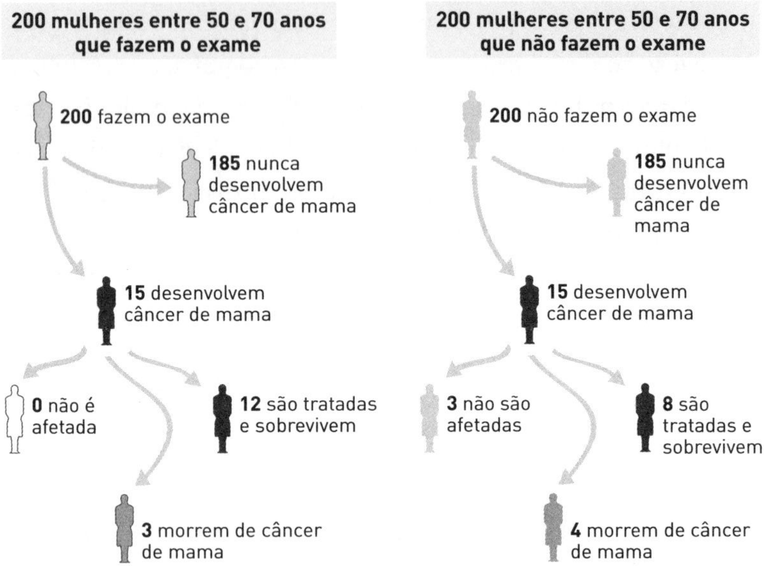

Quinze mulheres terão câncer da mama e, se examinadas, todas serão tratadas, mas três morrerão por causa da doença. Uma das sobreviventes deve sua vida ao exame, mas três outras sobreviventes nunca teriam sido incomodadas pelo câncer se não tivessem sido examinadas – são casos de "excesso de zelo". Dados adaptados do Cancer Research, do Reino Unido.[8]

A história do exame preventivo que contamos no início foi baseada em fatos reais, sobre coisas ruins que acontecem e como a medicina pode nos salvar (ver Capítulo 4, sobre não eventos). É uma história, porém, que pode dar errado, tanto na detecção de maus eventos como por soar falsos alarmes sobre não eventos, e até mesmo por causar maus eventos. Pessoas que passam por esse processo seguem muitos caminhos diferentes e têm histórias muito distintas, como mostra o Quadro 29.

Assim, Prudence gostaria de se tranquilizar com uma confirmação, e uma maneira de conseguir isso é fazendo um exame.

O que de certa forma nos traz de volta ao problema clássico do risco: o exame tenta diagnosticar o indivíduo usando probabilidades, mas estas não se aplicam necessariamente a um indivíduo. Você nunca vai saber em que grupo está – no que se beneficiou do exame ou no que foi prejudicado. Exames preventivos podem ajudar a reduzir as probabilidades, mas mesmo aqueles relativamente precisos não eliminam riscos fatais. Infelizmente, Norm está certo; não temos escolha a não ser aceitar as incertezas, mesmo que isso signifique mais medo.

O câncer de próstata é outro exemplo clássico. O exame de Antígeno Prostático Específico (PSA), baseado no trabalho de Richard Ablin nos anos 1970, é usado extensivamente nos EUA em homens sem sintomas. Hoje Ablin diz que esse exame é "um desastre na saúde pública, visando somente ao lucro".[9] No entanto, no Reino Unido, Andrew Lloyd Webber declarou na Câmara dos Lordes que "todos os homens acima dos cinquenta anos devem fazer o teste de PSA e os clínicos gerais deveriam ser orientados a recomendar o exame".[10] Como podem surgir duas opiniões tão divergentes?

O problema é que se você não tiver sintomas, nem razões específicas para estar em algum grupo de risco, esse exame simples pode resultar em um tratamento que termina em incontinência e impotência, como Lloyd Webber teve a honestidade de reconhecer.[11]

Não é difícil encontrar histórias de homens que afirmam que o exame salvou suas vidas, mas é difícil dizer o que teria acontecido se eles *não* tivessem feito o teste. Talvez nunca tivessem sido incomodados pelo que foi detectado. É extraordinário o número de doenças ocultas existentes que não causam problema nenhum. Quando um projeto de pesquisa examinou o cérebro de 2 mil pessoas saudáveis, com idades por volta de 63 anos, foi revelado que 145 (7%) tiveram infartos cerebrais (derrames) que não foram notados, enquanto 31 (1,6%) apresentavam tumores cerebrais não cancerosos. Entre pessoas com mais de 40 anos examinadas por ultrassom, foram encontrados cálculos biliares em 14% dos homens e em 11% das mulheres, embora nenhuma delas apresentasse sintomas.[12]

Estudos de autópsias em casos de mortes não relacionadas a nenhuma doença – em acidentes de automóveis, por exemplo – revelam uma quantidade assombrosa de câncer não detectado. De fato, existe 50% de chance de que DS tenha câncer de próstata no momento e de que MB adquira essa doença em pouco tempo, visto que "com base nos dados da autópsia, estima-se que cerca de metade de todos os homens na casa dos cinquenta anos mostre evidências histológicas de câncer na próstata, que aumentam para 80% aos oitenta anos", segundo a Cancer Research, mas, acrescentam, "somente 1 em 26 homens (3,8%) morrerá da doença".[13]

Infelizmente, o exame não consegue estabelecer a diferença entre os cânceres que se tornarão graves e os que permanecerão inativos, sem fazer mal ao organismo. Nos últimos trinta anos os EUA tiveram um grande salto no número de câncer de próstata diagnosticado, mas com um impacto apenas moderado sobre a taxa de mortalidade, mesmo com grandes melhorias no tratamento, sugerindo que o exame não representou um benefício substancial na redução de mortes.[14] Toda essa atividade faz as taxas de "sobrevivência" parecerem maravilhosas, pois estas são mensuradas a partir do diagnóstico, de forma que o início da "sobrevivência de cinco anos" começa mais cedo, ainda que as pessoas não vivam mais tempo. Ao acrescentar casos que nunca teriam sido notados sem exame, as estatísticas de sobrevivência parecem ainda melhores.

Calcular o equilíbrio entre os danos e os benefícios causados por exames preventivos é notoriamente complicado, e a melhor forma é por meio de grandes experimentos nos quais milhares de pessoas

Quadro 30: **Risco de DS desenvolver diabetes tipo 2, baseado em algumas características genéticas**

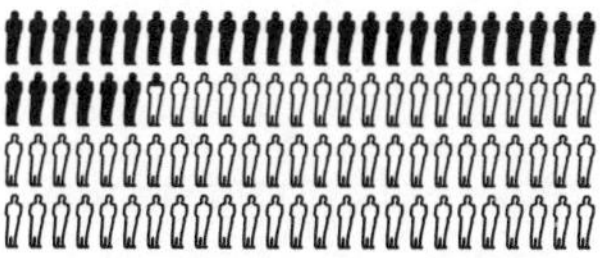

David Spiegelhalter (DS)
31,3 em 100 homens
de etnia europeia com o mesmo genótipo de DS desenvolvem diabetes tipo 2 entre 20 e 79 anos de idade

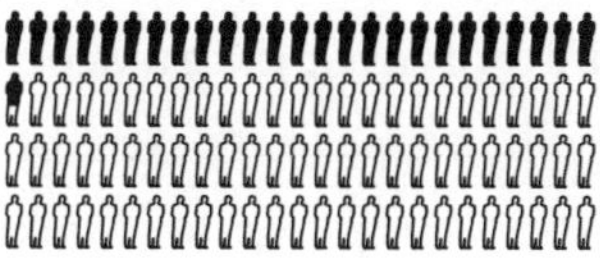

Média
25,7 em 100 homens
de etnia europeia desenvolvem diabetes tipo 2 entre 20 e 79 anos de idade

são selecionadas ao acaso para fazer ou não esses exames. Nos EUA, 80 mil homens foram divididos dessa maneira, e após treze anos o grupo que realizou os exames teve 12% mais cânceres diagnosticados, sem nenhuma diferença em mortes por câncer de próstata.[15] Um estudo europeu com 182 mil homens obteve uma redução de 21% nas mortes por câncer de próstata depois de onze anos no grupo que fez os exames, correspondendo a uma redução de 1 morte a cada 1.000 homens, de modo que 1.055 homens teriam de ter feito exames e 37 casos adicionais precisariam ser tratados para evitar uma morte por câncer de próstata. Não houve efeito, porém, sobre mortes por todas as causas.[16]

É muito natural que aqueles que passaram por um diagnóstico e tratamento de câncer atribuam a própria sobrevivência ao teste que os alertou sobre a doença. Por isso, é desconcertante saber que, dos sobreviventes de um câncer diagnosticado no exame preventivo, 90% estariam vivos mesmo se não tivessem passado pelo procedimento.[17] Faz parte do hábito inato de contar histórias ligar um evento a outro que o precedeu: primeiro isso (exame), depois aquilo (tratamento), felizmente terminando com a sobrevivência. Não necessariamente é assim.

Uma vez que os exames são incertos, será que podemos encontrar certezas em nossos genes? Em busca da resposta, Spiegelhalter colocou sua saliva em um tubo de plástico e a despachou para os EUA, a fim de que uma empresa chamada 23andMe pudesse examinar características de seu DNA e informar se ele poderia culpar seus ancestrais pelas próprias perspectivas.[18]

A resposta, porém, continha somente montes de informações sobre todas as coisas horríveis que Spiegelhalter *poderia* desenvolver, inclusive um risco maior de diabetes tipo 2, representado pelo gráfico no Quadro 30. Será que ele vai acabar como um bonequinho branco ou preto? Bem, David Spiegelhalter já viveu até os 59 anos e ainda não tem diabetes, então talvez ele seja um dos brancos. Trata-se apenas de avaliações de risco usando uns poucos itens de informação sobre sua constituição genética que poderiam ter sido obtidos quando ele era bebê. Agora as coisas mudaram, assim como as probabilidades.

Para descobrir se tinha um fator de risco genético para o mal de Alzheimer, ele teve de assinalar um espaço confirmando que queria *mesmo* saber essa informação. Foi o que ele fez. E a resposta? Ele não revelou.

Então o futuro é assim? Quanta ansiedade, quantos exames e cuidados médicos desnecessários nos esperam? Porque, se buscamos garantias no futuro, talvez na maior parte das vezes ele apenas nos lembre, dolorosamente, do quanto nós nunca saberemos.

25. Dinheiro

No sonho, Norm estava mais uma vez à beira-mar com seu irmão mais novo, cavando um buraco na areia, como fizeram naquela praia interminável em Skegness. Ele gostava de praia, do oceano e do ar. Foi na ocasião em que seu pai comprou aquelas pás vermelhas de metal, com cabos de madeira. Eram pás de ótima qualidade, diziam, as melhores. O pai também deu dinheiro para comprar sorvetes. Norm sentiu as moedas no bolso do calção. Gostava daquilo: aquelas formas arredondadas, a promessa do que viria.

A areia estava úmida e compactada, firme no apoio das laterais do buraco, íngremes e niveladas. Os dois cavavam, viravam e removiam os grãos. Gostavam da maneira como a areia cedia à pá, de como era fatiada. Então o irmão de Norm começou a cavar outro buraco. Agora havia dois buracos, com uma parede de 60 centímetros entre eles. Fizeram perfurações nas laterais, para que pudessem sair.

— Um túnel — disse o irmão mais novo.

— É, um túnel — concordou Norm —, algo assim.

Removendo camadas de areia, eles ligaram os dois buracos com um túnel. Continuaram alargando-os com as pás vermelhas, camada por camada, agachando-se e talhando, tapando rachaduras para evitar possíveis desabamentos. Quando terminaram, ficaram contentes com as duas escavações, tão fundas que quase passavam da altura dos garotos. Havia uma ponte sólida de areia, e um túnel de uns 60 centímetros de altura.

— Caramba — disse o pai dos garotos, aproximando-se com as calças arregaçadas. — Vocês conseguem atravessar?

O irmão de Norm pulou no buraco produzindo um baque e ficou de quatro. Ele era pequeno. Espremeu-se pelo túnel e saiu do outro lado.

— Fácil — comemorou.

— Você também consegue — disse o pai para Norm. — Eu vou ficar olhando.

Norm pulou para dentro. O fundo do buraco era escuro e um tanto úmido. Ele não havia notado antes, enquanto cavava. Com dificuldade, olhou para o outro lado e constatou que também estava escuro e úmido. Ajoelhou-se. Era mesmo uma escuridão, e o teto era baixo. Norm queria ser tão rápido quanto o irmão, então passou a cabeça e ombros e começou a engatinhar, mas prendeu o traseiro na ponte e por um momento ficou entalado e resolveu voltar depressa.

— Não consigo.

— Abaixe-se mais.

Mais abaixado era quase deitado, sem a firmeza e a mobilidade de estar de quatro. Era um meio-termo, complicado e desagradável. Era difícil se mexer com a barriga e o rosto encostados no chão, com tanta areia por cima. Abaixou-se um pouco mais e começou a rastejar, aos trancos, no fundo o cheiro da areia molhada, mais longe da luz, os quadris abaixados e os braços curvados, com o rosto perto do chão e os lábios arenosos.

A cabeça passou para o outro lado, mas o corpo continuou dentro, o bloco maciço de areia por cima, encarando a parede da lateral do buraco. Estava difícil passar para o outro lado; Norm esbarrou nas paredes, bateu no teto, sentiu-se mais uma vez entalado e precisou se virar, ofegante, apertado... ao redor... daquele lado... quase saindo, subindo... e sentiu algo por dentro e começou a chorar. Então os outros ficaram pulando até desbarrancar. E quando ele apalpou o bolso, estava vazio.

Norm acordou. Vestiu o roupão e desceu as escadas para conferir o saldo da poupança e verificar mais uma vez o contracheque da aposentadoria. Que bobagem. Ele sabia o que estava escrito. Que tolice, sentir-se mais uma vez tão chateado, tão inseguro.

Como ilustrado pelas cenas, estar sem dinheiro dentro de um buraco não é nada sutil – assim como o medo que nos agarra pela garganta ou a maneira estranha como as associações vão se formando. Pesadelos e fobias não nos deixam em paz só por dizermos a nós mesmos para não sermos tolos.

Norm está velho. Já passou por muita coisa na vida. Tem experiência. Sua ansiedade atual, porém, vem de muito tempo atrás, e nada de sua sabedoria ou de seus cálculos a curou. É a doutrina das lembranças marcantes: a cicatriz profunda de cada escolha. Quando voltamos a sentir o pânico como areia na boca, de que adianta o cálculo objetivo dos riscos abstratos?

Para ele, que confia na lógica, é inquietante: mais uma vez, sua mente deixa de obedecer às próprias ordens, e tudo por causa de um momento tirânico anos atrás. Exagero? Não faz diferença. Há décadas vem dizendo a si mesmo para crescer e ser mais sensato, mas pouco a pouco também vem aprendendo o que é ser humano.

A fobia é um exemplo extremo do viés de disponibilidade que encontramos no Capítulo 4 (na questão do enfoque). Como vimos, esse viés é qualquer coisa que nos venha à memória mais facilmente. Todos são afetados por isso, embora tenhamos afligido o pobre Norm mais do que a maioria ao atribuirmos a ele uma fobia. É um pensamento fixo. Vem à tona com certa frequência. Não dá para evitar. Desculpe, Norm.

Daniel Kahneman argumenta que há provas de que as pessoas podem combater o viés de disponibilidade se conseguirem "pensar como um estatístico" e trabalhar no que pode estar moldando suas opiniões. É possível fazer isso, ele afirma, fazendo-se perguntas do tipo: "Será que acreditamos que furtos cometidos por adolescentes são um grande problema só por causa de alguns casos recentes no nosso bairro?". Ou: "Será que não sinto necessidade de tomar uma vacina contra gripe porque nenhum conhecido teve gripe no ano passado?".

A fobia o atormenta agora porque Norm sente que seus últimos anos serão especialmente vulneráveis, com medo de ficar sem dinheiro e impotente. Não é exatamente um pôr do sol, mas será verdade? Ou então, se ele fosse um sujeito mais típico, será que iria gastar a herança dos filhos em grandes viagens, torrar os rendimentos da aposentadoria indexada à inflação e esbanjar a liquidez do refinanciamento da casa?

O que realmente é verdade é que as pessoas estão vivendo mais (veja a respeito no Capítulo 26). Isso deveria ser motivo para comemoração, mas muitos parecem temerosos de não conseguirem lidar com isso, de talvez acabarem infelizes e na miséria. Para outros, as gerações que estão se aposentando agora tiveram sua vez – e parecem dispostas a torrar cada centavo. Seja qual for a verdade, em vez de curtirmos os benefícios de uma vida longa, estamos falando sobre os riscos e o peso da idade – tanto esse ônus quanto o peso de pagar muito caro para que outros tenham um lugar ao sol.

Então, quem está correto? E qual imagem da aposentadoria é a verdadeira: a temerosa ou a indulgente?

Ambas, até certo ponto. Alguns aposentados se deram bem, outros, não. Como este capítulo é sobre riscos financeiros e insegurança na aposentadoria e na idade avançada, vamos nos concentrar mais nos malsucedidos.

Historicamente, a velhice nunca foi um período de fartura. Estima-se que em 1900 cerca de 5% dos idosos em geral, e mais ou menos 30% dos que tinham mais de setenta anos, viviam em *workhouses*,[1] que ainda funcionavam sob a Lei dos Pobres de 1834.[2] A vida em uma *workhouse* costumava ser propositalmente difícil para afastar as pessoas que ainda estavam fisicamente aptas ao trabalho, mas o local ao menos propiciava atendimento médico.

A vida lá era dura, no entanto, também para os doentes, e não se divulga muito o fato de terem se tornado o destino para idosos. A maioria dos mais velhos dependia de assistência – como pagamentos por pequenos trabalhos, caridade ou ajuda da família, para conseguirem ficar fora dos muros das "bastilhas de indigentes".

De certa forma, a maioria dos idosos dependia dos outros. Muitos eram bem cuidados, mas uma minoria não era, e "a extrema pequenez de seus recursos" foi percebida por reformistas sociais como Charles Booth e Seebohm Rowntree.[3] Só em 1905, depois da criação de uma comissão real, foi sugerido que as *workhouses* fossem reservadas aos "incorrigíveis como alcoólatras, desocupados e vagabundos".[4] No ensaio "O albergue", George Orwell comenta sua espera na fila de entrada ao lado de um sem-teto, "uma múmia banguela de 75 anos".[5]

Com o desenvolvimento das pensões no século XX, a vida na aposentadoria melhorou gradativamente, embora as mulheres ainda estivessem em desvantagem, pois as suas vinham da condição de esposa ou viúva. Mesmo assim, a maioria dos comentaristas concorda que a vida dos aposentados tornou-se bem menos desagradável – com pensões milionárias e aposentadorias voluntárias com altos salários. Há quem diga atualmente que a situação vai piorar de novo, que a próxima geração de aposentados deve encarar um futuro mais duro.

Quadro 31: **Porcentagem de lares de aposentados onde se vive com menos de 60% da renda familiar média, descontados os custos de habitação ("vivendo na pobreza")**[6]

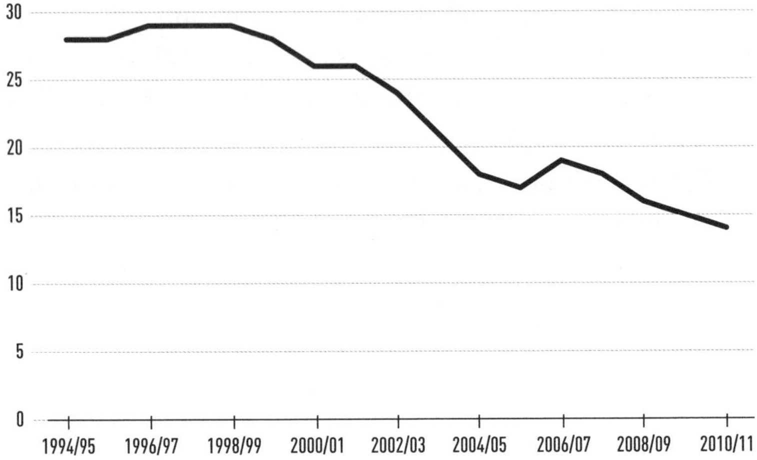

Há dois grandes temores aqui: o primeiro é não ter o suficiente para viver por tanto tempo sem perder a independência; o segundo é gastar todos os recursos com cuidados especiais da velhice.

Então, vamos aos dados. Cerca de uma em cada seis famílias com pensionista ainda está dentro do padrão definido como pobreza – com renda abaixo de 60% da média –, mas esse número vem caindo desde 1999, chegando em torno de 45%. Embora aposentadoria e idade avançada em estado de pobreza relativa ainda sejam a realidade de 2 milhões de pessoas no Reino Unido, isso vem melhorando rapidamente.

Outros grupos se saem pior. Os aposentados atuais atingiram o surpreendente ponto em que, como grupo e na média, estão menos propensos a ser pobres do que praticamente qualquer outra parcela da população, com a quase única exceção de pessoas jovens trabalhando em período integral.[7]

Quadro 32: **Porcentagem de diferentes tipos de lares "na pobreza"**[8]

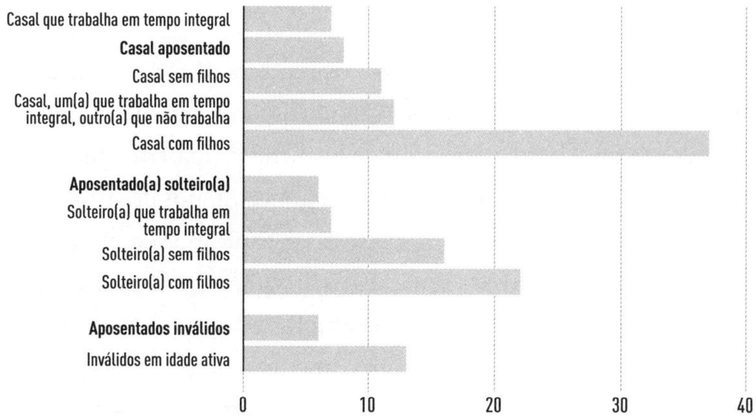

Fonte: Households Below Average Income (HBAI) 1994/95-2010/11.

Na realidade, os aposentados mais pobres se dão melhor após a aposentadoria do que antes. O Estudo Longitudinal de Envelhecimento Inglês acompanhou milhares de pessoas à medida que iam envelhecendo. O último relatório aponta que "para pessoas com baixa remuneração (menos de 150 libras por semana) antes da aposentadoria, a renda tendia a aumentar quando elas chegavam à aposentadoria, talvez como resultado do apoio do Estado para pensionistas com baixos rendimentos".[9]

Portanto, a imagem do aposentado empobrecido é errônea. Não porque alguns não precisem batalhar – eles precisam –, mas porque isso não é uma característica de como tratamos os idosos. É uma característica dos pobres – de todas as idades – e tende a ser menos verdadeira com os idosos pobres do que com os mais jovens. Isso leva a um ponto importante: a maioria das pessoas pobres na aposentadoria já era pobre antes. A aposentadoria provavelmente não foi a causa dessa condição.

Para aqueles na posição mais alta da escala da renda, é pouco provável que a aposentadoria seja sinal de pobreza, mas em geral o choque é maior. Nesse caso os rendimentos caem de fato, normalmente por volta de 25%. A renda líquida semanal de 2009, excluídos taxas e benefícios, caiu de uma média (Norm, mais uma vez) de pouco menos de 400 libras para pouco menos de 300 libras.

Outra forma de medir se as pessoas estão bem é olhar não para suas rendas, mas para seus gastos. E aqui, enormes aumentos nos preços dos combustíveis, por exemplo, levaram uma boa parte dos ganhos nos últimos anos, assim como fez a inflação para outros grupos etários. Como, porém, aposentados tendem a gastar mais no essencial, como aquecimento e comida, e como os preços desses itens tendem a aumentar mais que a inflação, eles sentiram mais esse aumento nos preços do que os outros. Portanto, a melhoria relativa de sua posição financeira ao longo do tempo não é tão boa quanto parece.

Ainda assim, de forma geral e a longo prazo, a vida na aposentadoria melhorou radicalmente, em especial para os mais destituídos. Para aqueles em melhor situação, ela significa uma queda na renda, mas normalmente nada desesperador.

Ainda assim, existe uma despesa que pode mudar tudo isso. Porque, embora você possa se garantir contra o desemprego e a doença, contra um incêndio em casa ou acidentes domésticos, na estrada, ou no exterior, fazer seguro do seu animal de estimação e no mercado financeiro, e até mesmo fazer seguro contra o fim do mundo, não é possível se garantir contra possíveis despesas com tratamentos na idade avançada.

Em 2012, esse era basicamente o único risco vitalício potencialmente alto que poderia levar todo o seu dinheiro, sem reversão. Havia apenas um sistema desorganizado e geralmente inconsistente que punia os desafortunados com a perda de todos os bens, inclusive a casa própria. Mesmo com esse preço, a qualidade do atendimento de saúde variava enormemente.

Se você não pode se garantir contra um risco, não há escolha a não ser aceitar estoicamente se o pior acontecer. Isso pode arruinar a vida de qualquer um, até mesmo daqueles que não necessitam de cuidados especiais, porque o problema é que nunca se sabe se algo vai acontecer conosco.

Foi estimado que um quarto das pessoas com 65 anos precisará gastar muito pouco com cuidados médicos durante o resto da vida. A metade pode esperar custos de até 20 mil libras, mas 1 em 10 pode esperar custos acima de 100 mil libras. Alguns poderão gastar centenas de milhares de libras, e não há como saber quem, não é possível prever quais serão os custos para qualquer um de nós.[10] Para os que têm pouco ou nada, o Estado arcará com as despesas. Quanto aos outros, a possibilidade de uma surpresa desastrosa é assustadora, e assusta também as seguradoras do mercado.

A incerteza sobre quem estará à mercê de grandes necessidades pode ajudar a explicar um enigma a respeito do comportamento dos idosos: em um momento em que as rendas caem para a maioria, quando os economistas esperam que eles utilizem suas poupanças para manter o padrão de vida, muitos continuam economizando, talvez porque tenham receio de que farão parte do grupo sem sorte. Se isso se mostrar verdadeiro, e eles estiverem entre 1 em cada 10 desafortunados com necessidades mais sérias, economizar nessa etapa da vida provavelmente não fará diferença significativa. Pelo menos nisso Norm está certo: a vida na aposentadoria continua sendo uma loteria financeira na qual alguns podem perder quase tudo.

26. O fim

O asteroide errou. As chances de atingir a Terra foram reduzidas, como costuma acontecer após a descoberta inicial, quando a trajetória é refinada. Mesmo com anos pela frente, ficou claro que o Apocalipse seria adiado mais uma vez.

Os astrônomos observaram o sobrevoo com emocionado fascínio, considerando que esse poderia ter sido o definitivo. "E se fosse...?", se perguntaram.

Norm não saiu de casa. E o SO43 passou tranquilamente entre a Terra e a Lua, antes de rumar para o esquecimento. Foi um falso positivo. Um não evento. Os preços dos imóveis subiram ligeiramente.

À noite ele estava aprumado e orgulhoso em seu pijama, uma ponta de Aquafresh na escova de dente pendendo ao lado. Notou um Norm curvado refletido na janela escura, como se sua aparência fosse novidade para ele. Mas já não se preocupava mais com aquilo.

Um minuto se passou. A pasta de dente começou a escorrer. Os canos do aquecimento central esquentaram, dilatando-se.

— Tem algum lúcio aí fora? — perguntou afinal em voz alta.

Nenhuma resposta. Já tinha perguntado antes, mas hoje em dia não sabia mais se queria uma resposta. Será que faria alguma diferença? E se alguém respondesse, dissesse tudo o que fazer a respeito, fornecesse todas as soluções? Norm suspirou. Quando se tem todas as respostas, não há necessidade de fazer escolhas.

Sorriu. Depois olhou para si com os olhos apertados.

— Eu vejo através de você — falou.

Cada vez mais pálido nesses dias, era quase verdade. A velhice conferiu a sua pele uma transparência suave, que não era branca, nem cinza, nem acinzentada, nem avermelhada, nem acastanhada. Pele de *tupperware*, dizia a sra. Norm Cabelo de *tupperware* também. As pessoas o ignoravam. Diziam que não conseguiam entender o que ele falava.

— Está tudo bem? — ela perguntou do outro quarto.

— Tudo bem — respondeu Norm.

Encarou o próprio reflexo, imóvel como um Rembrandt. Durante toda a sua vida, tinha tentado reduzir o medo a uma questão de probabilidades. Estranhamente, não sentia medo agora.

— Probabilidade...? Isso não existe — falou, só para ser rude com o homem da janela, que retribuiu a indelicadeza em uma voz igualmente fraca. Encarou-o mais fixamente, mas a vista andava tão ruim que mal conseguia discernir...

— Em média do quê? — resmungou naquela luz tênue, sentindo-se quase sem peso — e a escova de dente caiu.

Nada de lúcio, então, não para ele. Abaixou o braço como o garoto que estava – era na margem, ou foi um sonho? – sentindo os membros frágeis e leves, cada vez mais leves, esticando o braço, ou achando que esticava, e não sentiu nada. Curiosamente, Norm tinha desaparecido.

A sra. Norm acordou na manhã seguinte e saiu da cama. Enquanto ela fazia chá no andar de baixo, Kelvin apareceu querendo uma carona.

— Você viu o Norm? — ela perguntou.

— Quem? — perguntou Kelvin. Ele estava velho, mas talvez tivesse razão.

— Deixa pra lá.

Pouco depois, a sra. Norm viu o pijama dele amarrotado no banheiro e uma escova de dente no chão.

Mais tarde naquele dia, saindo da casa de apostas em sua cadeira de rodas, Kelvin teve um ataque cardíaco – provavelmente de tanto cigarro e hambúrguer – e partiu de repente. Não era anormal para um homem de sua idade e com seus hábitos, o que o teria irritado profundamente. Existe uma média até mesmo para pessoas incomuns: a média das pessoas incomuns, e Kelvin, sem o saber, era uma típica pessoa incomum.

Anos mais tarde, Prudence teve seu último pensamento coerente sobre Norm enquanto mastigava seu cereal, desejando que ele estivesse seguro, onde estivesse, mas se sentiu muito confusa com a estranheza de tudo aquilo, e não demorou muito para se esquecer dele outra vez. Depois de se cuidar tão bem por tanto tempo, seu corpo durou até sua mente desistir. Ficou à deriva por mais uns cinco anos, felizmente inconsciente, mas amada pela família até o fim.

Supondo que, em média, pelo menos uma coisa incomum aconteça com todo mundo, até mesmo para a média, pode-se argumentar que o estranho desaparecimento e a suposta morte de Norm não causaram surpresa. Só que, para alguns, a coisa incomum que acontece é não acontecer nada.

Será que Norm tinha de desaparecer? Vamos responder a isso no próximo e último capítulo. Todos, porém, tinham de ir de alguma forma. Nesse sentido, a morte não é um risco, absolutamente. Trata-se de uma probabilidade em uma. O único risco é que a morte apareça mais cedo do que consideramos certo ou adequado. Para alguns de nós, o momento certo pode nunca chegar. No caso de Kelvin a morte parecia ser mais uma regra, então é claro que ele teria de se rebelar. Para Pru, quando o risco estava se esgueirando

Quadro 33: **Cálculos originais de Halley sobre a expectativa de vida de 1.000 pessoas a partir do primeiro ano de vida**[1]

Age. Curt.	Per-ſons.	Age. Curt.	Per-ſons.	Age. Curt.	Per-ſons.	Age. Curt.	Per-ſons.	Age. Curt.	Per-ſons.	Age. Curt.	Per-ſons.
1	1000	8	680	15	628	22	586	29	539	36	481
2	855	9	670	16	622	23	579	30	531	37	472
3	798	10	661	17	616	24	573	31	523	38	463
4	760	11	653	18	610	25	567	32	515	39	454
5	732	12	646	19	604	26	560	33	507	40	445
6	710	13	640	20	598	27	553	34	499	41	436
7	692	14	634	21	592	28	546	35	490	42	427
Age Curt.	Per-ſons.	Age. Curt.	Per-ſons.	Age. Curt.	Per-ſons.	Age Curt.	Per-ſons.	Age. Curt.	Per-ſons.	Age. Curt.	Per-ſons.
43	417	50	346	57	272	64	202	71	131	78	58
44	407	51	335	58	262	65	192	72	120	79	49
45	397	52	324	59	252	66	182	73	109	80	41
46	387	53	313	60	242	67	172	74	98	81	34
47	377	54	302	61	232	68	162	75	88	82	28
48	367	55	292	62	222	69	152	76	78	83	23
49	357	56	282	63	212	70	142	77	68	84	20

Age.	Perſons.
7	5547
14	4584
21	4270
28	3964
35	3604
42	3178
49	2709
56	2194
63	1694
70	1204
77	692
84	253
100	107
	34000
	Sum Total.

Depois de 15 anos haveria apenas 628 vivos, dos quais 6 morreriam antes do ano 16, uma taxa de mortalidade de 6/628 = 1%. Por volta dos 75 anos haveria apenas 88 vivos, dos quais 10 morreriam antes dos 76, uma força de mortalidade de 10/88 = 11%.

bem atrás dela, para variar ela não estava nem aí. Mas o momento chegou, como para todos eles, do modo normal.

E o normal é...?

O Salmo 90 na versão da Bíblia do rei James afirma: "A duração da nossa vida é de setenta anos", embora até recentemente fosse preciso muita sorte para chegar a esse prazo de validade. O primeiro monarca inglês a sobreviver aos setenta anos foi George III, em 1820, mas os soberanos tinham de lidar com castelos cheios de correntes de ar, falta de saneamento e violências ocasionais. Algumas figuras históricas conseguiram isso: Augusto César chegou aos 75 anos, Michelangelo chegou à espantosa idade de 88 anos.

O número 70 era importante por outro motivo: desde os antigos gregos, havia uma superstição acerca dos riscos de idades múltiplas de sete. Em particular, eram considerados perigosos os "anos climatéricos", entre 49 e 63.

Em parte para combater essa crendice, em 1689 um padre de Breslávia, na Silésia (hoje Wroclaw, na Polônia), fez uma relação das idades em que as pessoas morriam. Os dados acabaram chegando até Edmond Halley, na Inglaterra, que usou parte do tempo que dedicava a descobrir cometas para elaborar a primeira tabela séria de expectativa de vida em 1693, a qual utiliza as estimativas do risco anual de morte para calcular a probabilidade de se viver até qualquer idade.

Halley não encontrou nenhuma prova de um risco maior aos 49 ou 63 anos, pondo assim por terra a ideia dos anos de climatério. Seu cometa também apareceu, como previsto, em 1758, quando Halley teria 101 anos se a força de mortalidade não tivesse levado a melhor sobre ele. As tabelas de estimativa de vida de Halley só iam até os 84 anos: ele calculou que havia 2% de chance de se atingir essa idade e, só para provar, morreu aos 85 anos; viveu, portanto, bem mais que Bill Haley, cuja banda de rock levou o nome de Comets, mas que só chegou aos 55 anos.

A "força de mortalidade" era, na verdade, um termo técnico referente ao risco anual de morte, agora conhecido como "mortalidade". A forma irregular da curva da mortalidade – como mostrada no Quadro 34 – parece ser uma constante ao longo da história e reflete as idades do homem: um perigo elevado logo após o nascimento que cai para um ponto de maior segurança e, depois, começa a aumentar novamente, embora o padrão preciso na infância e no início da idade adulta jovem dependa do estado corrente de doenças infecciosas, de guerras e, hoje em dia, da imprudência com bebida, drogas e o trânsito.

Em 1825 Benjamin Gompertz, impedido de frequentar a universidade por ser judeu, formulou sua "lei da mortalidade", segundo a qual depois dos 25 anos o risco anual de morte aumenta a uma taxa constante. Trata-se de uma estimativa extraordinariamente precisa: a cada ano, entre as idades de 25 e 80, o risco de morrer tem um aumento relativo de cerca de 9%, como já mencionado no Capítulo 17. Gompertz fez o possível para lutar contra sua própria lei, mas acabou morrendo aos 86 anos.

A longevidade costuma ser definida como expectativa de vida – a duração média de vida –, mas as médias podem ser enganosas, como já vimos tantas vezes. A expectativa de vida varia bastante se houver um grande número de mortes na infância, caso em que os sobreviventes podem viver até uma idade avançada, mas a média continuará sendo baixa.

Em 1958, quando compôs "When I'm 64" [Quando eu fizer 64], Paul McCartney tinha só 16 anos, uma idade em que se associa ter 64 anos à velhice – particularmente numa época em que se pensava que a aposentadoria significava calçar os chinelos e esperar a morte. Mesmo a chance de sobreviver à infância e chegar aos dezesseis anos, no entanto, mudou de forma radical. Por exemplo, se consultarmos o maravilhoso Human Mortality Database, vamos descobrir que, em 1841, uma taxa assustadora de 31% das crianças nascidas na Inglaterra e no País de Gales morriam antes dos dezesseis anos.[2] Se sobrevivessem, porém, havia quase 50% de chance de chegarem aos 64 anos. Na época em que os Beatles gravaram "When I'm 64" para o álbum *Sgt. Pepper's Lonely Hearts Club Band*, em 1966, somente 2,5% das crianças morriam antes dos dezesseis anos, e as meninas sobreviventes tinham uma chance de 85% de chegar aos 64; para os meninos a proporção era de 74%, e essa diferença refletia em parte os estilos de vida insalubres de tantos homens.

Em 2009, menos de 1% das crianças morria antes dos dezesseis anos, e depois disso a chance de chegar aos 64 subiu para 92% para

Quadro 34: **Risco anual de morte (a "força de mortalidade") derivado dos dados de Halley para os anos 1680, por idade, em %**

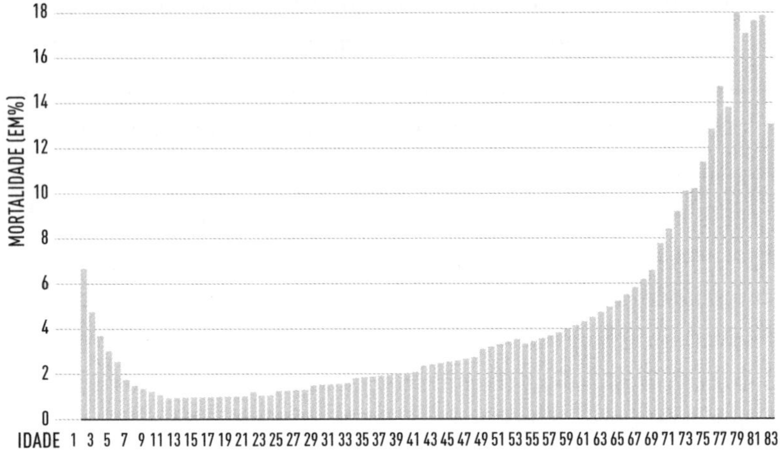

Estimava-se que aproximadamente 1% dos jovens de 15 anos morria a cada ano e cerca de 11% de adultos de 75 anos. Para os homens do Reino Unido em 2010, os riscos anuais estão em torno de 0,02% e 3,5%, respectivamente.

as mulheres e 87% para os homens, resultando em uma expectativa de vida global de 82 anos para as mulheres e 78 anos para os homens. Isso depende muito de onde a pessoa mora, o que muitas vezes decorre de quanto se pode gastar para morar: quem tiver a sorte de ter uma vida abastada em Kensington e Chelsea (embora lá também haja bolsões de pobreza), tomando chá com bolinhos, ou – mais provável nos dias de hoje – gaspacho e lombo de porco acebolado com purê de maçã, terá a expectativa de viver até os 90 anos se for mulher ou 85 se for homem. Já em Glasgow, diferentes hábitos de consumo e um estilo de vida bem diferente resultam em doze anos a menos para mulheres e treze para os homens.[3] O fato de que atualmente um morador de Glasgow goze da mesma sobrevida esperada para o homem médio na Inglaterra de 1983 não deixa de ser uma medida da velocidade com que as pessoas estão ganhando anos a mais de vida.

Há décadas a expectativa de vida no Reino Unido vem subindo, de forma constante, em três meses por ano. É como se, depois de usar até 48 MVs trabalhando muito durante um dia, você recebesse 12 de volta do pessoal simpático que constrói esgotos, nos aplica injeções, nos faz parar de fumar, vende leite com baixo teor de gordura e nos atende nos hospitais.

Isso, porém, não é nada se comparado às extraordinárias mudanças que ocorreram em outros lugares. Em 1970, os vietnamitas tinham uma expectativa de vida de 48 anos. Hoje é de 75, uma transição que custou à Inglaterra e ao País de Gales mais do dobro do tempo, de 1894 a 1986.

Por trás das colunas frias de números em tabelas históricas encontram-se eventos poderosos: além das guerras mundiais, a marcha de Napoleão sobre Moscou (que matou 400 mil homens) reduziu temporariamente a expectativa de vida para 23 anos; a epidemia de gripe de 1918-9 tirou dez anos da expectativa de vida das mulheres na França,[4] enquanto a Aids causou uma redução da expectativa de vida na África do Sul de 63 em 1990 para 54 anos em 2010.[5] Em 1901, a expectativa de vida dos homens negros nos EUA era de 32 anos e 43% morriam antes dos 20 anos, enquanto para os homens brancos os valores correspondentes eram de 48 anos e 24%.[6] Passados 100 anos, a diferença ainda existe, mas diminuiu de 16 para 5 anos.

Todas as "expectativas de vida" citadas acima se baseiam na acumulação dos atuais riscos anuais de morrer – a força de mortalidade do momento –, sem levar em conta qualquer progresso futuro. Se quisermos dizer algo sobre as perspectivas das crianças nascidas agora, ou ainda por nascer, temos de fazer algumas suposições sobre o que vai acontecer com a saúde humana e a vida útil. As "principais projeções" para a Inglaterra e País de Gales estimam que os homens nascidos agora, levando-se em conta melhorias futuras em termos de saúde, podem esperar viver até os 90 anos, *na média*, e as mulheres até os 94.[7] Estima-se que 32% dos homens e 39% das mulheres cheguem aos 100 anos e recebam uma carta da rainha, ou de quem ocupar esse cargo no início do século XXII.[8] Prevê-se que os bebês do sexo masculino nascidos em 2050 vivam uma média de 97 anos e que os do sexo feminino cheguem aos 99, o que significa que morrerão por volta de 2150. Cada geração chega a uma época mais longínqua no futuro.

São projeções, porém, compreensivelmente controversas. Será que existe algum processo de envelhecimento inato, e reversível? Ou existe um limite máximo natural contra o qual vamos bater nossas cabeças enrugadas e carecas? As discussões são ferozes. Reúna um grupo de especialistas em envelhecimento em uma sala, e será animador se houver sobreviventes. Há anos as pessoas vêm afirmando que estamos chegando ao limite máximo, mas a expectativa de vida continua subindo de modo constante. Casos extremos individuais chamam a atenção: Jeanne Calment nasceu em 1875, logo depois da Guerra Franco-Prussiana, mas perseverou até 1997, quando morreu com 122 anos; há hoje um grande número de pessoas com 115 anos confirmados.

Uma coisa é certa para as crianças do futuro – haverá um monte de idosos para serem cuidados, pois os que já avançam lentamente pela meia-idade não vão desaparecer. A ONU estima que a proporção da população acima de sessenta anos deve dobrar entre 2007 e 2050, pois as pessoas vão viver mais tempo e as taxas de fertilidade mais baixas resultarão em menos jovens.[9] Haverá 2 bilhões de pessoas com mais de sessenta anos no mundo em 2050, e cerca de 400 milhões com mais de oitenta.

Em que condições, porém, todos esses idosos vão se encontrar? Logo em seguida ao trecho que diz "A duração da nossa vida é de setenta anos", o Salmo 90 continua: "e se alguns, pela sua robustez, chegam a oitenta anos, a medida deles é cansaço e enfado; pois passa rapidamente, e nós voamos", o que não retrata exatamente um quadro positivo do envelhecimento. Estamos fazendo todo esse esforço para viver mais apenas para passar ainda mais tempo sentados em um canto da sala com a TV ligada em alto volume, esforçando-nos para entender o que algumas relutantes visitas gritam para nós?

Estudos recentes têm sugerido uma visão mais positiva de saúde: em um grupo escolhido aleatoriamente com mais de 1.000 pessoas de 85 anos em Newcastle, 78% relataram sua saúde como pelo menos "boa" em comparação à de outros de sua idade,[10] e apenas 16% sofriam de depressão.

Por outro lado, 61% moravam sozinhos, e a solidão está associada à deterioração das habilidades mentais, o que costuma ser mais temido que a deficiência física. Isso já é um grande problema e não vai ficar mais fácil: 30% das pessoas com mais de noventa anos sofrem de demência, e a previsão é de que o número de pessoas na Grã-Bretanha com idade superior a noventa deva subir de 1,2 milhão em 2010 para 1,8 milhão até 2051.[11] Em 2005 estimava-se que 700 mil pessoas sofressem de demência no Reino Unido, e isso deve aumentar para 1,7 milhão em 2051, quase todos os que estão vivos hoje.[12] Talvez você seja um deles.

Em 1958, Paul McCartney achava que quem tivesse 64 anos já estaria perto do fim da vida, mas a geração nascida logo após a Segunda Guerra Mundial e que agora já chegou a essa idade tende a ter um estilo de vida razoável, considera-se simplesmente de "meia-idade", com muito mais coisas a viver do que uma súbita decadência. Em 2008, no Reino Unido, os homens com 65 anos tinham expectativa de vida de cerca de mais 17 anos, dos quais 10 considerados “saudáveis”, enquanto as mulheres contavam com mais de 20 anos em média, 11 dos quais “saudáveis”.[13] No caso, “saudável” significa que as pessoas consideram a própria saúde “boa” ou “muito boa” em uma escala de 5 pontos, o que é um critério bem rigoroso.

O que então essas pessoas deveriam estar fazendo? Estranhamente, a proximidade da morte torna o risco menos arriscado. Isso soa estranho. Se você, porém, considerar somente as probabilidades de risco relativo, quase poderia concluir que os velhos deveriam estar brincando com fogo por aí. Veja como funciona esse cálculo surpreendente.

Recentemente, Spiegelhalter foi convidado a fazer um salto em queda livre no mesmo paraquedas que o instrutor para um programa de TV e, claro, verificar os dados. Na média, o risco geral do paraquedismo é de cerca de 10 MMs (ver Quadro 35), mas ele supôs que um salto em dupla seria um pouco mais seguro (apenas 1 morte em 340 mil saltos em dupla registrada pela Associação Britânica de Paraquedismo).[14] Assim, ele calculou algo em torno de 7 MMs entre o voo e o salto.

Para um jovem de dezoito anos (para quem a média de risco de morte anual de todas as causas é de 530 MMs), isso equivale a uns cinco dias de risco médio, enquanto para um homem da idade de Spiegelhalter (com um risco anual por todas as causas de 7 mil MMs), vale apenas nove horas de risco. Por isso, do ponto de vista relativo, faz mais sentido que quem salte de um avião, pilote uma Harley-Davidson e participe de um racha seja um velho excêntrico do que alguns jovens arrogantes com toda a vida pela frente. Tente, porém, dizer isso aos jovens.

27. Dia do julgamento

Nós – isto é, os autores – temos um problema: gostamos de números e os consideramos importantes, mas também gostamos de nossos personagens. Podem chamar de vaidade – afinal, nós os inventamos –, mas achamos que Norm, Prudence e os Kevlin são boas pessoas. Mais do que isso, apesar de levarmos a sério os números estatísticos, não podemos dizer que qualquer um de nossos personagens seja irracional a ponto de ignorar esses números e seguir seus próprios caminhos.

Tornou-se moda culpar as pessoas por seus vieses cognitivos ou falhas de raciocínio, mas pensamos que boa parte da tentação de considerar as pessoas irracionais quando se trata de perigo vem da forma como a informação é enfocada e da enorme complexidade das decisões, e que o raciocínio de nossos personagens tende a ser sensato, apesar de tudo que eles têm de humano.

Podemos não concordar com o raciocínio deles, mas também não é tão fácil descartá-lo. Você pode chamar Norm de ingênuo se quiser, Kelvin de presunçoso e grosseiro e dizer que Prudence é uma chata – embora, em nossa opinião, eles mereçam maior compreensão –, mas, em vista do que desejam da vida, não saberíamos como provar que algum deles esteja *equivocado* em relação às suas escolhas frente ao perigo. Não sabemos como usar os dados disponíveis para dizer como devem viver. Se existe uma convicção generalizada de que é mais perigoso viajar de avião do que de carro, não adianta mostrar a quem quer que seja que as probabilidades de morrer são maiores no segundo caso, pois o significado de perigo para eles não é tão simples como uma taxa de mortalidade. Muitas vezes a questão nem é o perigo, como já dissemos.

Nossos personagens podem ser estranhos, mas não são estúpidos, eles sabem o que querem. Vivem num mundo incerto, onde os riscos podem mudar e ninguém sabe o quanto será favorecido pelas probabilidades. Suas esperanças e medos não são como temores infundados de monstros debaixo da cama; são medos num contexto humano real, e geralmente confuso.

Isso não implica transformar todos os aspectos do perigo em relativismo. Nossa opinião é que os aviões realmente são mais seguros que os carros, em média. Simplesmente argumentamos que parte do que as pessoas chamam de risco está relacionada a questões de valores e concepções pessoais. Os números objetivos não podem ser separados da percepção subjetiva. Um risco declarado de 1 em 400 não pode deixar de chamar a atenção para o 1. Dizer que o risco é o mesmo se o definirmos como 399 chances em 400 de nada acontecer pode ser matematicamente correto, mas quando as pessoas reagem de forma distinta a esses diferentes enfoques, para nós isso não demonstra sua irracionalidade. Demonstra a importância tanto dos números como da perspectiva. Pense nisso como uma visão do campo a partir da cidade, em comparação a uma visão da cidade a partir do campo. Tanto o campo como a cidade existem nas mesmas proporções onde quer que se esteja, mas isso não implica a irrelevância de onde se está. A perspectiva deve ser levada em conta. O mesmo vale para as proporções. O risco não existe independentemente da maneira como as pessoas o percebem. Nem a maneira como elas o percebem independe dos números.

Poderíamos ir mais longe. Examinamos um bocado de números para escrever este livro – e foi de fato *um bocado* – e nós somos tipos meio acadêmicos. Você deve ter notado. Talvez por isso espere que nossa atitude pessoal em relação ao risco esteja mais para o lado da razão. E em geral está mesmo. Por mais, porém, que consideremos a importância dos números, nem tudo é preto no branco, e também nos sentimos incertos no que diz respeito a dados, estatísticas e evidências. Não importa que você pense que o acaso existe de fato ou que seu destino tenha sido traçado pelo Big Bang, que tudo seja predeterminado por uma divindade ou por três irmãs tecendo, medindo e talhando o destino, ainda assim temos de lidar com o fato de não sabermos exatamente o que vai ocorrer. Acreditamos que há mais incertezas do que se pode pensar ao ver como as pessoas vomitam números a torto e a direito.

Esta é a nossa opinião, especialmente pela maneira como as probabilidades se mostram tão esquivas. É difícil dizer o que representam para um indivíduo. É difícil também dizer como a média afeta qualquer indivíduo.

Claro que algumas coisas são mais prováveis que outras: por exemplo, a chance de se molhar quando chove em comparação a ser o único indivíduo a ser atingido por um asteroide – entre os 7 bilhões de habitantes do planeta. Ignorar essas diferenças seria preocupante. E foi assim até os anos 1650, quando Blaise Pascal e Pierre de Fermat começaram uma correspondência sobre jogo de dados e atribuíram probabilidades numéricas aos eventos. Apesar de ser uma ideia simples sob diversos aspectos, desde então tem causado dores de cabeça.

Como exemplo, em 14 de abril de 2012, Spiegelhalter leu uma dica em um jornal e apostou 2 libras que o cavalo Cappa Bleu ganharia o Grand National de Aintree. As chances eram de 16 para 1, o que significava um prêmio de 32 libras em caso de vitória, mas também poderia ser interpretado sob a ótica do agente de apostas, que dizia que Cappa Bleu tinha uma "chance" de cerca de 6% de vencer.

Antes disso, Spiegelhalter tinha consultado seu clínico geral. Depois de medir sua pressão e nível de colesterol, inseriu os dados no computador e anunciou uma chance de 12% de sofrer um ataque cardíaco ou derrame nos dez anos seguintes. Inquietante... até o médico dizer que era menor do que a média para um homem da idade do professor, que de repente passou a comemorar essa mudança de enfoque de forma irracional. Depois de um páreo final disputado, Cappa Bleu chegou em quarto lugar.

O que significam, porém, todas essas probabilidades? Filósofos e estatísticos debatem há séculos e ainda estão longe de chegar a um acordo. Em vista dessa controvérsia, por vezes violenta, o que podemos fazer em um curto espaço senão atacar, cheios de preconceitos ardentes? Aqui estão os nossos, que espelham o que sentimos sobre Norm, Kelvin e Prudence.

Tradicionalmente, as probabilidades têm sido baseadas em propriedades físicas conhecidas e no raciocínio puro – por exemplo, uma moeda tem dois lados, então existe 1 chance em 2 de dar "cara" quando é lançada; no jogo de dados há 1 chance em 6; a chance de tirar um ás de espada de um baralho (bem) embaralhado é de 1 em 52. Isso, no entanto, só funciona se partirmos de uma noção de "eventos igualmente prováveis", no sentido de todas as cartas terem a mesma probabilidade de aparecer, o que nos obriga a definir o que é "provável". Por isso voltamos ao ponto de partida. (E, claro, na vida real alguém pode trapacear.)

Outra ideia de probabilidade é dizer a frequência com que algo acontece quando uma situação semelhante se repete um grande número de vezes, como a proporção de pessoas que chegam a cem anos de idade, por exemplo. Afora, porém, configurações muito específicas, como lançar moedas para cima, simplesmente não existem situações exatamente semelhantes: existe apenas um você para chegar aos cem anos, ou não; somente um Grand National em que Spiegelhalter poderia apostar em 2012, e só um Spiegelhalter para ter um ataque cardíaco, ou não. A ideia de que todos nos encaixamos nas frequências dos mortos tira da vida grande parte dela mesma. O que aconteceu não é necessariamente um bom guia para o que poderia acontecer, muito menos para o que vai acontecer.

Como forma de lidar com a singularidade que todos gostamos de pensar que temos (sim, somos todos indivíduos), alguns filósofos apresentam a ideia de uma tendência intrínseca para certo evento ocorrer, de modo que todos os aspectos complexos da existência atual e futura de Spiegelhalter se combinam em uma espécie de "propensão" a um ataque cardíaco ou acidente vascular cerebral nos próximos dez anos; a "chance de 12%" dos médicos é uma estimativa disso. A noção de Cappa Bleu ter propensão subjacente real para vencer é atraente, mas não parece útil ou provável.

Rejeitamos todas essas explicações e adotamos uma posição muito pragmática – que essa "chance de 12% de um ataque cardíaco" não é realmente o risco de Spiegelhalter, nem mesmo uma estimativa de alguma propensão. Baseia-se em alguns itens de informação limitada, que deveria ser tratada como a "probabilidade" de Cappa Bleu vencer – chances razoáveis, dadas as informações atuais. Nem mais, nem menos.

Tratar uma probabilidade como uma aposta pode parecer complacência, mas tem fortes implicações. Significa que qualquer número que chamamos de "probabilidade" é estimado com base no que sabemos. Trata-se necessariamente de um julgamento, não existe como uma propriedade do mundo exterior. O risco, nesse sentido, é uma medida do que não sabemos nem podemos saber, tanto quanto uma medida do que sabemos.

Tudo isso faz parte de uma conclusão bastante surpreendente: que a probabilidade independente, objetiva, como diz Norm no último momento, não existe.[1]

Tampouco, como dizemos, existe a pessoa média a quem supostamente se aplica o risco médio. A média é uma abstração. A realidade é variação. Pobre Norm, um homem em busca de dados, mas talvez os dados é que realmente estivessem em busca dele. Será que Norm realmente existiu? Talvez ele tenha desaparecido quando afinal parou de acreditar na normalidade.

Em alguns aspectos, probabilidade é um pouco como a certeza de que haverá pessoas, a história com que começamos, mas uma certeza que não diz nada sobre quem é quem. Em outras palavras, ela conta apenas uma parte minúscula de você. A probabilidade de haver pelo menos uma pessoa chamada Norm – alta – é apenas uma minúscula parte da história de como esse Norm específico – infinitamente improvável – surgiu.

Assim, em termos práticos, para os eventos da vida em geral, quando dizemos que determinada atividade é perigosa e mencionamos seu risco equivalente a tantas MicroMortes, esses números devem ser considerados somente como apostas razoáveis, dado o que sabemos. Se soubermos mais – talvez a idade da pessoa prestes a fazer um *base jump* e se está sóbria, ou quantos lúcios existem na represa, se estão por perto, a rapidez com que nadam, quando foi a última vez que comeram, se um dos que estiverem por perto está com fome, é rápido e reconhece o potencial comestível da carne humana, mesmo disfarçada embaixo do calção, e se é do tipo cruel e corajoso a ponto de atacar um garoto –, o risco muda, o que indica que o grau potencial de refinamento é quase sempre infinito. E isso também pode ser aplicado a coisas que já aconteceram e que ainda não sabemos, como a probabilidade de Jack, o Estripador, ter sido realmente o duque de Clarence. Ou a rainha Vitória, quem sabe.

Tampouco um único risco pode enfeixar toda a complexidade de nossos sentimentos e julgamentos sobre a natureza ou a economia – ou sobre o sentido da vida, se quisermos ser hiperbólicos –, e por isso nenhum risco natural, econômico ou de estilo de vida pode ser explicado, exceto no contexto de uma vasta gama de outros valores. Nossas reações psicológicas podem ser tanto otimistas (Kelvin e o sexo) como pessimistas (Norm e o lúcio), e quem é que vai saber qual se aplica em qualquer instância? Da mesma forma, nenhum cálculo de probabilidade *vezes* consequência pode dizer que peso você deve atribuir aos resultados – no caso improvável de que você conheça todos eles –, um peso que cabe só a você decidir. E se metade do cálculo de um risco é infinitamente variável, qual seria a resposta objetiva a essa conta?

A noção de probabilidade parece algo bastante razoável, mas o conceito perde a forma sempre que se busca uma definição confiável e significativa – ainda que seja um número, onde está a escala ou a régua para medi-lo? Os egípcios, gregos, babilônios e outros povos fizeram coisas incríveis com a álgebra, a geometria, a teoria dos números e muito mais, mas nunca chegaram a cogitar a probabilidade, e essa omissão é reveladora. DS diz que passou muitos anos tentando descobrir por que as pessoas consideram a probabilidade uma coisa intuitivamente difícil e confusa. Concluiu que é porque ela é intuitivamente difícil e confusa. MB acrescenta que já lidou muito com comunicação de riscos e descobriu que os comunicadores não sabem realmente o que estão divulgando. Justamente quando as pessoas ansiosas mais desejam clareza, elas só veem confusão. Há uma razão para isso: de fato, *é* uma confusão. Norm, infelizmente, nunca entendeu isso.

A ideia de que probabilidade não existe é incomum, mas goza de certa respeitabilidade.[2] É também libertadora, pois significa que somos livres para usar uma variedade de metáforas e analogias ao falar sobre risco, acaso ou probabilidade, somos livres para olhar para isso tudo a partir de múltiplos pontos de vista e aceitar que perspectiva é algo importante.

Por exemplo, um risco de 12% de um ataque cardíaco é geralmente comunicado como: "De cem homens como você, espera-se que doze tenham um ataque cardíaco ou acidente vascular cerebral em dez anos". Não existem, no entanto, cem homens como você, e essa probabilidade não é sua. Uma metáfora mais evocativa poderia ser: "Das cem maneiras como as coisas podem se passar com você no decorrer dos próximos dez anos, em doze delas você vai ter um ataque cardíaco ou acidente vascular cerebral".[3]

Então, qual dos cem é você neste momento? E quando Prudence se pergunta se não será a única entre esses cem e diz: "Mas e se...?", ela está certa? Ou será que Norm tem razão ao dizer que ela exagera? E quando Kelvin diz "e daí?", ele está errado?

Talvez você tenha se reconciliado com a natureza dúbia do risco, do acaso e da probabilidade e se sinta confortável com essa indefinição a partir de pontos de vista pessoais. Se, porém, Norm, Prudence e Kelvin não estão enganados ao dizer o que dizem – cada um a seu modo, cada um com a sua própria visão de risco –, quais são as reais probabilidades para eles? Por outro lado, se por acaso você olhar para cima e vir um piano caindo...

Quadro 35: **Cálculos de MicroMortes por risco feitos pelos autores**

Na Inglaterra (I), no Reino Unido (RU), na Royal Air Force (RAF), nos Estados Unidos (EUA) e no mundo (M)

CAUSA DA MORTE	CONTEXTO	MICROMORTES	EXPOSIÇÃO	FONTE
"Causas não naturais"	I + M, 2010	1	Por dia	(a)
Acidente no nascimento	I + M, 2010	279	Por nascimento	(b)
Mortalidade infantil (1º ano)	I + M, 2010	4.300	Por nascimento	(b)
Mortalidade infantil	Mundo, 2010	40.000	Por nascimento	(c)
Mortalidade infantil	Serra Leoa, 2010	119.000	Por nascimento	(c)
Acidentes – antes dos 14 anos	I + M, 2010	18	Por ano	(a)
Estrangulamento acidental – antes dos 14 anos		3	Por ano	(a)
Pedestres – antes dos 14 anos	I + M, 2010	2	Por ano	(d)
Assassinato/homicídio	I + M, 2010	14	Por ano	(d)
Assassinato/homicídio – menos de 1 ano	I + M, 2010	27	Por ano	(d)
Assassinato/homicídio – de 10 a 14	I + M, 2010	2	Por ano	(d)
Assassinato/homicídio – homens negros	I + M, 2010	76	Por ano	(d)
Sarampo	RU, 1960	200	Por doença	(e)
Anestesia em cirurgias não emergenciais	RU	10	Por operação	(f)
Parto	UK, 2010	120	Por nascimento	(g)
Parto	Mundo, 2010	2.100	Por nascimento	(g)
Morte no hospital por lapso evitável de segurança	RU, 2010	76 (mínimo)	Por dia no hospital	(h)
Cirurgia de revascularização miocárdica	RU, 2008	16.000	Por operação	(j)
Servir no Afeganistão (período de risco máximo)	Tropas do RU, mai.-out./2009	47	Por dia	(k)
Voar num bombardeiro na Segunda Guerra Mundial	RAF, 1939-45	25.000	Por missão	(l)
Caminhar	RU, 2010	1	43 km	(m)
Andar de bicicleta	RU, 2010	1	45 km	(m)
Dirigir motocicleta	RU, 2010	1	11 km	(m)
Dirigir um veículo	RU, 2010	1	530 km	(m)
Trem	RU, 2010	1	12 mil km	(n)
Avião comercial	EUA, 1992-2011	1	12 mil km	(p)
Aeronaves leves ("aviação geral")	EUA, 1992-2011	1	24 km	(p)

CAUSA DA MORTE	CONTEXTO	MICROMORTES	EXPOSIÇÃO	FONTE
Mergulho autônomo	RU, 1998-2009	5	Por mergulho	(q)
Asa-delta	RU	8	Por salto	(r)
Alpinismo	RU	3	Por escalada	(r)
Paraquedismo	RU	10	Por salto	(s)
Correr maratona	EUA, 1975-2004	7	Por corrida	(t)
Ecstasy/MDMA (mencionado na certidão de óbito)	I + M, 2003-7	1,7	Por semana	(u)
Heroína (mencionada na certidão de óbito)	I + M, 2003-7	377 (sub-estimado)	Por semana	(u)
Asteroide	Mundo	1	Por semana	(v)
Mineração de carvão	RU, 1911	1.190	Por ano	(m)
Pesca comercial	RU, 1996-2005	1.020	Por ano	(m)
Mineração de carvão	RU, 2006-10	430	Por ano	(m)
Todas as profissões	RU, 2010	6	Por ano	(m)
Todas as profissões	Mundo	160	Por ano	(m)

Fontes: (*a*) Office for National Statistics. Mortality Statistics: Deaths registered in England and Wales (Series DR). 2011. Disponível em: http://www.ons.gov.UK/ons/rel/vsob1/mortality-statistics-deaths-registered-in-england-and-wales-series-dr-/2010/index.html. (*b*) Office for National Statistics. Child Mortality Statistics: Childhood, infant and perinatal. 2012. Disponível em: http://www.ons.gov.UK/ons/rel/vsob1/child-mortality-statistics-childhood-infant-and-perinatal/2010/index.html. (*c*) UN Inter-Agency Group for Child Mortality Estimation. Child Mortality Estimates. 2012. Disponível em: http://www.childmortality.org. Acesso em: 28/3/2015. (*d*) Home Office. Homicides, Firearm Offences and Intimate Violence, 2010/11: Supplementary Vol. 2 to Crime in England and Wales. 2012. Disponível em: http://www.homeoffice.gov.UK/publications/science-research-statistics/research-statistics/crime-research/hosb0212. Acesso em: 28/3/2015. (*e*) Health Protection Agency. Measles notifications and deaths in England and Wales, 1940-2008. 2012. Disponível em: http://www.hpa.org.UK/web/HPAweb&HPAwebStandard/HPAweb_C/1195733835814. Acesso em: 28/3/2015. (*f*) Royal College of Anaesthetists. Death or Brain Damage. 2009. Disponível em: http://www.rcoa.ac.UK/document-store/death-or-brain-damage. Acesso em: 28/3/2015. (*g*) Organização Mundial da Saúde. Trends in Maternal Mortality: 1990-2010. WHO. 2012. Disponível em: http://www.who.int/reproductivehealth/publications/monitoring/9789241503631/en/index.html. Acesso em: 28/3/2015. (*h*) National Patient Safety Agency. Quarterly Data Summaries. Disponível em: http://www.nrls.npsa.nhs.UK/resources/collections/quarterly-data-summaries/?entryid45=133687. Acesso em: 28/3/2015. (*j*) Care Quality Commission. Survival Rates – Heart Surgery in United Kingdom, 2008-9. 2009. Disponível em: http://heartsurgery.cqc.org.UK/survival.aspx. (*k*) Bird, S.; Fairweather, C. Recent Military Fatalities in Afghanistan by Cause and Nationality: Period 15, 5 September 2011 to 22 January 2012. Disponível em: http://www.mrc-bsu.cam.ac.UK/Publications/PDFs/PERIOD_15_fatalities_in_Afghanistan_by_cause_and_nationality.pdf. (*l*) Wikipedia. RAF Bomber Command. 2013. Disponível em: http://en.wikipedia.org/w/index.php?title=RAF_Bomber_Command&oldid=531643454. Acesso em: 28/3/2015. (*m*) Department for Transport. Reported Road Casualties Great Britain: Main Results, 2010. 2011. Disponível em: http://www.dft.gov.UK/statistics/releases/reported-road-casualtiesgb-main-results-2010. (*n*) Rail Safety and Standards Board. Annual Safety Performance Report, 2010/11. 2011. Disponível em: http://www.rssb.co.UK/SPR/REPORTS/Documents/ASPR%202010-11%20Final.pdf. (*p*) NTSB National Transportation Safety Board. NTSB – Aviation statistical reports. Disponível em: http://www.ntsb.gov/data/aviation_stats.html. (*q*) British Sub-Aqua Club. UK Diving Fatalities Review. Disponível em: http://www.bsac.com/page.asp?section=3780&sectionTitle=UK+Diving+Fatalities+Review. Acesso em: 28/3/2015. (*r*) Health Safety Executive. Risk Education – Statistics. 2003. Disponível em: http://www.hse.gov.UK/education/statistics.htm. Acesso em: 28/3/2015. (*s*) British Parachute Association. How Safe. 2012. Disponível em: http://www.bpa.org.UK/staysafe/how-safe. Acesso em: 28/3/2015. (*t*) Redelmeier, D. A.; Greenwald, J. A. "Competing Risks of Mortality with Marathons: Retrospective Analysis". *BMJ*, 22/12/2007, 335 (7.633): 1.275-7. (*u*) King, L. A.; Corkery, J. M. "An Index of Fatal Toxicity for Drugs of Misuse". *Hum. Psychopharmacol.*, mar./2010, 25 (2): 162-6; Home Office. Drug Misuse Declared: Findings From the 2010/11 British Crime Survey England and Wales. 2011. Disponível em: http://www.homeoffice.gov.uk/publications/science-research-statistics/research-statistics/crime-research/hosb1211. Acesso em: 28/3/2015. (*v*) National Research Council. *Defending Planet Earth: Near-Earth Object Surveys and Hazard Mitigation Strategies*. Washington: The National Academies Press, 2010.

Quadro 36: **Média de MicroVidas (meia hora de expectativa de vida) perdidas ou ganhas por cada dia de exposição a algum fator de risco, especificado para todas as causas de mortalidade, em média, para pessoas de mais de 35 anos**

		HOMENS ACIMA DE 35		MULHERES ACIMA DE 35	
FATOR	TIPO DE EXPOSIÇÃO, POR DIA	MUDANÇA ESTIMADA NA EXPECTATIVA DE VIDA, POR ANOS	MICROVIDAS POR DIA	MUDANÇA ESTIMADA NA EXPECTATIVA DE VIDA, POR ANOS	MICROVIDAS POR DIA
Cigarro	Fumar de 15 a 24 cigarros (*a*)	- 7,7	-10	- 7,3	-9
Álcool	Primeiro drinque (10 g de álcool) (*b*)	1,1	1	0,9	1
	Cada drinque subsequente	- 0,7	-1/2	- 0,6	- 1/2
Obesidade	IMC: por 5 kg acima 22,5 (*c*)	- 2,5	- 3	- 2,4	- 3
	Por 5 kg acima do peso ideal para a altura média	- 0,8	- 1	- 0,9	- 1
Comportamento sedentário	2 horas assistindo à TV (*d*)	- 0,7	- 1	- 0,8	- 1
Carne vermelha	Uma porção (85 g) (*e*)	- 1,2	- 1	- 1,2	- 1
Consumo de frutas e legumes	Cinco porções ou mais (vitamina C no sangue > 50 nmol/l) (*f*)	4,3	4	3,8	4
Café	2 a 3 xícaras	1,1	1	0,9	2
Atividade física	Primeiros 20 minutos de exercícios moderados (*h*)	2,2	2	1,9	2
	40 minutos subsequentes de exercícios moderados	0,7	1	0,5	1/2
Estatinas	Tomar estatina (*j*)	1	1	0,8	1
Poluição do ar	Viver na Cidade do México e não em Londres (*k*)	0,6	- 1/2	0,6	- 1/2
Gênero	Ser homem em vez de mulher (*l*)	- 3,7	- 4	-	-
Geografia	Residente da Suécia *versus* da Rússia (*m*)	- 14,1	- 21	- 7,6	- 9
Época	Viver em 2010 *vs.* 1910 (*m*)	13,5	15	15,2	15
	Viver em 2010 *vs.* 1980	7,5	8	5,2	5
Dose única de radiação ionizante	0,07 mSv (por ex., um voo transatlântico)	30 minutos	-1	30 minutos	-1

Fontes: (*a*) Doll, R. "Mortality in Relation to Smoking: 50 Years' Observations on Male British Doctors". *BMJ*, 26/6/2004;, 328: 1.519-20. (*b*) Di Castelnuovo, A.; Costanzo, S.; Bagnardi, V.; Donati, M. B.; Iacoviello, L.; De Gaetano, G. "Alcohol Dosing and Total Mortality in Men and Women: An Updated Meta-Analysis of 34 Prospective Studies". *Arch. Intern. Med.*, 11/12/2006, 166 (22): 2.437-45. (*c*) Prospective Studies Collaboration. Collaboration. "Body-Mass Index and Cause-Specific Mortality in 900.000 Adults: Collaborative Analyses of 57 Prospective Studies". *The Lancet*, mar./2009, 373: 1.083-96. (*d*) Wijndaele, K.; Brage, S.; Besson, H.; Khaw, K.-T.; Sharp, S. J.; Luben, R. et alii. "Television Viewing Time Independently Predicts All-Cause and Cardiovascular Mortality: The EPIC Norfolk Study". *Int. J. Epidemiol.*, 1º/2/2011, 40 (1):150-9. (*e*) Pan, A.; Sun, Q.; Bernstein, A. M.; Schulze, M. B.; Manson, J. E.; Stampfer, M. J. et alii. "Red Meat Consumption and Mortality: Results from 2 Prospective Cohort Studies". *Arch. Intern. Med.*, 9/4/2012, 172 (7): 555-63. (*f*) Khaw, K.-T.; Wareham, N.; Bingham, S.; Welch, A.; Luben, R.; Day, N. "Combined Impact of Health Behaviours and Mortality in Men and Women: The EPIC-Norfolk Prospective Population Study". *PLoS Med.*, 8/1/2008, 5 (1): e12. (*g*) Freedman, N. D.; Park, Y.; Abnet, C. C.; Hollenbeck, A. R.; Sinha, R. "Association of Coffee Drinking with Total and Cause-Specific Mortality". *N. Engl. J. Med.*, 17/5/2012, 366 (20): 1.891-904. (*h*) Woodcock, J.; Franco, O. H.; Orsini, N.; Roberts, I. "Non-Vigorous Physical Activity and All-Cause Mortality: Systematic Review and Meta-Analysis of Cohort Studies". *Int. J. Epidemiol.*, fev./2011, 40 (1): 121-38. (*j*) Ray, K. K.; Seshasai, S. R. K.; Erqou, S.; Sever, P.; Jukema, J. W.; Ford, I. et alii. "Statins and All-Cause Mortality in High-Risk Primary Prevention: A Meta-Analysis of 11 Randomized Controlled Trials Involving 65,229 Participants". *Arch. Intern. Med.*, 28/6/2010, 170 (12): 1.024-31. (*k*) Pope, C. A.; Ezzati, M.; Dockery, D. W. "Fine-Particulate Air Pollution and Life Expectancy in the United States". *New England Journal of Medicine*, 2009, 360 (4): 376-86. (*l*) Office for National Statistics. Interim Life Tables, 2008-10. Disponível em: http://www.ons.gov.UK/ons/rel/lifetables/interim-life-tables/2008-2010/index.html. Acesso em: 28/3/2015. (*m*) Human Mortality Database. 2012. Disponível em: http://www.mortality.org. Acesso em: 28/3/2015.

Notas

INTRODUÇÃO

1 A história de Anna Bagenholm vem de várias fontes. Ver, em especial, a revista *The Lancet*: Gilbert, M.; Busund, R.; Skagseth, A.; Nilsen, P. Å.; Solbø, J. P. "Resuscitation from Accidental Hypothermia of 13.7°C with Circulatory Arrest". *The Lancet*, jan./2000, 355 (9.201), pp. 375-6; e o livro: Gawande, A. *Better: A Surgeon's Notes on Performance*. Londres: Profile Books, 2008.

2 A expressão habitual é dizer que Anna foi contra todas as probabilidades. Falando estritamente, ninguém pode ir contra elas. As probabilidades simplesmente descrevem como se espera que muitas pessoas se distribuam de cada lado de uma possibilidade. Mesmo no caso de 1 em 1 milhão, o 1 não vai contra as probabilidades: *é* a probabilidade.

3 O que é uma história? David Herman, editor da *Routledge Encyclopædia of Narrative Theory*, diz: "Histórias são relatos do que aconteceu com pessoas específicas e o que foi para elas vivenciar o que ocorreu". Para nós é suficiente. É a parte "pessoas específicas" que importa, que inclui tanto fatos como ficção. Especialistas usam a palavra "narrativa" para diferenciar a maneira como uma história é contada a partir de eventos brutos, mas este não é um livro sobre teoria da narrativa, ainda que aqui e ali nós falemos sobre a formação de histórias – como nos casos de heroísmo médico no Capítulo 23, por exemplo.

4 Existe uma tendência de as mulheres serem mais avessas a riscos que os homens, mas apenas na média. Temos consciência de que estamos lidando com estereótipos o tempo todo.

5 Office for National Statistics [Instituto Nacional de Estatística]. Mortality Statistics: Deaths Registered in England and Wale (Series DR). Disponível em: http://www.ons.gov.UK/ons/rel/vsob1/mortality-statistics-deaths-registered-in-england-and-wales-series-dr-/2010/index.html.

6 Diferentemente do que ocorre com aqueles relativos às quedas de escadas, alguns números mudam radicalmente se houver alguma grande mudança causal, como a redução de doenças cardíacas, principalmente com a diminuição do cigarro. As mortes por doenças cardíacas em homens caíram de 147 por 100 mil pessoas em 2005 para aproximadamente 108 por 100 mil em 2010, e para mulheres, de 69 para 48 em cada 100 mil, respectivamente. São mudanças enormes.

1. O COMEÇO

1 Nasa. Asteroid 2008 TC3 Strikes Earth: Predictions and Observations Agree. Disponível em: http://neo.jpl.nasa.gov/news/2008tc3.html. Acesso em: 2/3/2015.

2 Exatamente o peso médio registrado para crianças nascidas na Inglaterra, de acordo com os últimos dados disponíveis, ou 7 libras e 8 onças. Ver: NHS Maternity Statistics – England, 2011-2012. Table 30: Median Birth Weight (Grams) of Live Born Singleton and Multiple Deliveries. Disponível em: http://www.hscic.gov.UK/catalogue/PUB09202. Acesso em: 2/3/2015.

3 Para uma explicação do que um aumento de 20% no risco significa e como é calculado, ver a discussão no Capítulo 4.

4 Howard, R. A. "Microrisks for Medical Decision Analysis". *International Journal of Technology Assessment in Health Care*, 1989, 5 (3): 357-70.

5 Com números mais exatos: segundo o Office for National Statistics, 18 mil pessoas morreram de "causas externas" na Inglaterra e no País de Gales em 2010. Significa que toda essa gente – em uma população total de 54 milhões – morreu em acidentes, assassinatos, suicídios etc. Isso corresponde a uma média de 18.000/54 = 333 MicroMortes (MMs) por ano para cada pessoa, ou aproximadamente uma por dia. Não é uma referência exata, menos ainda pela questão de como se consideram os suicídios, que não chegam a ser um evento externo, mas são classificados como tal. Esses dados, porém, nos fornecem uma avaliação razoável dos acasos da vida cotidiana e – desde que mantenhamos tudo na mesma escala – são uma comparação razoável. Ver: Office for National Statistics. Mortality Statistics: Deaths Registered in England and Wale (Series DR). Disponível em: http://www.ons.gov.uk/ons/rel/vsob1/mortality-statistics-deaths-registered-in-england-and-wales-series-dr-/2010/index.html. Acesso em: 2/3/2015.

6 Royal College of Anaesthetists. Death or Brain Damage. 2009. Disponível em: http://www.rcoa.ac.UK/document-store/death-or-brain-damage. Acesso em: 2/3/2015.

7 Entre maio e outubro de 2009, de cada 9 mil soldados do Reino Unido servindo no Afeganistão, 60 foram mortos. (Ver: Bird, S.; Fairweather, C. Recent Military Fatalities in Afghanistan (and Iraq) by Cause and Nationality. 2010. Disponível em: http://www.mrcbsu.cam.ac.UK/Publications/PDFs/PERIOD_9_10_fatalities_in_Afghanistan_and_Iraq.pdf. Isso dá uma média de 47 MMs por dia, ou 1 MM a cada meia hora. Entre 1939 e 1945, 55 mil aviadores foram mortos em 364 mil missões. Com uma tripulação média de mais ou menos seis homens, chegamos a 25 mil MMs por missão, ou quase 1 MM por segundo.

8 A chance de isso acontecer é de metade (cara ou coroa) *vezes* metade, repetida 20 vezes (1 em 2^{20}), que é aproximadamente igual a 1 em 1 milhão.

9 Department for Transport GMH. Transport Analysis Guidance – WEBTAG. 2009. Disponível em: http://www.dft.gov.UK/webtag/documents/expert/unit3.4.1.php. Acesso em: 2/3/2015.

2. INFÂNCIA

1 "Desde que ela nasceu, eu nunca mais deixei de ter medo. Medo de piscinas, de fios de alta-tensão, de debruçar na pia, aspirinas no armário de medicamentos, até do homem do saco. Eu tinha medo de cascavéis, répteis, avalanches, estranhos que apareciam na porta, febres inexplicáveis, elevadores sem ascensoristas e corredores desertos de hotéis. A fonte do perigo era óbvia: os danos que poderiam causar a ela." Ver: Didion, J. *Blue Nights*. Nova York: Knopf Doubleday, 2011.

2 Supondo-se que o percurso seja feito nas estradas britânicas. Os riscos nas montanhas do Afeganistão devem ser mais altos.

3 Office for National Statistics. UK Interim Life Tables, 1980-2 to 2008-10. 2011. Disponível em: http://www.ons.gov.UK/ons/rel/lifetables/interim-lifetables/2008-2010/index.html.

4 Schellekens, J. "Economic Change and Infant Mortality in England, 1580-1837". *Journal of Interdisciplinary History*, 2001, 32 (1): 1-13.

5 Embora a mortalidade infantil tenha caído constantemente até 1921, ainda respondia por assustadores 82 bebês para cada 1.000 nascidos em 1921. Caiu bruscamente, em apenas uma geração, para 46 em 1945. Em 1983 chegava a 10, e agora está em 4.

6 A capacidade do cinema Empire em Londres, na Leicester Square, é de 2 mil pessoas.

7 Office for National Statistics. Child Mortality Statistics: Childhood, Infant and Perinatal. 2012. Disponível em: http://www.ons.gov.UK/ons/rel/vsob1/child-mortality-statistics-childhood-infant-and-perinatal/2010/index.html.

8 Idem, ibidem.

9 National Perinatal Mortality Unit. The Birthplace Cohort Study: Key Findings. 2012. Disponível em: https://www.npeu.ox.ac.UK/birthplace/results. Acesso em: 2/3/2015.

10 Office for National Statistics. Unexplained Deaths in Infancy: England and Wales. 2009. Disponível em: http://www.ons.gov.UK/ons/rel/child-health/unexplained-deaths-in-infancy-england-and-wales/2009/new-component.html. Acesso em: 2/3/2015.

11 UN Inter-Agency Group for Child Mortality Estimation. Child Mortality Estimates. 2012. Disponível em: http://www.childmortality.org. Acesso em: 2/3/2015.

12 Unicef. Childinfo.org: Statistics by Area – Child Mortality – Infant Mortality. 2012. Disponível em: http://www.childinfo.org/mortality_imrcountrydata.php. Acesso em: 2/3/2015.

13 Ver projeto Gapminder, de Hans Rosling, para uma brilhante demonstração desse fato. Disponível em: www.gapminder.org. Acesso em: 2/3/2015.

14 Office for National Statistics. Child Mortality Statistics: Childhood, Infant and Perinatal. 2012. Disponível em: http://www.ons.gov.UK/ons/rel/vsob1/child-mortality-statistics-childhood-infant-and-perinatal/2010/index.html. Acesso em: 2/3/2015.

15 United Nations Development Programme. MDG Monitor: Goal: Reduce Child Mortality. Disponível em: http://www.mdgmonitor.org/goal4.cfm. Acesso em: 2/3/2015.

16 Rudski, J. M.; Osei, W.; Jacobson, A. R.; Lynch, C. R. "Would You Rather Be Injured By Lightning or a Downed Power Line? Preference for Natural Hazards". *Judgment and Decision Making*, 2011, 6 (4): 314-22.

3. VIOLÊNCIA

1 Os anos 1960 foram marcados por uma crescente preocupação com os filhos, dado o surgimento da síndrome de crianças espancadas, seguida por fugas e sadismo de Dia das Bruxas no final da década, abusos sexuais, pornografia infantil, sequestros de crianças nos anos 1970 e desaparecimento de crianças em rituais satânicos e abusos nos anos 1980. Ver: Best, J. *Threatened Children: Rhetoric and Concern about Child-Victims*. Chicago: University of Chicago Press, 1993.

2 Embora haja um problema com esse "raro é pior". Se isso também sugerir seu anverso – que "o mais comum não é tão ruim" –, pode resultar na noção de que a vida vale menos em países em desenvolvimento: "Tanta gente morre, será que dói tanto perder mais uma vida?". Os leitores devem decidir se um evento fatal será ou não pior se também for mais improvável.

3 Home Office. Homicides, Firearm Offences and Intimate Violence 2010/11: Supplementary Volume 2 to Crime in England and Wales. 2012. Disponível em: https://www.gov.UK/government/publications/homicides-firearm-offences-and-intimate-violence-2010-to-2011-supplementary-volume-2-to-crime-in-england-and-wales-2010-to-2011.

4 Em 2010, foi amplamente divulgado que o risco de homicídio para qualquer criança com menos de quinze anos tinha caído abruptamente ao longo dos anos, a ponto de a BBC e outras fontes repetirem declarações de que era aproximada-

mente 40% mais baixo do que no início da década de 1970. Ver: BBC News. Taxa de assassinato de crianças "cai em 40%" na Inglaterra e País de Gales. 2010. Disponível em: http://news.bbc.co.UK/1/hi/UK/8497277.stm. É improvável. Esses números são em grande parte resultado de alterações feitas, no final dos anos 1970, na maneira como os casos eram registrados enquanto ainda aguardavam o resultado de procedimentos criminalísticos. Esse problema não afeta os números de MicroMortes que utilizamos para homicídios, que se baseiam em uma metodologia consistente. Embora as probabilidades que oferecemos estejam erradas no sentido de que não são precisas, mesmo assim estão suficientemente válidas.

5 Rooney, C.; Devis, T. Recent Trends in Deaths from Homicide in England and Wales: Health Statistics Quarterly 3, outono 1999. Disponível em: http://www.ons.gov.UK/ons/rel/hsq/health-statistics-quarterly/no-3-autumn-1999/index.html; NSPCC. Child Killings in England and Wales: Explaining The Statistics. 2012. Disponível em: http://www.nspcc.org.UK/Inform/research/briefings/child_killings_in_england_and_wales_wda67213.html#Homicide_statistics. Acesso em: 2/3/2015.

6 Newiss, G. Child Abduction: Understanding Police Recorded Crime Statistics. 2008. Disponível em: http://www.chimat.org.UK/resource/item.aspx?RID=62767. Acesso em: 2/3/2015.

7 CEOP. Scoping Report on Missing and Abducted Children. 2011. Disponível em: http://ceop.police.UK/Documents/ceopdocs/Missing_scopingreport_2011.pdf. Acesso em: 2/3/2015.

8 A MAPPA apresenta os seguintes números em mais detalhes.

NÍVEIS DE GERENCIAMENTO	TRANSGRESSORES SEXUAIS REGISTRADOS	TRANSGRESSORES VIOLENTOS	OUTROS TRANSGRESSORES PERIGOSOS	TOTAL
Nível 1	35.665	12.985	—	48.650
Nível 2	1.467	744	438	2.649
Nível 3	93	56	41	190
Total	37.225	13.785	479	51.489

Fonte: Ministry of Justice. mappa Reports. 2012. Disponível em: http://www.justice.gov.UK/statistics/mappa-reports. Acesso em: 2/3/2015.

9 Cohen, S. *Folk Devils and Moral Panics*. Londres: Routledge, 2002.

4. NADA

1 *Daily Express*. Daily Fry-Up Boosts Cancer Risk by 20 Per Cent. Disponível em: http://www.express.co.UK/posts/view/295296/Daily-fry-up-boosts-cancer-risk-by-20-per-cent. Acesso em: 2/3/2015.

2 *Daily Telegraph*. "Nine in 10 People Carry Gene Which Increases Chance of High Blood Pressure". Disponível em: http://www.telegraph.co.UK/health/health news/4630664/Nine-in-10-people-carry-gene-which-increases-chance-of-high-blood-pressure.html. Acesso em: 2/3/2015.

3 Woolf, V. *The Common Reader*. Orlando: Houghton Mifflin Harcourt, 2002.

4 Kahneman, D. *Thinking Fast and Slow*. Nova York: Farrar, Straus and Giroux, 2011.

5 Harrabin, R.; Coote, A.; Allen, J. *Health in the News: Risk, Reporting and Media Influence*. Londres: King's Fund, 2003.

5. ACIDENTES

1 Office for National Statistics. Mortality Statistics: Deaths Registered in England and Wales (Series DR). 2011. Disponível em: http://www.ons.gov.uk/ons/rel/vsob1/mortality-statistics-deaths-registered-in-england-and-wales-series-dr-/2011/index.html. Acesso em: 2/3/2015.

2 *Daily Telegraph*. "Girl Cannot Walk to Bus Stop Alone". 2010. Disponível em: http://www.telegraph.co.UK/news/UKnews/8001444/Girl-cannot-walk-to-bus-stop-alone.html. Acesso em: 2/3/2015.

3 Em 2010, *nenhum* pedestre morreu nessa categoria.

4 Department for Transport. Reported Road Casualties Great Britain: Main Results 2010. 2011. Disponível em: http://www.dft.gov.uk/statistics/releases/reported-road-casualties-gb-main-results-2010. Acesso em: 2/3/2015.

5 Savage, L. J. "The Theory of Statistical Decision". *Journal of the American Statistical Association*, 1º/3/1951, 46 (253): 55-67.

6 Usamos duas fontes principais do ONS para mortes acidentais: uma define morte "evitável" e deriva de outra – uma longa série – que compila todos os casos de mortalidade. Os gráficos usam a série de mortes evitáveis.

7 Office for National Statistics. Avoidable Mortality in England and Wales. 2012. Disponível em: http://www.ons.gov.UK/ons/rel/subnational-health4/avoidable-mortality-in-england-and-wales/2010/index.html. Acesso em: 2/3/2015.

8 Central Statistical Office. *Annual Statistical Abstract 1951*.

9 Moran, J. "Crossing the Road in Britain, 1931-1976". *The Historical Journal*, 2006, 49 (02): 477-96.

10 Ver nota 4.

11 Ver nota 1.

12 *The Guardian*. "IKEA Recalls Over 3 Million Window Blinds, Shades". 2010.

Disponível em: http://www.guardian.co.UK/world/feedarticle/9121407. Acesso em: 2/3/2015.

13 Gill, T. *No Fear*. Londres: Calouste Gulbenkian Foundation, 2007. Disponível em: http://www.gulbenkian.org.UK/publications/publications/42-NO-FEAR.html. Acesso em: 2/3/2015.

14 Health and Safety Executive. Children's Play and Leisure – Promoting a Balanced Response. 2012. Disponível em: http://www.hse.gov.UK/entertainment/childrens-play-july-2012.pdf. Acesso em: 2/3/2015.

15 Countryside Alliance. Outdoor Education – The Countryside as a Classroom. Disponível em: http://www.countryside-alliance.org/ca/campaigns-education/give-children-the-opportunity-to-learn-outside-of-the-classroom. Acesso em: 2/3/2015.

16 Health and Safety Executive. HSE – School Trips – Glenridding Beck – 10 Vital Questions. 2005. Disponível em: http://www.hse.gov.UK/services/education/school-trips.htm#statistics. Acesso em: 2/3/2015.

17 Rainey, S. "Kellogg's Adds Vitamin D to Cereal to Fight Rickets". *Daily Telegraph*. Disponível em: http://www.telegraph.co.UK/health/healthnews/8854634/Kelloggs-adds-vitamin-D-to-cereal-to-fight-rickets.html. Acesso em: 2/3/2015.

6. VACINAÇÃO

1 Vaccine Liberation Army. Armed with Knowledge. 2012. Disponível em: http://vaccineliberationarmy.com. Acesso em: 3/3/2015.

2 Department of Health. A Guide to Immunisations up to 13 Months of Age. 2007. Disponível em: http://www.nhs.UK/Planners/vaccinations/Documents/A%20guide%20to%20immunisations%20up%20to%2013%Months%%20age.pdf.

3 Carrington, Tammy. A Vaccination Horror Story. Disponível em: http://www.drlwilson.com/articles/VACCINE%20HORROR.htm. Acesso em: 3/3/2015.

4 BBC News. "Measles Outbreak Prompts Plea To Vaccinate Children". 2011. Disponível em: http://www.bbc.co.UK/news/health-13561766. Acesso em: 3/3/2015.

5 Entre 1958 e 1960, foram registrados 957 mil casos de sarampo, dos quais 178 crianças morreram.

6 Centers for Disease Control and Prevention. School and Childcare Vaccination. 2012. Disponível em: http://www2a.cdc.gov/nip/schoolsurv/schImmRqmt.asp. Acesso em: 3/3/2015.

7 Health Protection Agency. Measles Notifications and Deaths in England and Wales, 1940-2008. 2012. Disponível em: http://www.hpa.org.UK/web/HPAweb&HPAwebStandard/HPAweb_C/1195733835814. Acesso em: 3/3/2015.

8 Centers for Disease Control and Prevention. Pinkbook: Measles Chapter – Epidemiology of Vaccine – Preventable Diseases. 2012. Disponível em: http://www.cdc.gov/vaccines/pubs/pinkbook/meas.html#complications. Acesso em: 3/3/2015.

9 De Martel, C.; Ferlay, J.; Franceschi, S.; Vignat, J.; Bray, F.; Forman, D. et alii. Global Burden of Cancers Attributable to Infections in 2008: A Review and Synthetic Analysis. *The Lancet Oncology*, mai./2012. Disponível em: http://www.thelancet.com/journals/lanonc/article/PIIS1470-2045%2812%2970137-7/abstract. Acesso em: 3/3/2015.

10 A média de pessoas infectadas é chamada de *número básico de reprodução* e recebe o símbolo Ro (R-zero). O da varíola é aproximadamente 5, do sarampo, 12.

11 Vamos supor que uma comunidade foi vacinada a ponto de 4 em cada 5 pessoas (80%) ficarem imunes. Nesse caso, alguém com varíola infecta em média somente uma pessoa, e por isso a epidemia é contida. Então temos o bom resultado geral de que uma epidemia seria contida quando, para cada pessoa Ro, ao menos (Ro - 1) estejam imunes, por isso a proporção que precisa estar imune é (Ro - 1)/Ro. Por exemplo, para evitar uma epidemia de sarampo (12 - 1)/12 = 11/12 = 92% da população precisa estar imune, o que mostra que o vírus da gripe aviária em 2009 era um preguiçoso cujo Ro era de somente 1,3, e por isso bastava 0,3/1,3 = 23% estarem imunes para conter a epidemia. Como as vacinas não têm uma eficácia de 100%, na prática o objetivo é vacinar uma proporção maior, pelo menos 95% no caso do sarampo. Claro que é sempre possível pegar uma "carona" sem ser vacinado, confiando em que todos os outros interrompam a epidemia.

As taxas atuais (2011) de vacinação contra o sarampo na Inglaterra estão em 89%, acima dos 80% de 2003, mas ainda abaixo dos 92% de 1995, sem contar os 95% recomendados pela Organização Mundial da Saúde (OMS) (Ver: NHS Information Centre. NHS Immunisation Statistics, England 2009-10. 2012. Disponível em: http://www.ic.nhs.UK/Article/1685. Acesso em: 3/3/2015). Depois de uma epidemia de sarampo em Liverpool em fevereiro de 2012, a Health Protection Agency revelou que 7 mil crianças de Merseyside com menos de cinco anos não tinham tomado a vacina completa contra a doença. Uma das vacinas aplicadas na tríplice viral é a de prevenção ao sarampo, e as campanhas diminuíram depois da afirmação amplamente divulgada em 1998 de que a tríplice estava associada ao autismo. A afirmação já foi desacreditada, apesar de continuar tendo forte apoio entre a população dos EUA – tente fazer uma busca por "vaccine autism".

12 Medicines and Healthcare Products Regulatory Agency (MHRA). Human Papillomavirus Vaccine. 2012. Disponível em: http://www.mhra.gov.UK/PrintPreview/DefaultSplashPP/CON023340?ResultCount=10&DynamicListQuery=&Dynam

icListSortBy=xCreationDate&DynamicListSortOrder=Desc&DynamicListTitle =&PageNumber=1&Title=Human%20papillomaviUKs%20(HPV)%20vaccine.

13 Centers for Disease Control and Prevention. Vaccination Side Effects: HPV-Cervarix. 2012. Disponível em: http://www.cdc.gov/vaccines/vac-gen/sideeffects.htm#hpvcervarix.

14 *Daily Mail.* "Schoolgirl, 14, Dies After Being Given Cervical Cancer Jab". 2012. Disponível em: http://www.dailymail.co.UK/news/article-1216714/Schoolgirl-14-dies-given-cervical-cancer-jab.html. Acesso em: 3/3/2015.

15 GPonline. "Malignant Tumour Caused HPV Jab Girl's Death". 2012. Disponível em: http://www.gponline.com/News/article/942531/Malignant-tumour-caused-HPV-jab-girls-death. Acesso em: 3/3/2015.

16 Goldman, A. S.; Schmalstieg, E. J.; Freeman, D. H. Jr; Goldman, D. A.; Schmalstieg, F. C. Jr. "What Was The Cause of Franklin Delano Roosevelt's Paralytic Illness?". *J. Med Biogr.*, nov./2003, 11 (4): 232-40.

17 Centers for Disease Control and Prevention. Seasonal Influenza (Flu) – Questions and Answers – Guillain-Barré Syndrome (GBS). Disponível em: http://www.cdc.gov/flu/protect/vaccine/guillainbarre.htm. Acesso em: 3/3/2015.

18 Sencer, D. J.; Millar, J. D. "Reflections on the 1976 Swine Flu Vaccination Program". *Emerging Infectious Diseases,* 12/1/2006 (1): 23-8.

19 Andrews, N.; Stowe, J.; Al-Shahi Salman, R.; Miller, E. Guillain-Barré Syndrome and H1N1 (2009) Pandemic Influenza Vaccination Using an AS03 Adjuvanted Vaccine in the United Kingdon. Self-Controled Case Series. *Vaccine,* 9/10/2011, 29 (45): 7.878-82.

20 Centers for Disease Control and Prevention: Mercury and Thimerosal – Vaccine Safety. 2012. Disponível em: http://www.cdc.gov/vaccinesafety/Concerns/thimerosal. Acesso em: 3/3/2015.

21 Organização Mundial da Saúde. Sarampo. 2012. Disponível em: http://www.who.int/mediacentre/factsheets/fs286/en/index.html.

7. COINCIDÊNCIAS

1 Disponível em: http://understandinguncertainty.org/user-submitted-coincidences/wasted-stamp. Acesso em: 3/3/2015.

2 Lodge, D. *The Art of Fiction.* Londres: Random House, 2011 [ed. bras.: *A arte da ficção.* Porto Alegre: L&PM, 2010].

3 Disponível em: http://understandinguncertainty.org/coincidences. Acesso em: 3/3/2015.

4 Diaconis, P.; Mosteller, F. "Methods for Studying Coincidences". *Journal of the American Statistical Association*, 1989, 84 (408): 853-61.

5 Filha biológica. 2012. Disponível em: http://understandinguncertainty.org/user-submitted-coincidences/biological-daughter. Acesso em: 3/3/2015.

6 Nascida na mesma cama. 2012. Disponível em: http:/understandinguncertainty.org/user-submitted-coincidences/born-same-bed. Acesso em: 3/3/2015.

7 Disponível em: http://understandinguncertainty.org/user-submitted-coincidences/junk-shop-find-0. Acesso em: 3/3/2015.

8 Disponível em: http://understandinguncertainty.org/user-submitted-coincidences/army-coat-hanger. Acesso em: 3/3/2015.

9 Koestler, A. *The Case of the Midwife Toad*. Londres: Hutchinson, 1971.

10 Diaconis, P.; Mosteller, F. "Methods for Studying Coincidences". *Journal of the American Statistical Association*, 1989, 84 (408): 853-61.

11 *Daily Mail*. "Couple Gives Birth to Three Children on the Same Day... 14 Years Apart". 2008. Disponível em: http://www.dailymail.co.uk/news/article-518525/Couple-gives-birth-children-day-14-years-apart.html. Acesso em: 3/3/2015.

12 BBC. "Three Children, Same Birthday". 2010. Disponível em: http://news.bbc.co.uk/1/hi/wales/8511586.stm. Acesso em: 3/3/2015.

13 *Daily Mail*. "Happy Birthday to You: Couple Have 3 Children All Born on Same Date". Mail Online. 2010. Disponível em: http://www.dailymail.co.uk/news/article-1320113/Happy-birthday-Couple-3-children-born-date.html. Acesso em: 3/3/2015.

14 Disponível em: http://understandinguncertainty.org/user-submitted-coincidences/public-phone-box. Acesso em: 3/3/2015.

15 Existe uma equação matemática simples e amistosa que nos permite saber quantas pessoas são necessárias para uma boa chance de coincidência em qualquer característica (Ver: Diaconis, P.; Mosteller, F. – citados na nota 10). Vamos supor que duas pessoas tenham 1 chance em C de combinar – por exemplo, na data exata de aniversário, $C = 365$. Então, para se ter 50% de chance de combinação em um grupo de N pessoas, N precisa estar por volta de $1{,}2\sqrt{C}$. Para uma combinação de aniversário, isso significa que precisamos de cerca de $1{,}2\sqrt{365} = 23$ pessoas, como afirmado acima. Para uma chance de 95% de uma combinação, precisamos mais ou menos dobrar esse número para $2{,}5\sqrt{C}$. Então, se tivermos $N = 2{,}5\sqrt{365} = 48$ pessoas em uma sala, é muito provável que duas façam aniversário no mesmo dia.

Isso torna fácil ganhar dinheiro em reuniões com amigos. Vamos supor que você tenha trinta pessoas reunidas. Aposte com o grupo que duas delas fazem aniversário com um dia de diferença uma da outra. Quais são as chances de você ganhar? Primeiro, considere a chance de quaisquer duas pessoas (digamos eu e você) se combinarem desta forma: se o meu aniversário foi no dia 16 de agosto, haverá uma correspondência se você tiver nascido no dia 15, 16 ou 17, que é 3 em 365 dias, ou 1 chance em 122, portanto $C = 122$. Então, para uma chance de 50% de uma combinação, só precisamos de $1,2 \sqrt{122} = 13$ pessoas; para uma chance de 95%, precisamos de $2,5 \sqrt{122} = 28$ pessoas. Por isso, com trinta pessoas em uma sala é quase certo que você ganhe a aposta. Pode nos mandar uma porcentagem do que você receber.

8. SEXO

1 A voga da visualização de dados, em que as imagens de números podem parecer impressionantes, é uma exceção. Ver, por exemplo, *Information is Beautiful*, de David McCandless.

2 Os filmes do monólito da Aids, do pêssego e do martelo (de 1976) e das hienas estão disponíveis no Arquivo Nacional da Inglaterra. The National Archives. Public Information Films, 1979 to 2006, Film index, Aids monolith. 2012. Disponível em: http://www.nationalarchives.gov.uk/films/1979to2006/filmpage_aids.htm. Acesso em: 3/3/2015; The National Archives. Public Information Films, 1964 to 1979, Film index, Peach and Hammer. 2012. Disponível em: http://www.nationalarchives.gov.uk/films/1964to1979/filmpage_hammer.htm. Acesso em: 3/3/2015; The National Archives. Public Information Films, 1979 to 2006, Film index, Crime Prevention – Hyenas. 2102. Disponível em: http://www.nationalarchives.gov.uk/films/1979to2006/filmpage_crime.htm. Acesso em: 3/3/2015.

3 Colombo, B.; Masarotto, G. "Daily Fecundability". *Demographic Research* (6/9/2000), 3. Disponível em: http://www.demographic-research.org/Volumes/Vol3/5/default.htm. Acesso em: 3/3/2015.

4 A maneira mais simples de estimar a chance de gravidez foi considerar somente os ciclos em que tivesse havido apenas um intercurso sexual: o pico de probabilidade foi observado em três dias antes da ovulação, nos quais 8 entre 29 (29%) coitos resultaram em gravidez. Isso, porém, só usou um terço dos ciclos nos quais houve uma relação sexual, por isso foi aplicado um modelo matemático mais sofisticado para todos os dados: eles estimaram o pico para dois dias antes da ovulação, com uma chance de cerca de 25%, que estão próximos da estimativa anterior. As chances caem drasticamente a partir desse pico, com uma média de 5% ao longo de todos os ciclos mensais.

5 Leridon, H. "Can Assisted Reproduction Technology Compensate for the Natural Decline in Fertility with Age? A Model Assessment". *Human Reproduction*, 1º/7/2004, 19 (7): 1.548-53.

6 NHS Clinical Knowledge Summaries. Effectiveness of contraceptives. 2012. Disponível em: http://www.cks.nhs.uk/clinical_topics/by_alphabet/c.

7 *Gapminder*, de Hans Rosling, mostra bem essa tendência. Ver: Rosling, H. Children per woman updated. 2012. Disponível em: http://www.gapminder.org/data-blog/children-per-woman-updated. Acesso em: 3/3/2015.

8 Ver nota 6.

9 Department for Education. Under-18 and Under-16 Conception Statistics. Disponível em: http://www.education.gov.uk/childrenandyoungpeople/healthandwellbeing/teenagepregnancy/a0064898/under-18-and-under-16-conception-statistics. Acesso em: 3/3/2015.

10 Unicef. Uma tabela classificativa de partos em adolescentes nas nações ricas. 2001. Disponível em: http://www.unicef-irc.org/publications/328. Acesso em: 3/3/2015.

11 Varghese, B.; Maher, J. E.; Peterman, T. A.; Branson, B. M.; Steketee, R. W. "Reducing the Risk of Sexual HIV Transmission: Quantifying the Per-Act Risk for HIV on the Basis of Choice of Partner, Sex Act and Condom Use". *Sex Transm Dis.*, jan./2002, 29 (1): 38-43.

12 Platt, R.; Rice, P. A.; McCormack, W. M. "Risk of Acquiring Gonorrhea and Prevalence of Abnormal Adnexal Findings among Women Recently Exposed to Gonorrhea". JAMA, 16/12/1983, 250 (23): 3.205-9; Holmes, K. K.; Johnson, D. W.; Trostle, H. J. "An Estimate of the Risk of Men Acquiring Gonorrhea by Sexual Contact with Infected Females". *Am. J. Epidemiol.*, 1º/2/1970, 91 (2): 170-4.

13 Nawrot, T. S.; Perez, L.; Künzli, N.; Munters, E.; Nemery, B. "Public Health Importance of Triggers of Myocardial Infarction: A Comparative Risk Assessment". *The Lancet*, fev./2011, 377 (9.767): 732-40.

14 Blanchard, R.; Hucker, S. J. "Age, Transvestism, Bondage, and Concurrent Paraphilic Activities in 117 Fatal Cases Of Autoerotic Asphyxia". BJP, 1º/9/1991, 159(3): 371-7.

15 Wishing will make it so/ Just keep on wishing and care will go. [N.T.]

16 HM Treasury e-CT. Optimism Bias. Disponível em: http://webarchive.nationalarchives.gov.uk/20130129110402/http://www.hm-treasury.gov.uk/green_book_guidance_optimism_bias.htm. Acesso em: 3/3/2015.

17 Sharot, T. *The Optimism Bias: A Tour of the Irrationally Positive Brain*. Nova York: Random House, 2011.

9. DROGAS

1 Para uma descrição vívida de diferentes pontos de vista sobre drogas legais e

ilegais, veja, por exemplo, David Nutt: *Drugs Without the Hot Air: Minimising the Harms of Legal and Illegal Drugs*. Cambridge: Uit Cambridge Ltd., 2012.

2 Parssinen, T. M. *Secret Passions, Secret Remedies: Narcotic Drugs in British Society, 1820-1930*. Manchester: Manchester University Press, 1983.

3 Um recente exemplo de liberalização das drogas é o Licensing Act de 2003, que relaxou as regras de horários de funcionamento dos bares e em 2005 permitiu inclusive que lugares permanecessem abertos 24 horas na Inglaterra e no País de Gales (mudanças semelhantes foram introduzidas na Escócia em 2006).

4 Conan Doyle, A. C. *The Sign of Four*. Londres: Spencer Blackett, 1890.

5 Thompson, H. S.; Torrey, B.; Simonson, K. *Conversations with Hunter S. Thompson*. Jackson: University Press of Mississippi, 2008.

6 Kemp, C. *Painkiller Addict: From Wreckage to Redemption – My True Story*. Londres: Hachette, 2012.

7 Fielding, L. "Why I've Come to Consider Again the Potential Problems of Cannabis". *The Guardian*, 2012. Disponível em: http://www.guardian.co.UK/commentisfree/2012/aug/28/why-changed-mind-about-cannabis. Acesso em: 3/3/2015.

8 Home Office. Drug Misuse Declared: Findings from 2010/11. British Crime Survey, England and Wales. Home Office. 2011. Disponível em: https://www.gov.UK/government/publications/dUKg-misuse-declared-findings-from-the-2010-11-british-crime-survey-england-and-wales-12.

9 Freira belga que fez sucesso nos anos 1960 com a canção "Dominique". [N.T.]

10 Office for National Statistics. Death Related to Drug Poisoning in England and Wales. 2011. Disponível em: http://www.ons.gov.UK/ons/rel/subnational-health3/deaths-related-to-dUKg-poisoning/2010/index.html.

11 King, L. A.; Corkery, J. M. "An Index of Fatal Toxicity for Drugs of Misuse". *Hum. Psychopharmacol.*, mar./2010, 25 (2): 162-6.

12 Idem, ibidem.

13 Advisory Council on The Misuse of Drugs. Cannabis: Classification and Public Health. 2008. Disponível em: https://www.gov.UK/government/publications/acmd-cannabis-classification-and-public-health-2008. Acesso em: 3/3/2015.

14 Nutt, D. J.; King, L. A.; Phillips, L. D. "Drug Harms in the UK: A Multicriteria Decision Analysis". *The Lancet*, nov./2010, 376 (9.752): 1.558-65.

15 Nutt, D. J. "Equasy – An Overlooked Addiction with Implications for the Current Debate on Drug Harms". *J. Psychopharmacol.*, jan./2009, 23 (1): 3-5.

16 *Journal of Psychopharmacology*. jan./ 2009, 23: 3-5. Também disponível em: http://www.encod.org/info/equasy-a-harmful-addiction.html. Acesso em: 3/3/2015.

10. ALTOS RISCOS

1 Denominamos como grande risco aquele que afeta muita gente, como clima, novas doenças, desastres naturais e assim por diante.

2 "Sharp Decline in Public's Belief in Climate Threat, British Pool Reveals", *The Guardian*. "Trinta e um por cento disseram que a mudança climática está 'definitivamente' acontecendo, enquanto 29% disseram 'Já parece uma realidade', e outros 31% declararam que o problema estava sendo exagerado, uma categoria que subiu para 50% se comparada a um ano antes. Somente 6% disseram que a mudança climática não estava acontecendo de jeito nenhum, e 3% afirmaram que não sabiam." Mais ou menos um ano depois, o jornal publicou: "Public Belief in Climate Change Weather Storm, Poll Shows", com 14% "dizendo que o aquecimento global não representa uma ameaça". Disponível em: http://www.guardian.co.UK/environment/2010/feb/23/british-public-belief-climate-poll. Acesso em: 3/3/2015.

3 Kahan, D. M.; Jenkins-Smith, H.; Braman, D. Cultural Cognition of Scientific Consensus. SSRN eLibrary. 7/2/2010. Disponível em: http://papers.ssrn.com/sol3/papers.cfm?abstract_id=1549444. Acesso em: 3/3/2015.

4 Kahan, D. M. et alii. "Affect, Values, and Nanotechnology Risk Perceptions: An Experimental Investigation". Yale Law School, Public Law Working Paper No. 155. Disponível em: http://papers.ssrn.com/sol3/papers.ssrn.com/sol3/papers.cfm?abstract_id=968652##.

5 Aqui o trabalho de Kahan se inspira muito na teoria cultural do risco. Um dos mais influentes relatos a esse respeito está em *Risk and Culture*, de Mary Douglas e Aaron Wildavsky, que associa a discussão relacionada a energia nuclear com a poluição do ar nos EUA em termos de modos de vida conflitivos: de um lado, os igualitários coletivistas que usam o medo do desastre para argumentar contra um tipo de livre-iniciativa que também acreditam trazer desigualdade; do outro, individualistas hierárquicos que querem defender a livre-iniciativa da interferência do governo. Ver: Douglas, M.; Wildavsky, A. *Risk and Culture: An Essay on the Selection of Technological and Environmental Dangers*. Berkeley/Los Angeles: University of California Press, 1983. Douglas argumenta que as diversas posturas psicológicas de avaliação de riscos que vemos nesse livro são apenas ferramentas usadas pelas pessoas para afirmar suas visões culturais, os meios para um fim. A autora se mostrou mais interessada nos fins. Ver na p. 132 as ideias de Mary Douglas sobre risco como controle social.

Ver também *The Righteous Mind*, de Jonathan Haidt (*The Righteous Mind: Why Good People Are Divided by Politics and Religion*. Nova York: Pantheon Books, 2012), que argumenta que nosso ponto de vista sobre temas como mudança climática – bem como a maior parte de outras questões políticas – se origina de um pequeno conjunto de visões tribais e morais. Isso tem muito em comum com o uso da teoria cultural de Dan Kahan. "A moralidade cega o cego", diz Haidt, querendo dizer que a moralidade, mais do que a evidência científica, é o que justifica o seu lado e faz o outro lado parecer estúpido. Ver: Kahan, D. M. et alii. "Affect, Values, and Nanotechnology Risk Perceptions: An Experimental Investigation". Yale Law School, Public Law Working Paper No. 155. Disponível em: http://papers.ssrn.com/sol3/papers.ssrn.com/sol3/papers.cfm?abstract_id=968652##.

6 Cabinet Office. National Risk Register. 2012. Disponível em: https://www.gov.UK/government/publications/national-risk-register-of-civil-emergencies. Acesso em: 3/3/2015.

7 Centers for Disease Control and Prevention. Crisis & Emergency Risk Communication. 2012. Disponível em: http://www.bt.cdc.gov/cerc/. Acesso em: 3/3/2015.

8 Disponível em: http://en.wikipedia.org/wiki/2011_Germany_E._coli_O104:H4_outbreak. Acesso em: 3/3/2015.

9 Para um relato mais detalhado do que deu errado em L'Aquila e pelo que os cientistas foram na verdade acusados, ver o artigo de Stephen Hall na revista *Nature*. Hall, S. S. "Scientists on Trial: At Fault?". *Nature*, 14/9/2011, 477 (7.364): 264-9.

11. PARTO

1 O que significa que era o primeiro.

2 Relatos de partos na literatura parecem ter sido higienizados até o século XX, com foco principalmente no ponto de vista masculino, como os de Kelvin e do atônito e pobre Norm. A rainha Vitória era famosa por sua desfaçatez: "Acho que nosso ser se parece mais com uma vaca ou uma cadela nesses momentos; quando nossa pobre natureza se torna muito animal e nada enlevada" (citado por Helen Rappaport, em *Queen Victoria: A Biographical Companion*. Santa Barbara: ABC-CLIO, 2003). Em algum momento, porém, algumas mulheres escritoras abordaram o tema e os textos se tornaram mais explícitos: "A dor não estava mais definida e separada, era total, envolvente, esquentando e rompendo todo o seu ser, cabeça, peito, pressionando e empurrando a barriga, e nesse momento irromperam os sons animais, grunhidos, clamores incoerentes, suspiros de dor" (Byatt, A. S. *Still Life*. Nova York: Scribner's, 1997). Ver também: Plath, Sylvia. "Metaphors" (1959): "Sou um meio, um estágio, uma vaca e um bezerro".

3 Organização Mundial da Saúde. *Tendências da mortalidade materna: 1990-2010*. 2012. Disponível em: http://www.who.int/reproductivehealth/publications/monitoring/9789241503631/en/index.html. Acesso em: 3/3/2015.

4 Bird, S.; Fairweather, C. Recent Military Fatalities in Afghanistan by Cause and Nationality: Period 15, 5 September 2011 to 22 January 2012. Disponível em: http://www.mrcbsu.cam.ac.UK/Publications/PDFs/PERIOD_15_fatalities_in_Afghanistan_by_cause_and_nationality.pdf.

5 Disponível em: http://en.wikipedia.org/w/index.php?title=Historical_mortality_rates_of_puerperal_fever&oldid=516214953. Acesso em: 3/3/2015.

6 Office for National Statistics. Mortality Statistics: Deaths Registered in England and Wales (Series DR). 2011. Disponível em: http://www.ons.gov.uk/ons/rel/vsob1/mortality-statistics-deaths-registered-in-england-and-wales series-dr-/2010/index.html.

7 Centre for Maternal and Child Enquiries. "Saving Mother's Lives: Reviewing Maternal Deaths to Make Motherhood Safer: 2006-2008". *BJOG: An International Journal of Obstetrics & Gynaecology*, 2011, 118: 1-203.

8 Um guia útil de terminologia e estatísticas pode ser encontrado em: http://www.patient.co.UK/doctor/Maternal-Mortality.htm. Acesso em: 3/3/2015.

9 Organização Mundial da Saúde. *Tendências da mortalidade materna: 1990-2010*. 2012. Disponível em: http://www.who.int/reproductivehealth/publications/monitoring/9789241503631/en/index.html. Acesso em: 3/3/2015.

10 Royal College of Anaesthetists. Death or Brain Damage. 2009. Disponível em: http://www.rcoa.ac.uk/document-store/death-or-brain-damage. Acesso em: 3/3/2015.

12. JOGO

1 Adivinhe o furo no plano de Norm. Depois leia a discussão na segunda parte do capítulo.

2 King James Bible (versão da internet). Disponível em: http://www.kingjamesbibleonline.org. Acesso em: 3/3/2015.

3 Ver, por exemplo, Peter Stone, em *The Luck of the Draw: The Role of Lotteries in Decision Making* (Oxford University Press, 2011), que argumenta – com outros – que o problema de usar loterias para tomada de decisões sociais é que elas evitam ativamente a participação da razão, mas que essa característica tem um "efeito higienizador".

4 Fienberg, S. E. "Randomization and Social Affairs: The 1970 Draft Lottery". *Science*, 22/1/1971, 171 (3.968): 255-61.

5 David, F. N. *Games, Gods, and Gambling: A History of Probability and Statistical Ideas*. Nova York: Dover Publications, 1998.

6 New Living Translation. 2012. Disponível em: http://www.newlivingtranslation.com. Acesso em: 3/3/2015.

7 British History Online. Elizabeth – July 1588, 1-5. Calendar of state papers foreign, Elizabeth, v. 22. 2003. Disponível em: http://www.british-history.ac.uk/report.aspx?compid=74849. Acesso em: 3/3/2015.

8 Hacking, I. *The Emergence of Probability*. Nova York: Cambridge University Press, 2006.

9 Cardano, G. *Liber de ludo aleae*. Roma: FrancoAngeli, 2006.

10 Ver nota 5.

11 Reith, G. *The Age of Chance: Gambling in Western Culture*. Londres: Routledge, 2002.

12 Atherton, M. *Gambling*. Londres: Hachette, 2007.

13 *The Guardian*. "Pakistan Embroiled in No-Ball Betting Scandal Against England". 29/8/2010. Disponível em: http://www.guardian.co.UK/sport/2010/aug/29/pakistan-cricket-betting-allegations. Acesso em: 3/3/2015.

14 Atividade ilegal que estabelece apostas para um aspecto específico do jogo, sem relação com o resultado final. [N.T.]

15 Gamble Aware: Gambling Facts and Figures. 2012. Disponível em: http://www.gambleaware.co.UK/gambling-facts-and-figures.

16 Dubins, L. E.; Savage, L. J. *How To Gamble If You Must: Inequalities for Stochastic Processes*. Nova York: McGraw-Hill, 1965.

17 A norma de controle de segurança de WLA (documentos de certificação). Disponível em: https://www.worldlotteries.org/cms/index.php?option=com_content&view=article&id=4374%3Athe-wla-securitycontrol-standard-2012-wlascs2012&catid=106%3Asecurity-controlstandard-scs&Itemid=100177&lang=en.

18 *Daily Mirror*. Disponível em: http://www.mirror.co.uk/sport/football/news/gambler-wins-585k-86p-stake-3313945. Acesso em: 3/3/2015.

19 Critérios do DSM-IV: Pathological Gambling. 2000. Disponível em: http://www.problemgambling.ca/EN/ResourcesForProfessionals/Pages/DSMIVCriteriaPathologicalGambling.aspx.

20 Central and North West London NHS Foundation Trust: Gambling Treatment Centre London. 2012. Disponível em: http://www.cnwl.nhs.UK/gambling.html. Acesso em: 3/3/2015.

13. RISCOS MÉDIOS

1 BBC. "Figures Show 'Mr. And Mrs. Average'". 13/10/2010. Disponível em: http://www.bbc.co.UK/news/UK-11534042.

2 Office for National Statistics. 2011 Annual Survey of Hours and Earnings (SOC 2000). Disponível em: http://www.ons.gov.UK/ons/rel/ashe/annual-survey-of-hours-and-earnings/ashe-results-2011/ashe-statisticalbulletin-2011.html.

3 Quetelet derivou *l'homme moyen* de valores médios de variáveis mensuradas, que geralmente seguiam uma distribuição normal.

4 Média e pontos médios: para altura, enfileirar todo mundo, do mais alto ao mais baixo, e o mediano é o do meio; o meio está mais para a partilha equivalente de todas as alturas (i.e., o que se obtém somando todas as alturas e dividindo a resposta pelo número de pessoas).

5 Gould conta sua história em um pequeno e notável ensaio: "Median Is Not the Message" (disponível em: http://people.umass.edu/biep540w/pdf/Stephen%20 Jay%20Gould.pdf, acesso em: 3/3/2015). Para uma discussão mais longa e fácil de médias, ver: Blastland e Dilnot. *The Tiger that Isn't: Seeing Through a World of Numbers*. Londres: Profile Books, 2010. Ou, com mais detalhes: Savage, Sam. *The Flaw of Averages: Why We Underestimate Risk in the Face of Uncertainty*. Chichester: John Wiley, 2009.

14. ACASO

1 *Memórias do subsolo*, de onde Kevin tira a maior parte de seu discurso, defende a liberdade de rejeitar que 2 + 2 = 4. "Admito que o fato de dois mais dois ser igual a quatro seja uma coisa excelente, mas, se formos usar tudo a que se tem direito, dois mais dois ser igual a cinco pode ser também muito encantador" (Dostoiévski, F. *Notes from the Underground and The Double*. Harmondsworth: Penguin Books, 1972 [ed. bras.: *Memórias do subsolo*. São Paulo: Ed. 34, 2000]). Outros personagens de Dostoiévski se revoltam da mesma forma, para afirmar sua individualidade.

2 Saber se o acaso implica necessariamente livre-arbítrio é um longo debate. Alguns filósofos dizem que acaso e determinismo são incompatíveis com livre-arbítrio, pois afirmam que a vida pode ser determinada ou acidental e nenhum dos dois deixa espaço para uma escolha humana. Ao relacionar acaso com livre-arbítrio, Kevin está mais próximo do filósofo americano William James, que dizia que o acaso desequilibra o determinismo para criar as possibilidades a partir das quais o livre-arbítrio pode escolher. Ver também, por exemplo, Crisipo de Soli, filósofo estoico nascido por volta de 279 a.C. The Information Philosopher. Chrysippus. 2012. Disponível em: http://www.informationphilosopher.com/solutions/philosophers/chrysippus. Acesso em: 3/3/2015.

3 "Se insistíssemos na detalhada descrição do movimento das moléculas individuais, as noções de probabilidade que acabam sendo tão essenciais para a nossa compreensão da característica irreversível dos eventos físicos na natureza não existiriam. Não teríamos chegado à grande visão que temos agora: ou seja, que a direção da mudança no mundo vai do menos provável ao mais, do mais

organizado ao menos, porque só estaríamos falando de um número incrível de órbitas e trajetórias e colisões. Seria um grande milagre para nós que, a partir das equações de movimento, que para cada movimento permite um movimento exatamente oposto, pudéssemos emergir em um mundo em que existe uma tendência à mudança com o tempo que é irreversível, inconfundível e familiar a toda experiência física." Ver: Oppenheimer, J. R. *Science and the Common Understanding*. Nova York: Simon and Schuster, 1954.

4 Adams, Douglas. *The Hitchhiker's Guide to the Galaxy*. Nova York: Random House, 1997 [ed. bras.: *O guia do mochileiro das galáxias*. São Paulo: Arqueiro, 2009].

5 Rich, M. D. *A Million Random Digits with 100,000 Normal Deviates*. Santa Mônica: Rand Corporation, 2001.

6 Ver: Extreme Fire Behavior, *Atlantic Magazine*, set./2012.

15. TRANSPORTES

1 Quanto a isso, ela estava ao menos parcialmente certa, embora não nos caiba dizer se um estímulo keynesiano seria a solução.

2 Um dos mais famosos ataques de nervos da literatura também aconteceu por causa da guerra. Yossariam, em *Ardil 22*, de Joseph Heller, prevê para sim uma morte excepcionalmente horrível e decide que o inimigo é qualquer um que esteja tentando matá-lo, inclusive aqueles que lutam ao seu lado. O mundo se torna ainda mais perigoso, apesar de continuar igual.

3 Engenheiro civil inglês que projetou a ferrovia Liverpool-Manchester, também conhecido como o "pai das ferrovias". Rocket foi uma das primeiras locomotivas a vapor construídas. [N.T.]

4 *The Guardian*. "Life Sentence for Train Murder of Student". 10/11/2006. Disponível em: http://www.guardian.co.UK/UK/2006/nov/10/ukcrime. Acesso em: 3/3/2015.

5 Currie, G.; Delbosc, A.; Mahmoud, S. *Perceptions and Realities of Personal Safety on Public Transport for Young People in Melbourne*. Ensaio para congresso apresentado no Australasian Transport Research Forum, realizado em Canberra (Austrália), 2010.

6 Rail Safety and Standards Board. Annual Safety Performance Report 2010/11. 2011. Disponível em: http://www.rssb.co.UK/SPR/REPORTS/Documents/ASPR%202010-11%20Final.pdf.

7 Cortes de Beeching (também chamados de Machado de Beeching) referem-se à redução da malha e reestruturação das ferrovias da Inglaterra propostas em dois relatórios, *The Reshaping of British Railways* (1963) e *The Development of the Major Railway Trunk Routes* (1965), produzidos pelo físico e engenheiro Richard Beeching. [N.T.]

8 Evans, A. Fatal Train Accidents on Britain's Main Line Railways: End of 2010 Analysis. Centre for Transport Studies, Imperial College London. Disponível em: http://www.cts.cv.ic.ac.UK/documents/publications/iccts01391.pdf.

9 BBC News. "Guard Jailed over Rail Death Fall". 15/11/2012. Disponível em: http://www.bbc.co.UK/news/UK-england-merseyside-20339630.

10 Rail Safety and Standards Board. Annual Safety Performance Report 2010/11. 2011. Disponível em: http://www.rssb.co.UK/SPR/REPORTS/Documents/ASPR%202010-11%20Final.pdf.

11 Wolff, J. "Risk, Fear, Blame, Shame and the Regulation of Public Safety". *Economics and Philosophy*. 2006, 22 (3): 409-27.

12 Gigerenzer, G. "Out of the Frying Pan into the Fire: Behavioral Reactions to Terrorist Attacks". *Risk Analysis*, abr./2006, 26 (2): 347-51.

13 Hoorens, V. "Self-Enhancement and Superiority Biases in Social Comparison". *European Review of Social Psychology*, 1993, 4 (1): 113-39; McCormick, I. A.; Walkey, F. H.; Green, D. E. "Comparative Perceptions of Driver Ability – A Confirmation and Expansion". *Accid Anal Prev.*, jun./1986, 18 (3): 205-8.

14 International Traffic Safety Data and Analysis Group. IRTAD Road Safety Annual Report. 2011. Disponível em: http://internationaltransportfoUKm.org/irtadpublic/index.html.

15 Organização Mundial da Saúde. Global Status Report on Road Safety. 2009. Disponível em: http://www.who.int/violence_injury_prevention/road_safety_status/2009/en/. Acesso em: 3/3/2015.

16 FIA Foundation. The Missing Link: Road Traffic Injuries and the Millennium Development Goals. 2010. Disponível em: http://www.fiafoundation.org/publications/Pages/PublicationHome.aspx.

17 Organização Mundial da Saúde. Global Status Report on Road Safety. 2009. Disponível em: http://www.who.int/violence_injury_prevention/road_safety_status/2009/en/. Acesso em: 3/3/2015.

18 Smeed, R. J. "Some Statistical Aspects of Road Safety Research". *Journal of the Royal Statistical Society*, Series A (General), 1949, 112 (1): 1.

19 Oakes, M.; Bor, R. "The Psychology of Fear of Flying (Part I): A Critical Evaluation of Current Perspectives on the Nature, Prevalence and Etiology of Fear of Flying". *Travel Med Infect Dis.*, nov./2010, 8 (6): 327-38.

20 British Airways. Flying with Confidence – Fear of Flying Course from British Airways. Disponível em: http://flyingwithconfidence.com. Acesso em: 3/3/2015.

21 Plane Crash Info. Disponível em: http://planecrashinfo.com/index.html. Acesso em: 3/3/2015.

22 Idem, ibidem.

23 NTSB National Transportation Safety Board. NTSB – Aviation Statistical Reports. Disponível em: http://www.ntsb.gov/data/aviation_stats.html.

24 Ver nota 21.

25 Department for Transport. Aviation – Statistics. Disponível em: https://www.gov.UK/government/organisations/department-for-transport/series/aviation-statistics. Acesso em: 3/3/2015.

26 NTSB National Transportation Safety Board. Preliminary Monthly Summary. 2012. Disponível em: http://www.ntsb.gov/data/monthly/curr_mo.TXT.

16. ESPORTES RADICAIS

1 Acompanhar a trajetória de um praticante de *base jump* saltando de uma montanha em um traje de voo é de deixar qualquer um de queixo caído, olhos esbugalhados e com frio na barriga. Assista a este vídeo: http://www.youtube.com/watch?v=5N9t5qOSzCU&feature=youtube_gdata_player. Acesso em: 4/3/2015.

2 *Daily Mail*. "Last One on the Ground Is a Rotten Egg! Spectacular Photos of Daredevils Diving in Base-Jumping Race". Disponível em: http://www.dailymail.co.UK/news/article-2164332/World-Base-Race-2012-Spectacular-photos-daredevils-diving-base-jumping-race.html. Acesso em: 4/3/2015.

3 Ainda que isso não seja comum. De maneira geral, as pessoas que gostam de correr perigo tendem a considerar que o risco é objetivamente menor, mesmo que seja suficientemente grande para emocionar.

4 Clark, R. W. *The Victorian Mountaineers*. Londres: Batsford, 1953.

5 Windsor, J. S.; Firth, P. G.; Grocott, M. P.; Rodway, G. W.; Montgomery, H. E. "Mountain Mortality: A Review of Deaths that Occur during Recreational Activities in the Mountains". *Postgraduate Medical Journal*, jun./2009, 85 (1.004): 316-21.

6 Pollard, A.; Clarke, C. "Deaths during Mountaineering at Extreme Altitude". *The Lancet*, jun./1988, 331 (8.597): 1.277.

7 Disponível em: http://en.wikipedia.org/wiki/Franz_Reichelt. Acesso em: 4/3/2015. O filme aterrorizante do salto de Reichelt está no YouTube: http://www.youtube.com/watch?v=BepyTSzueno. Acesso em: 4/3/2015.

8 United States Parachute Association. Skydiving Safety. Disponível em: http://www.uspa.org/AboutSkydiving/SkydivingSafety/tabid/526/Default.aspx. Acesso em: 4/3/2015.

9 Soreide, K.; Ellingsen, C. L.; Knutson, V. "How Dangerous is Base Jumping? An Analysis of Adverse Events in 20,850 Jumps From the Kjerag Massif, Norway". *The Journal of Trauma: Injury, Infection, and Critical Care*, mai./2007, 62 (5): 1.113-7.

10 British Sub-Aqua Club. UK Diving Fatalities Review. Disponível em: http://www.bsac.com/page.asp?section=3780&sectionTitle=UK+Diving+Fatalities+Review. Acesso em: 4/3/2015.

11 Redelmeier, D. A.; Greenwald, J. A. "Competing Risks of Mortality with Marathons: Retrospective Analysis". *BMJ*, 22/12/2007, 335 (7.633): 1.275-7.

12 Kipps, C.; Sharma, S.; Pedoe, D. T. "The Incidence of Exercise-Associated Hyponatraemia in the London Marathon". *British Journal of Sports Medicine*, 1º/1/2011, 45 (1): 14-9.

13 Royal Society for the Prevention of Accidents. Home and Leisure Accident Statistics: RoSPA: HASS and LASS. Disponível em: http://www.hassandlass.org.UK/query/index.htm.

14 Ver nota 11.

15 Bennett, P.; Calman, K.; Curtis, S.; Fischbacher-Smith, D. *Risk Communication and Public Health*. Oxford: Oxford University Press; 2009.

17. ESTILO DE VIDA

1 A expectativa média de vida de um homem de 22 anos no Reino Unido atualmente é de 79 anos, ou 57 anos a mais, ou seja, 3.418.560 minutos, ou 20.800 dias, ou 500.000 horas, ou 1 milhão de meias horas. Para mulheres, a expectativa de vida é de cerca de 83 anos, portanto o milhão de meias horas delas começa aos 26. Isso não se aplica a todo mundo, mas, como não somos clarividentes, serve como um cálculo médio.

2 *Daily Express*. "Less Meat, More Veg is the Secret for Longer Life". 2012. Disponível em: http://www.express.co.UK/posts/view/307781. Acesso em: 4/3/2015; Pan, A.; Sun, Q.; Bernstein, A. M.; Schulze, M. B.; Manson, J. E.; Stampfer, M. J. et alii. "Red Meat Consumption and Mortality: Results from 2 Prospective Cohort Studies". *Arch. Intern. Med.*, 9/4/2012, 172 (7): 555-63.

3 Na verdade, 85 gramas.

4 A suposição é que – na linha do estudo de Harvard – os dois tenham o mesmo peso médio, consumo de álcool, regime de exercícios e histórico familiar de doenças, mas não necessariamente mesmo salário, educação ou padrão de vida. Foi assim que a equipe de Harvard analisou os riscos, tentando se concentrar no efeito da carne que ingerimos sem se importar com muitos outros fatores.

5 Partington, A. *The Oxford Dictionary of Quotations*. Oxford: Oxford University Press, 1996.

6 Se assumirmos que uma taxa de mortalidade h for mantida ao longo da vida dos dois, uma elegante matemática nos diz que a probabilidade de Kelvin morrer

antes de Norm é exatamente $h/(1+h)$, que, se $h = 1,13$, = 53% de chance de Kelvin morrer primeiro, e não 50:50 se comerem a mesma quantidade de carne vermelha.

7 Shaw, M.; Mitchell, R.; Dorling, D. "Time for a Smoke? One Cigarette Reduces Your Life by 11 Minutes". *BMJ*, 1º/1/2000, 320 (7.226): 53.

8 Doll R. "Mortality in Relation to Smoking: 50 Years' Observations on Male British Doctors". *BMJ*, 26/6/2004, 328: 1.519-20.

9 Se continuar a fumar, a expectativa de vida fica em mais 30 anos, ou 11 mil dias. Por isso na média está perdendo 7,2 horas por dia (14 MVs): podemos imaginar esse homem acelerando freneticamente em direção à própria morte com 31 horas por dia. Durante esses trinta anos ele poderia fumar 325 mil cigarros (supondo o alto consumo de 30 por dia nos anos 1950 e 1960). Isso resulta em uma perda de quinze minutos por cigarro fumado.

10 Spiegelhalter, D. "Using Speed of Ageing and 'Microlives' to Communicate the Effects of Lifetime Habits and Environment". *BMJ*, 17/12/2012, 345 (dec14 14): e8223.

11 O estudo faz uma estimativa da taxa de risco de 1,29 para todas as causas de mortalidade por 5 kg/m² de aumento no índice de massa corporal (IMC) acima do ideal de 22,5 a 25 kg/m². Para um homem/mulher de altura média (1,75m/1,62m), se traduz em 1 MV por dia.

12 "Body-Mass Index and Cause-Specific Mortality in 900.000 Adults: Collaborative Analyses of 57 Prospective Studies". *The Lancet*, mar./2009, 373: 1.083-96.

13 Khaw, K.-T.; Wareham, N.; Bingham, S.; Welch, A.; Luben, R.; Day, N. "Combined Impact of Health Behaviours and Mortality in Men and Women: the EPIC-Norfolk Prospective Population Study". *PLoS Med.*, 2008, 5 (1): e12.

14 NHS Information Centre. Statistics on Obesity, Physical Activity and Diet: England. 2012. Disponível em: http://www.hscic.gov.UK/searchcatalogue?productid=4787&topics=2%2fPublic+health%2fLifestyle%2fPhysical+activity&sort=Relevance&size=10&page=1. Acesso em: 4/3/2015.

15 Woodcock, J.; Franco, O. H.; Orsini, N.; Roberts, I. "Non-Vigorous Physical Activity and All-Cause Mortality: Systematic Review and Meta-Analysis of Cohort Studies". *Int. J. Epidemiol.*, fev./2011, 40 (1): 121-38.

16 Byberg, L.; Melhus, H.; Gedeborg, R.; Sundström, J.; Ahlbom, A.; Zethelius, B. et alii. "Total Mortality After Changes in Leisure Time Physical Activity in 50 Year Old Men: 35 Year Follow-Up of Population Based Cohort". *BMJ*, 2009, 338: b688.

17 Kelvin? *Il ne regrette rien.*

18 Goldacre, Ben. "Vitamin Pills Can Lead You to Take Health Risks". *The Guardian*, 26/8/2011. Disponível em: http://www.theguardian.com/commentisfree/2011/aug/26/bad-science-vitamin-pills-lead-you-to-take-risks. Acesso em: 4/3/2015.

19 Shaw, K. A.; Gennat, H. C.; O'Rourke, P.; Del Mar, C. Exercise for Overweight or Obesity. Cochrane Database of Systematic Reviews. John Wiley & Sons, Ltd. 1996. Disponível em: http://onlinelibrary.wiley.com/doi/10.1002/14651858.CD003817.pub3/abstract. Acesso em: 4/3/2015.

18. SAÚDE E SEGURANÇA

1 Health and Safety Executive. Myth: You Can't Throw Out Sweets at Pantos. 2009. Disponível em: http://www.hse.gov.uk/Myth/dec09.htm. Acesso em: 4/3/2015.

2 Jogo infantil na Inglaterra, em que cada criança segura uma castanha-da-índia amarrada a um barbante e tenta quebrar a castanha do adversário. [N.T.]

3 *Daily Telegraph*. "Health and Safety Fears Are 'Taking the Joy out of Playtime'". 1º/7/2011. Disponível em: http://www.telegraph.co.UK/education/education news/8612145/Health-and-safety-fears-are-taking-the-joy-out-of-playtime.html. Acesso em: 4/3/2015.

4 Adams, J. Risk in a Hypermobile World. 2012. Disponível em: http://www.john-adams.co.uk. Acesso em: 4/3/2015.

5 *Hazards* 117, jan./mar. 2012. Disponível em: http://www.hazards.org/haz117/index.htm. Acesso em: 4/3/2015.

6 Health and Safety Executive. HSE Statistics: Historical Picture. 2000. Disponível em: http://www.hse.gov.uk/statistics/history/index.htm. Acesso em: 4/3/2015.

7 Health and Safety Executive. Self-Reported Work-Related Illness and Workplace Injuries. 2008. Disponível em: http://www.hse.gov.UK/statistics/lfs/index.htm. Acesso em: 4/3/2015.

8 Health and Safety Executive. Workplace Fatalities and Injuries Statistics in the EU. 2008. Disponível em: http://www.hse.gov.uk/statistics/european/index.htm. Acesso em: 4/3/2015.

9 Comissão com sede em Luxemburgo cuja função é fornecer informações estatísticas para instituições da União Europeia. [N.T.]

10 Bureau of Labor Statistics. Census of Fatal Occupation Injuries – Current and Revised Data. Disponível em: http://www.bls.gov/iif/oshcfoi1.htm. Acesso em: 4/3/2015.

11 Organização Internacional do Trabalho. Mortes mundiais no local de trabalho amplamente subnotificadas, diz OIT [Internet]. Disponível em: http://www.ilo.org/global/about-the-ilo/press-and-media-centre/news/WCMS_005176/langen/index.htm.centre/news/WCMS_005176/lang--en/index.htm.

12 Organização Internacional do Trabalho. XIX Congresso Mundial sobre Segurança e Saúde no Trabalho – Relatório introdutório da OIT: Tendências globais e desafios da segurança e saúde no trabalho. Disponível em: http://www.ilo.org/safework/info/publications/WCMS_162662/lang--en/index.htm. Acesso em: 4/3/2015.

13 Banco de Desenvolvimento da Ásia. República Popular da China: Estudo sobre segurança em minas de carvão. Parte II: avaliação e análise da experiência internacional. 2007. Disponível em: http://www.adb.org/Documents/Reports/Consultant/39657-PRC/39657-02-PRC-TACR.pdf.

14 Department of Energy and Climate Change. Coal Mining Technologies and Production Statistics – The Coal Authority. 2012. Disponível em: http://webarchive.nationalarchives.gov.uk/20140721140515/http://coal.decc.gov.uk/en/coal/cms/publications/mining/mining.aspx. Acesso em: 4/3/2015.

15 Safety in the Pits. *Hazards* 116, out./dez. 2011. Disponível em: http://www.hazards.org/deadlybusiness/deadlymines.htm. Acesso em: 4/3/2015.

16 Idem, ibidem.

17 Tu, J. "Mining Safety: China's Achilles' Heel. *China Security*, 2007, 3: 36-53.

18 Banco de Desenvolvimento da Ásia. República Popular da China: Estudo sobre segurança em minas de carvão. Parte II: avaliação e análise da experiência internacional. 2007. Disponível em: http://www.adb.org/Documents/Reports/Consultant/39657-PRC/39657-02-PRC-TACR.pdf.

19 Ver nota 15.

20 Roberts, S. E. "Britain's Most Hazardous Occupation: Commercial Fishing". *Accident Analysis & Prevention*, jan./2010, 42 (1): 44-9.

21 h2g2. A inundação da cerveja em Londres de 1814. 2012. Disponível em: http://h2g2.com/dna/h2g2/A42129876. Acesso em: 4/3/2015.

22 Wikipedia. O desastre de melaço em Boston. 2012. Disponível em: http://en.wikipedia.org/wiki/Boston_Molasses_Disaster. Acesso em: 4/3/2015.

23 Wikipedia. Desastre em Bhopal. 2012. Disponível em: http://en.wikipedia.org/wiki/Bhopal_disaster. Acesso em: 4/3/2015.

24 Ver nota 6.

25 Albin, M.; Horstmann, V.; Jakobsson, K.; Welinder, H. "Survival in Cohorts of Asbestos Cement Workers and Controls". *Occup. Environ. Med.*, 1º/2/1996, 53 (2): 87-93.

26 Miller, B. G.; Jacobsen, M. "Dust Exposure, Pneumoconiosis, and Mortality of Coalminers". *Br. J. Ind. Med.*, 1º/nov./1985, 42 (11): 723-33.

27 Health Safety Executive R. Reducing Risks, Protecting People. HSE's decision-making process. 2001. Disponível em: http://www.hse.gov.UK/risk/theory/r2p2.htm. Acesso em: 4/3/2015.

28 Bird, S.; Fairweather, C. "Revent Military Fatalities in Afghanistan by Cause and Nationality: Period 15, 5 September 2011 to 22 January 2012". Disponível em: http://www.mrcbsu.cam.ac.uk/Publications/PDFs/PERIOD_15_fatalities_in_Afghanistan_by_cause_and_nationality.pdf.

19. RADIAÇÃO

1 A mídia fez a festa, até mesmo com a própria palavra "radiação", apesar de calor, luz e ondas de rádio também serem formas de radiação. Por isso é importante distinguir entre os tipos "não iônicos", para os quais ninguém dá bola (a não ser os que acham que estão sendo prejudicados por torres de telefones celulares), e o tipo "iônico", que tem energia potencial suficiente para causar mudanças em átomos que nos dizem respeito. A radiação iônica pode danificar células, e é por isso que a radioterapia é usada contra o câncer, mesmo sem ser ainda claro se pequenas doses são prejudiciais. Doses muito altas de radiação podem provocar doenças agudas, enquanto efeitos posteriores podem aumentar o risco de câncer ao causar mutações nas células.

2 Adams, J. Risk in a Hypermobile World. 2012. Disponível em: http://www.john-adams.co.UK. Acesso em: 4/3/2015.

3 Slovic, P. "Perception of Risk". *Science*, 17/4/1987, 236 (4.799): 280-5.

4 Mehta, P.; Smith-Bindman, R. "Airport Full-Body Screening: What is the Risk?". *Arch. Intern. Med.*, 27/6/2011, 171 (12): 1.112-5.

5 National Academy of Sciences. Health Effects of Radiation: Findings of the Radiation Effects Research Foundation. 2003. Disponível em: http://delsold.nas.edu/dels/rpt_briefs/rerf_final.pdf. Acesso em: 4/3/2015.

6 Comitê Científico das Nações Unidas sobre os Efeitos da Radiação Atômica. UNSCEAR Assessments of the Chernobyl Accident. 2012. Disponível em: http://www.unscear.org/unscear/en/chernobyl.html. Acesso em: 4/3/2015.

7 Health Protection Agency. Comparação de doses de radiações ionizantes. Disponível em: http://www.hpa.org.UK/Topics/Radiation/UnderstandingRadiation/UnderstandingRadiationTopics/DoseComparisonsForIonisingRadiation. Acesso em: 4/3/2015. Organização Mundial da Saúde. Estimativa preliminar de dose do acidente nuclear após grande terremoto e *tsunami* de 2011 no Leste do Japão. 2012. Disponível em: http://www.who.int/ionizing_radiation/pub_meet/fukushima_dose_assessment/en/index.html.

8 Little, M. P.; Hoel, D. G.; Molitor, J.; Boice, J. D.; Wakeford, R.; Muirhead, C. R. "New Models for Evaluation of Radiation-Induced Lifetime Cancer Risk and its Uncertainty Employed in the UNSCEAR 2006 Report". *Radiat. Res.*, jun./2008, 169 (6): 660-76.

9 Berrington de Gonzalez, A.; Mahesh, M.; Kim, K.-P.; Bhargavan, M.; Lewis, R.; Mettler, F. et alii. "Projected Cancer Risks from Computed Tomographic Scans Performed in the United States in 2007". *Arch. Intern. Med.*, 14/12/2009, 169 (22): 2.071-7.

10 EU Business News. "After Japan 'Apocalypse', EU Agrees Nuclear 'Stress Tests'. Disponível em: http://www.eubusiness.com/news-eu/japan-quake-nuclear.93d. Acesso em: 4/3/2015.

20. ESPAÇO

1 Em setembro de 2012, um angolano caiu de um avião em uma rua residencial em Mortlake, Londres. Ver: BBC News. "How Often Do Plane Stowaways Fall from the Sky?". 13/9/2012. Disponível em: http://www.bbc.co.UK/news/magazine-19562101/. Acesso em: 5/3/2015.

2 Contemplar o destino da humanidade observando o cosmo tem um efeito engraçado na prosa das pessoas. Ver Carl Sagan, que consegue ser bem lírico em *Pale Blue Dot: A Vision of the Human Future in Space*. Nova York: Random House, 1994.

3 *The Guardian*. "Comette Family Home Damaged by Egg-Sized Meteorite". 10/10/2011. Disponível em: http://www.guardian.co.UK/world/2011/oct/10/comette-family-home-damaged-meteorite. Acesso em: 5/3/2015.

4 Woo, G. *Calculating Catastrophe*. Londres: Imperial College Press, 2011.

5 Risk Management Solutions. Comet and Asteroid Risk: An Analysis of the 1908 Tunguska Event. 2009. Disponível em: www.rms.com/publications/1908_tunguska_event.pdf.

6 National Research Council. *Defending Planet Earth: Near-Earth Object Surveys and Hazard Mitigation Strategies*. Washington: The National Academies Press, 2010.

7 Boslough, M. B. E.; Crawford, D. A. "Low-Altitude Airbursts and the Impact Threat". *International Journal of Impact Engineering*, dez./2008, 35 (12): 1.441-8.

8 Ward, S. N.; Asphaug, E. "Asteroid Impact Tsunami: A Probabilistic Hazard Assessment". *Icarus*, mai./2000, 145 (1): 64-78.

9 Woo, G. *Calculating Catastrophe*. Londres: Imperial College Press, 2011.

10 Nasa Neo Program. Disponível em: http://neo.jpl.nasa.gov/index.html. Acesso em: 5/3/2015.

11 Nasa Neo Program. The Torino Impact Hazard Scale. Disponível em: http://neo.jpl.nasa.gov/torino_scale.html. Acesso em: 5/3/2015.

12 Nasa Neo Program. Predicting Apophis' Earth Encounters in 2029 and 2036. Disponível em: http://neo.jpl.nasa.gov/apophis. Acesso em: 5/3/2015.

13 Discovery News. Hayabusa Asteroid Probe Awarded World Record. 20/6/2011. Disponível em: http://news.discovery.com/space/hayabusa-asteroid-probe-gets-guinness-world-record-110620.html. Acesso em: 5/3/2015.

14 Essa análise pressupõe que as pessoas não ocupam espaço nenhum. A probabilidade sobe um pouco se levarmos em conta as dimensões de um corpo.

21. DESEMPREGO

1 Taleb, N. *The Black Swan: The Impact of the Highly Improbable*. Nova York: Random House, 2007 [ed. bras.: *A lógica do cisne negro*. Rio de Janeiro: Best Seller, 2008].

2 Slovic, P. *The Perception of Risk*. Londres: Routledge, 2000.

3 As taxas de risco em cada direção são proporções de diferentes números: isto é, os empregados são um número muito maior do que os desempregados, assim como 1% de chance de perder um emprego abrange mais pessoas do que 1% de chance de sair do desemprego. Ainda assim, não encontrar um emprego conta mais para o aumento do desemprego. Aqui simplificamos os fluxos sem entrar em detalhes sobre aqueles em torno da inatividade, os quais, em nossa consideração, não afetam o ponto principal da análise.

4 Office for National Statistics. Labour Market Flows, November 2011 (Experimental Statistics). 2011. Disponível em: http://www.ons.gov.uk/ons/rel/lms/labour-market-statistics/november-2011/art-labour-market-flows-july-to-september-2011.html.

5 Thomas, K. *The Oxford Book of Work*. Oxford: Oxford University Press, 1999.

6 Trades Union Congress. The Costs of Unemployment. 2010. Disponível em: http://www.tuc.org.UK/extras/costsofunemployment.pdf.

7 Ruhm, C. J. "Are Recessions Good for Your Health?". *The Quarterly Journal of Economics*, mai./2000, 115 (2): 617-50.

8 National Institute for Health and Care Excellence. Worklessnesss and Health: What Do We Know about the Causal Relationship? 2005. Disponível em: http://www.nice.org.UK/niceMedia/documents/worklessness_health.pdf.

9 Roelfs, D. J.; Shor, E.; Davidson, K. W.; Schwartz, J. E. "Losing Life and Livelihood: A Systematic Review and Meta-Analysis of Unemployment and All-Cause Mortality". *Soc. Sci. Med.*, mar./2011, 72 (6): 840-54.

10 Clemens, T.; Boyle, P.; Popham, F. "Unemployment, Mortality and the Problem of Health-Related Selection: Evidence from the Scottish and England & Wales (ONS) Longitudinal Studies". *Health Stat. Q*, 2009 (43): 7-13.

11 Gregg, P.; Tominey, E. The Wage Scar From Youth Unemployment. Departamento de Economia, Universidade de Bristol, 2004. Report No.: 04/097. Disponível em: http://ideas.repec.org/p/bri/cmpowp/04-097.html. Acesso em: 5/3/2015.

12 Bell, D. N. F.; Blanchflower, D. G. Youth Unemployment: déjà vu? Institute for the Study of Labor (IZA), 2010. Report 4705. Disponível em: http://ideas.repec.org/p/iza/izadps/dp4705.html. Acesso em: 5/3/2015.

22. CRIMINALIDADE

1 Filho de Kelvin.

2 Ver, por exemplo, o assassinato de Emma Winnall, de 94 anos de idade. *The Guardian*. "Assaulted Pensioner Emma Winnall Dies of Her Injuries". 2012. Disponível em: http://www.guardian.co.UK/UK/2012/may/29/assaulted-pensioner-emma-winnall-dies. Acesso em: 5/3/2015.

3 Home Office. Crime in England and Wales: Quaterly Update to September 2011. Disponível em: https://www.gov.UK/government/publications/crime-in-england-and-wales-quarterly-update-to-september-2011. Acesso em: 5/3/2015.

4 Uma queixa comum é que as estatísticas sobre criminalidade mentem. Talvez as pessoas tenham desistido de relatar um crime porque acham que nada será feito. Talvez a polícia desperdice os dados. Quase todos os números aqui, porém, não são baseados no que as pessoas dizem à polícia ou no que a polícia registra. Trata-se de levantamentos do que as pessoas dizem que aconteceu a elas pessoalmente. São aproximados, como levantamentos sempre são, mas são razoáveis. Essas sondagens não costumavam incluir os menores de dezesseis anos; atualmente há também pesquisas para os que têm entre onze e dezesseis anos. Um delito não incluído no levantamento das vítimas é o homicídio, pela boa razão de que vítimas de homicídio não podem responder a questionários. Os dados sobre homicídio vêm do que é conhecido como o Index de Homicídios, mantido pelo Ministério do Interior.

5 O engano de um pediatra sobre um pedófilo realmente aconteceu, mas não o ataque da multidão às vezes relatado. Ver: BBC News. "Whispering Game". 16/2/2006. Disponível em: http://news.bbc.co.UK/1/hi/magazine/4719364.stm. Acesso em: 5/3/2105.

6 Kahneman, D. *Thinking, Fast and Slow*. Nova York: Farrar, Straus and Giroux, 2011.

7 Slovic, P. "If I Look at the Mass I Will Never Act: Psychic Numbing and Genocide". In: Roeser, S. (org.). *Emotions and Risky Technologies*. 2010, pp. 37-59. Disponível em: http://link.springer.com/chapter/10.1007/978-90-481-8647-1_3. Acesso em: 5/3/2015.

8 Fagerlin, A.; Wang, C.; Ubel, P. A. "Reducing the Influence of Anecdotal Reasoning on People's Health Care Decisions: Is a Picture Worth a Thousand Statistics?". *Med. Decis. Making*, ago./2005, 25 (4): 398-405.

9 Wood, James. *How Fiction Works*. Londres: Cape, 2008 [ed. bras.: *Como funciona a ficção*. São Paulo: Cosac Naify, 2011].

10 Home Office. Homicides, Firearm Offences and Intimate Violence 2010/11, v. 2, 2012. Disponível em: https://www.gov.UK/government/publications/homicides-firearm-offences-and-intimate-violence-2010-to-2011-supplementary volume-2-to-crime-in-england-and-wales-2010-to-2011.

11 BBC News. Brown Pledge to Tackle Stabbings. 11/7/2008. Disponível em: http://news.bbc.co.UK/1/hi/UK/7502569.stm.

12 Usando 2006-7 como um guia grosseiro, descobrimos que esfaqueamento – ou, mais corretamente, assassinato com instrumento perfurante – é o método mais frequente de homicídio, representando 41% de incidentes em Londres, com tiros em seguida, com 17%. Estimamos, portanto, que quatro facadas têm uma probabilidade de 0,41 x 4 = 0,028, assumindo que as causas da morte são independentes para múltiplos assassinatos no mesmo dia e que as taxas observadas podem ser consideradas como estimativas dos riscos para cada assassinato – e dado que há quatro assassinatos em um dia.

13 Spiegelhalter, D.; Barnett, A. "London Murders: A Predictable Pattern?". *Significance*, 2009, 6 (1): 5-8.

14 De fato, a distribuição de Poisson, que não tem nada a ver com peixe, exceto ter sido nomeado a partir do prof. Poisson (peixe, em francês).

15 Ver nota 3.

16 Idem, ibidem.

17 Home Office. Crime in England and Wales 2006/2007. Disponível em: http://webarchive.nationalarchives.gov.UK/20110220105210/http:/rds.homeoffice.gov.UK/rds/crimeew0607.html. Acesso em: 5/3/2015.

23. CIRURGIAS

1 Ver, por exemplo, sua palestra "Longer, Healthier, Happier? Human Needs, Human Values and Science", 2007. Disponível em: http://www.senseaboutscience.org/pages/annual-lecture-2007.html. Acesso em: 5/3/2015.

2 Isaacs, D.; Fitzgerald, D. "Seven Alternatives to Evidence Based Medicine". BMJ, 18/12/1999, 319 (7.225): 1.618.

3 Guyatt, G. C. J. "Evidence-Based Medicine: A New Approach to Teaching the Practice of Medicine". JAMA, 4/11/1992, 268 (17): 2.420-5.

4 Ioannidis, J. P. A. "Why Most Published Research Findings Are False". *PLoS Med.*, 2005, 2 (8): e124.

5 Em um dos episódios de *Scrubs*, o "herói" é mostrado em suas rondas com um fantasma a reboque – o espectro de um paciente cuja morte ele causou por um erro médico.

6 Gawande, A. *Complications: A Surgeon's Notes on an Imperfect Science*. Nova York: Henry Holt, 2002.

7 Gross, C. G. *A Hole in the Head: More Tales in the History of Neuroscience*. Cambridge: MIT Press, 2009.

8 Weiser, T. G.; Regenbogen, S. E.; Thompson, K. D.; Haynes, A. B.; Lipsitz, S. R.; Berry, W. R. et alii. "An Estimation of the Global Volume of Surgery: A Modelling Strategy Based on Available Data". *Lancet*, 12/7/2008, 372 (9.633): 139-44.

9 Royal College of Anaesthetists. Risks Associated with your Anaesthetic Section 14: Death or Brain Damage. 2009. Disponível em: http://www.rcoa.ac.UK/node/2066. Acesso em: 5/3/2015.

10 Nightingale, F. *Notes on Hospitals*. Londres: Longman, Green, Longman, Roberts and Green, 1863.

11 Codman, E. A. *A Study in Hospital Efficiency: As Demonstrated by the Case Report of the First Five Years of a Private Hospital*. Boston: T. Todd, 1918.

12 Ferguson Jr., T. B.; Hammill, B. G.; Peterson, E. D.; DeLong, E. R.; Grover, F. L. "A Decade of Change – Risk Profiles and Outcomes for Isolated Coronary Artery Bypass Grafting Procedures, 1990-1999: A Report from the STS National Database Committee and the Duke Clinical Research Institute. Society of Thoracic Surgeons". *Ann. Thorac. Surg.*, fev./2002, 73 (2): 480-489 (discussion 489-90).

13 Care Quality Commission. Survival Rates – Heart Surgery in United Kingdom 2008-9. Disponível em: http://heartsurgery.cqc.org.UK/survival.aspx. Acesso em: 5/3/2015.

14 New York State Department of Health. Cardiovascular Disease Data and Statistics. 2012. Disponível em: http://www.health.ny.gov/statistics/diseases/cardiovascular. Acesso em: 5/3/2015.

15 Campbell, M. J.; Jacques, R. M.; Fotheringham, J.; Maheswaran, R.; Nicholl, J. "Developing a Summary Hospital Mortality Index: Retrospective Analysis in English Hospitals over Five Years". *BMJ*, mar./2012, 344 (mar011): e1001.

16 Hawkes, N. "Patient Coding and the Ratings Game". *BMJ*, 25/4/2010, 340 (apr23 2): c2153.

24. EXAMES PREVENTIVOS

1 Cancer Research UK. Breast Screening: Accuracy of Mammography. 2012. Disponível em: http://www.cancerresearchUK.org/cancer-info/cancerstats/types/breast/screening/Other-Issues/#Accuracy. Acesso em: 5/3/2015.

2 McCartney, M. *The Patient Paradox*. Londres: Pinter & Martin, 2012.

3 Mehta, P.; Smith-Bindman, R. "Airport Full-Body Screening: What is the Risk?". *Arch. Intern. Med.*, 27/6/2011, 171 (12): 1.112-5.

4 NHS Breast Screening Programme. Screening for Breast Cancer in England: Past and Future. 2012. Disponível em: http://www.cancerscreening.nhs.UK/breastscreen/publications/nhsbsp61.html. Acesso em: 5/3/2015.

5 Yaffe, M. J.; Mainprize, J. G. "Risk of Radiation-Induced Breast Cancer from Mammographic Screening". *Radiology*, jan./2011, 258 (1): 98-105.

6 Welch, H. G.; Schwartz, L. M.; Woloshin, S. *Overdiagnosed: Making People Sick in the Pursuit of Health*. Boston: Beacon Press, 2011.

7 Cancer Research UK. Breast Screening Review. 2012. Disponível em: http://www.cancerresearchUK.org/cancer-info/publicpolicy/ourpolicypositions/symptom_Awareness/cancer_screening/breast-screening-review/breast-screening-review. Acesso em: 5/3/2015.

8 Idem, ibidem.

9 Ablin, R. J. "The Great Prostate Mistake". *The New York Times*, 10/3/2010. Disponível em: http://www.nytimes.com/2010/03/10/opinion/10Ablin.html. Acesso em: 5/3/2015.

10 Câmara dos Lordes. Lord Andrew Lloyd-Webber has Called for All Men over the Age of 50 to Have a Test for Prostate Cancer. BBC, 19/7/2010. Disponível em: http://news.bbc.co.UK/democracylive/hi/house_of_lords/newsid_8822000/8822506.stm. Acesso em: 5/3/2015.

11 *Daily Mail*. "Andrew Lloyd Webber Reveals Prostate Cancer Battle Has Left Him Impotent". 2011. Disponível em: http://www.dailymail.co.UK/tvshowbiz/article-1371379/Andrew-Lloyd-Webber-reveals-prostate-cancerbattle-left-impotent.html. Acesso em: 5/3/2015.

12 Vernooij, M. W.; Ikram, M. A.; Tanghe, H. L.; Vincent, A. J. P. E.; Hofman, A.; Krestin, G. P. et alii. "Incidental Findings on Brain MRI in the General Population". *New England Journal of Medicine*, 1º/11/2007, 357 (18): 1.821-8.

13 Cancer Research UK. Prostate Cancer – UK Incidence Statistics. 2011. Disponível em: http://info.cancerresearchUK.org/cancerstats/types/prostate/incidence. Acesso em: 5/3/2015.

14 Welch, H. G.; Schwartz, L. M.; Woloshin, S. *Overdiagnosed: Making People Sick in the Pursuit of Health*. Boston: Beacon Press, 2011.

15 Andriole, G. L.; Crawford, E. D.; Grubb, R. L.; Buys, S. S.; Chia, D.; Church, T. R. et alii. "Prostate Cancer Screening in the Randomized Prostate, Lung, Colorectal, and Ovarian Cancer Screening Trial: Mortality Results After 13 Years of Follow-Up". *J. Natl. Cancer Inst.*, 18/1/2012, 104 (2): 125-32.

16 Schröder, F. H.; Hugosson, J.; Roobol, M. J.; Tammela, T. L. J.; Ciatto, S.; Nelen, V. et alii. "Prostate-Cancer Mortality at 11 Years of Follow-Up". *New England Journal of Medicine*, 15/3/2012, 366 (11): 981-90.

17 Welch, H. G.; Frankel, B. A. "Likelihood That a Woman With Screen-Detected Breast Cancer Has Had Her 'Life Saved' by That Screening". *Arch. Intern. Med.*, 12/12/2011, 171 (22): 2.043-6.

18 23andMe. Genetic Testing for Health, Disease & ANcestry; DNA Test. Disponível em: https://www.23andme.com. Acesso em: 5/3/2015.

25. DINHEIRO

1 Abrigos na Europa, especialmente na Inglaterra, onde os pobres tinham direito a alojamento e trabalho. [N.T.]

2 Fowler, S. *Workhouse: The People, the Places, the Life behind Doors*. s./l.: The Nacional Archives, 2007.

3 Booth, Charles. *The Aged Poor in England and Wales*. Londres: s./e., 1894. Disponível em: http://archive.org/stream/agedpoorinenglaoobootgoog/agedpoorinenglaoobootgoog_djvu.txt. Acesso em: 5/3/2015.

4 Crowther, M. A. *The Workhouse System, 1834-1929: The History of an English Social Institution*. Londres: Routledge, 1983.

5 Orwell, G. *Down and Out in Paris and London: A Novel*. s./l.: Harcourt, Brace & World, 1961 [ed. bras.: *Na pior em Paris e Londres*. São Paulo: Companhia das Letras, 2006].

6 Famílias abaixo do rendimento médio. Department of Work and Pensions, jun./2012. Disponível em: http://research.dwp.gov.UK/asd/index.php?page=hbai. Acesso em: 5/3/2015.

7 A maneira padrão de medir a renda aqui é por residência. Uma vez que diferentes residências têm números de membros também diferentes, os cálculos são ajustados para contabilizar esse dado. Então, supõe-se que uma só pessoa vivendo sozinha precise de 67% da renda de um casal para atingir o mesmo padrão de vida. Do mesmo modo, pessoas com filhos precisam de mais do que um casal

sem filhos. Dessa maneira, todas as residências podem, aproximadamente, ser comparadas na mesma escala.

8 Ver nota 6.

9 English Longitudinal Study of Ageing. Financial Circumstances, Health and Well-Being of The Older Population in England. 2010. Disponível em: http://www.ifs.org.UK/elsa/report10/elsa_w4-1.pdf. Acesso em: 5/3/2015.

10 Department of Health. Fairer Care Funding. The Report of the Commission on Funding of Care and Support. 2011. Disponível em: http://www.dilnotcommission.dh.gov.UK/our-report. Acesso em: 5/3/2015.

26. O FIM

1 Halley, E. An Estimate of the Degrees of the Mortality of Mankind, Drawn from Curious Tables of the Births and Funerals at the City of Breslaw; With an Attempt to Ascertain the Price of Annuities upon Lives. Royal Society of London, 1753. Disponível em: http://archive.org/details/philtrans05474358. Acesso em: 5/3/2015.

2 Human Mortality Database: http://www.mortality.org. Acesso em: 5/3/2015.

3 Office for National Statistics. Life Expectancy at Birth and at Age 65 by Local Areas in the United Kingdom. 2011. Disponível em: http://www.ons.gov.UK/ons/rel/subnational-health4/life-expec-at-birth-age-65/2004-06-to-2008-10/index.html. Acesso em: 5/3/2015.

4 Understanding Uncertainty. Survival Worldwide. 2012. Disponível em: http://understandinguncertainty.org/node/272. Acesso em: 5/3/2015.

5 Organização Mundial da Saúde. Estatísticas mundiais de saúde 2011. Disponível em: http://www.who.int/gho/publications/world_health_statistics/2011/en/index.htm. Acesso em: 5/3/2015.

6 Vida Humana – Tabela de base de dados. 2012. Disponível em: http://www.lifetable.de. Acesso em: 5/3/2015.

7 Office for National Statistics. Period and Cohort Life Expectancy Tables. 2011. Disponível em: http://www.ons.gov.UK/ons/rel/lifetables/period-and-cohort-life-expectancy-tables/2010-based/index.html.

8 Office for National Statistics. What are the Chances of Surviving to Age 100? 2012. Disponível em: http://www.ons.gov.UK/ons/rel/lifetables/historic-and-projected-mortality-data-from-the-UK-life-tables/2010-based/rpt-surviving-to-100.html.

9 Organização das Nações Unidas. Questões globais nas Nações Unidas. Disponível em: http://www.un.org/en/globalissues/ageing. Acesso em: 5/3/2015.

10 Collerton, J.; Davies, K.; Jagger, C.; Kingston, A.; Bond, J.; Eccles, M. P. et alii. "Health and Disease in 85 Year Olds: Baseline Findings from the Newcastle 85+

Cohort Study". *BMJ*, 2009, 339. Disponível em: http://www.ncbi.nlm.nih.gov/pmc/articles/PMC2797051. Acesso em: 5/3/2015.

11 Office for National Statistics. Pension Trends, Chapter 2: Population Change. 2012. Disponível em: http://www.ons.gov.UK/ons/rel/pensions/pension-trends/chapter-2-population-change-2012-edition-/index.html. Acesso em: 5/3/2015.

12 Knapp, M.; Prince, M. Dementia UK 2007. Disponível em: http://alzheimers.org.UK/site/scripts/download_info.php?fileID=2. Acesso em: 5/3/2015.

13 Office for National Statistics. Pension Trends, Chapter 3: Life Expectancy and Healthy Ageing. 2012. Disponível em: http://www.ons.gov.UK/ons/rel/pensions/pension-trends/chapter-3-life-expectancy-and-healthy-ageing-2012-edition-/index.html.

14 British Parachute Association. How Safe?. 2012. Disponível em: http://www.bpa.org.UK/staysafe/how-safe. Acesso em: 5/3/2015.

27. DIA DO JULGAMENTO

1 Admitimos que no nível subatômico pode muito bem haver uma chance irredutível e inevitável, o que significa que existem "probabilidades determinadas", para usar a expressão de Stephen Hawking. Isso, porém, não parece particularmente relevante para o nosso julgamento sobre quem vai ganhar o Grand National.

2 De Finetti, B. *Theory of Probability*. Londres: John Wiley, 1974.

3 O Banco da Inglaterra usa uma metáfora semelhante ao comunicar a incerteza de suas previsões com séries de projeções em que a linha que descreve o crescimento econômico ou a inflação prevista se expande para fora em um grande leque graduado de possibilidades, expressando o que se poderia esperar "se as circunstâncias econômicas idênticas às de hoje prevalecessem em cem ocasiões". Por meio de um computador, podem-se repetir sucessivas simulações do futuro, uma técnica conhecida como "simulação Monte Carlo", que começou com o projeto dos EUA para construir uma bomba de hidrogênio. Da mesma forma, existem "arranjos" para a previsão de tempo em que diferentes previsões são baseadas em hipóteses ligeiramente diferenciadas sobre o que está acontecendo agora, e caos significa que essas pequenas diferenças podem resultar em previsões completamente diferentes após alguns dias. Infelizmente, ainda existe uma relutância em falar em público sobre as chances de diferentes padrões climáticos, embora nos EUA os "caminhos possíveis" de furacões sejam rotineiramente mostrados nos noticiários.

Agradecimentos

Andrew Franklin, da Profile Books, foi o primeiro a sugerir que escrevêssemos juntos, uma ideia pela qual somos imensamente gratos e que carecia apenas do pormenor de algo sobre o que escrever. Por esse detalhe, devemos agradecer por duas vidas profissionais de influências e oportunidades e inumeráveis (mesmo para nós) amigos e colegas que nos ajudaram ao longo do caminho. Foi uma alegria trabalhar com a equipe da Profile, como sempre. Jonny Pegg foi tudo o que se deseja de um agente – na verdade um agente duplo –, crítico convincente e amigo encorajador e afável. Andrew Dilnot deu conselhos preciosos em um estágio inicial. Rich Knight e Chris Vince leram parte do material inicial e disseram que a ideia não era maluca, o que ajudou. Katey Adderley e Caitlin Harris animaram MB e foram uma fonte de sacadas sobre o aspecto psicológico do risco, enquanto Joe Harris lhe deu a lição mais importante sobre como viver com isso. Edgar e Kieran forneceram o esboço da história dos pinguins, anos atrás, a partir de sua experiência de vida. Fiona mostrou o que se pode fazer – na vida – com uma torta Fray Bentos e saqueamos descaradamente noções sobre o perigo de todos os outros amigos, tolos o suficiente para falar sobre isso. Kate Bull deu inúmeros incentivos e conselhos, e até gostou, o que foi o principal. Mike Pearson prestou apoio e inspiração incessantes. A generosidade de David Harding deu a DS a oportunidade de usar o seu tempo escrevendo esse tipo de coisa. Obrigado a todos.

Índice remissivo

M

Este livro foi composto na fonte Albertina
e impresso em junho de 2015 pela Corprint,
sobre papel pólen soft 80 g/m².